U0345521

撬动职业健康安全管理

——ISO 45001：2018运用指南

道尔（中国）有限公司　组织编写

主　编　孙　妍

副主编　王　强　房　悦

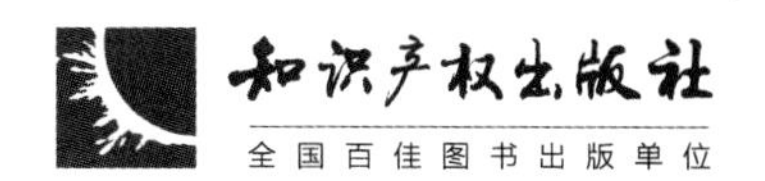

图书在版编目（CIP）数据

撬动职业健康安全管理：ISO 45001：2018 运用指南/道尔（中国）有限公司组织编写；孙妍主编. —北京：知识产权出版社，2019. 6

ISBN 978-7-5130-6296-1

Ⅰ. ①撬… Ⅱ. ①道… ②孙… Ⅲ. ①劳动保护—安全管理体系—中国—指南 Ⅳ. ①X92-62

中国版本图书馆 CIP 数据核字（2019）第 111088 号

责任编辑：石陇辉　　**责任校对**：谷　洋

封面设计：章丹露　　**责任印制**：刘译文

撬动职业健康安全管理——ISO 45001：2018 运用指南

道尔（中国）有限公司　组织编写

主　编　孙　妍

副主编　王　强　房　悦

出版发行：知识产权出版社有限责任公司　　**网　址**：http://www.ipph.cn

社　址：北京市海淀区气象路 50 号院　　**邮　编**：100081

责编电话：010-82000860 转 8175　　**责编邮箱**：shilonghui@cnipr.com

发行电话：010-82000860 转 8101/8102　　**发行传真**：010-82000893/82005070/82000270

印　刷：三河市国英印务有限公司　　**经　销**：各大网上书店、新华书店及相关专业书店

开　本：720mm×1000mm　1/16　　**印　张**：14. 5

版　次：2019 年 6 月第 1 版　　**印　次**：2019 年 6 月第 1 次印刷

字　数：345 千字　　**定　价**：59. 00 元

ISBN 978-7-5130-6296-1

主编寄语

2019年3月21日，江苏盐城响水一化工厂发生爆炸事故，造成78人遇难。2018年全国发生5.1万起生产安全事故，有3.4万多人失去了生命。以每个家庭5口人计算，意味着超过13万人因事故失去亲人。这些用生命写出的数字让人痛心无比。作为一名安全人，同时也是2016年“8.12天津港爆炸事故”的亲历者，我能感受到一场特大事故对于伤亡者、对于企业、对于政府、对于地方，甚至对于区域经济的重大影响。我们甚至会怀疑自己长久以来的发展与管理方式：是不是我们还处于一种安全管理理念落后、安全管理体系失效、安全管理机制匮乏、安全文化缺失的状态而不自知？是什么造成了我们一直努力、却依然安全形势严峻的现状呢？

在企业做安全，我们最常听到的一句话就是“如果我们都管好安全了，那还要安全部干什么？”显然，有些管理者和操作者真地不知道自己在法律法规要求下应该担当怎样的安全职责；这样的职责，应当以怎样的方式运行；这样的运行，是否真正管住了风险；这样的风险，是否会无端地造成事故；这样的事故，企业和每个相关者是否真地能够承受。于是，我们编写了《撬动职业健康安全管理》一书，运用通俗的语言和翔实的案例，为大家解析国际标准化组织发布的“ISO 45001：2018职业健康安全管理体系要求及使用指南”标准，指导企业实际运用。

为了更好地将各行业、领域的安全实践呈现给读者，编写组汇集了涉及石油、化工、冶金、汽车、电梯、手机、制药、港口、物流、航空、陆运、水运、餐饮、安全服务等10余个行业的30余名安全工作者，从他们从事的领域中挖掘安全案例，剖析其中的原因与应对措施，同时把企业经营的先进安全理念和最佳实践介绍给读者，希望读者能够在读这本书的同时，思考自己的企业或生活中是否也存在着这样的安全隐患与改进空间，是否可以再把安全工作向前推进一步，让我们的一言一行、一举一动都处在安全的氛围之中。

当我们不再为“尽职免责”而强调形式主义的安全文件和记录，当我们不再为完善“风险清单”而忽视现场管控的有效性和适宜性，当企业、行业、政府真正把“三管三必须”落到实处，当管理者真正为尽职履责而思考安全到底要做些什么，当每个操作者都能够真正地为自己和他人的安全做好每一道工序，当你、我、他随时将“安全第一”的理念融入工作和生活之中的时候，我们的安全才能真正达到“无危则安，无缺则全”。

唯愿平安与您同行！

孙妍

本书编写人员

孙　妍　王　强（BGPO）　房　悦　全晶丽　沈思华　王　璐　李　静
王　强（博纳艾杰尔）　郑　灏　杨　迪　王烨婷　杨　捷　康莉萍
周　玲　王宝成　郭念进　裴一威　王　龙　王志强　张　超　林少田
赵志强　李　艳　王　强（上汽）　李慧哲　任　畅　王　飞　陈　杉
毕鹏翔　闫东明　李玉兰　闫　霞　郑　楠　安　福　丁　虹　曹骥飞
华　莹　高　飞

目　录 contents

理解组织及其所处的环境

➢ ISO 45001：2018 条款原文

4.1 理解组织及其所处的环境

组织应确定与其宗旨相关并影响其实现职业健康安全管理体系预期结果能力的外部和内部问题。

➢ 条款解析

本条款是在采用ISO管理体系标准高级结构后的新增内容，是本标准的核心内容之一，也是基于本标准实现职业健康安全管理体系的基础内容。外部和内部问题有可能是正面的，也可能是负面的，包括能够影响职业健康安全管理体系的条件、特征或变化的环境。

理解本条款，可考虑以下三方面。

1. 分析组织在职业健康安全管理中的外部和内部问题

在ISO 45001：2018的附录中对组织的内外部问题进行了描述：

（1）外部问题，如：

1）文化、社会、政治、法律、金融、技术、经济和自然环境，以及市场竞争，无论是国际的或国内的、区域的或地方的；

2）新竞争对手、承包方、分包方、供方、合作伙伴和提供商、新技术、新法规的引入和新职业的出现；

3）有关产品的新知识及其对健康和安全的影响；

4）与行业或产业相关的、对组织有影响的关键推动和趋势；

5）与外部相关方的关系，及外部相关方的观念和价值观；

6）与上述各项有关的变化。

（2）内部问题，如：

1）组织治理、组织结构、岗位和责任；

2）方针、目标及其实现的策略；

3）能力，可理解为资源、知识和技能（如资金、时间、人力资源、过程、体系和技术）；

4）信息系统、信息流和决策过程（正式和非正式的）；

5）新产品、材料、服务、工具、软件、场所和设备的引入；

6）与员工的关系，以及他们的观念和价值观；

7）组织的文化；

8）组织所采用的标准、指南和模式；

9）合同关系的形式和程度，如外包活动；

10）工作时间安排；

11）工作条件；

12）与上述各项有关的变化。

2. 明确组织的宗旨，以及组织实现管理体系的能力

一个组织的宗旨表现形式包括愿景、使命、核心价值观、方针和目标，或者是上述内容的组合。而组织实现管理体系的能力可以是有形的，也可以是无形的。组织的宗旨就如同组织打算搭建一座什么样的大厦，而能力就如同组织是否有足够的实力去搭建这座大厦。

一个组织的安全宗旨直接影响着组织职业健康安全体系运行的全过程。例如，组织的职业健康安全宗旨是“打造安全、和谐的工作环境”，那么组织的安全方针、安全目标、危险源管控就应当全部以“安全”和“和谐”为控制基点去投入人力、物力，通过机械自动化作业、人工智能运用，减少人员在危险作业下的暴露程度以控制死亡和重伤、轻伤事故的发生。如果组织的宗旨是“消除职业病危害”，那么组织就会着力于职业病防护、监测，更多地投入流程、材料无毒化以及劳动防护用品配备。可见，组织的宗旨对整个体系的运行起着指导性的作用。

3. 分析、评估外部和内部问题及宗旨与实现组织体系预期结果的相关性

组织所有的管理体系都是为实现其宗旨服务的，组织应以宗旨为标尺来检视影响其能力要素的内外部问题。这些问题无论是正面或负面的、重要的或次要的、临时的或永久的，都需要组织进行检视，以确保其和组织的宗旨一致。组织要根据评估结果来决策是否需要关注、重点关注、临时关注或持续关注。最后，组织需要对这些内外部问题的发展趋势进行合理和适当的评估，从而使组织成员能够确定并理解组织的环境，进而依据组织的环境变化趋势对组织的安全风险进行后续的策划和控制。

本条款与 ISO 9001 在相同章节处表示“预期结果”的英文单词用的是“outcome”，而不是 ISO 9001 的“result”，其含义不仅是“结果”，还包含“效果”的意思。就是说，内外部问题可能仍旧不会影响组织达成目标，但可能会造成消极或积极的效果。比如上班路上遇到堵车这一外部问题，但迟早都会实现到公司上班这一目标，只是会出现迟到这一不良效果。

本条款是实现管理体系的基础，从广义上讲，与管理体系标准的其他条款都有明示或隐含的关联。下面仅描述标准明示的关联：

1）条款 4. 3 a）考虑条款 4. 1 中所提及的内外部问题；

2）条款 6. 1. 1 在策划职业健康安全管理体系时，组织应考虑条款 4. 1 所提及的问题。

➢ 应用要点

1）组织的宗旨由组织的最高管理者或管理层确定。而在评价组织内外部问题时，信息收集范围要全面，应由组织成员积极参与，确保合理评估影响组织能力的要素。

2）一定要从组织的宗旨出发，并结合组织自身的特征。并不是所有收集到的信息都

会成为问题点。

3）识别的过程中对内外部问题的描述要具体化，例如，什么政策的条款，或者哪个具体事件对公司的哪个方面产生了何种程度的影响。

4）在对内外部问题发展趋势进行预估或评估时，需要注意发展趋势的变化快慢，特别要注意对本组织的影响，以确认应对的紧急程度。比如一项新法规付诸实施，应立即响应，如果组织没有及时变更管理做法，很可能出现违法违规的生产作业。而经济形势、价值观、企业文化等则是变化趋势相对较慢的问题。

5）本条款应用时除了需要确保有关法律法规的要求能被准确和充分的理解和应用外，还可借鉴使管理体系顺利运行的管理原则，即以组织成员的职业健康安全为关注焦点、领导作用和承诺、全员参与、过程方法、持续改进、循证决策、关系管理。

➢ 本条款存在的管理价值

1）组织通过确定内外部问题，对需要应对的机遇和风险有了预判，对组织形成主动的、有效的职业健康安全管理机制非常有利，符合“安全第一、预防为主、综合治理”的安全生产方针。

2）组织通过运用本条款可以站在发展的战略高度来思考组织业务与安全之间的互动关系，从而做出与组织生产相适应的安全管理决策。组织可以通过提供更安全的生产环境，提升组织内部员工满意度，降低组织因工伤事故产生的成本。

➢ OHSAS 18001：2007 对应条款

无对应条款。

➢ 新旧版本差异分析

在 OHSAS 18001：2007 中并没有明确提出该条款，只是在引言和策划中提出了一些可能的领域和范围；在 ISO 45001：2018 中，此条款成为独立条款，表明了其重要性，需要组织认真对待和持续关注。

➢ 转版注意事项

1）本条款是 ISO 45001：2018 最大的变化之一。所以，为了转变原有体系思维，需要做好针对本条款的培训，使各个部门有意识地运用本条款。

2）体系推进人员需要了解组织各部分信息的来源，同时要根据组织自身的组织架构复杂程度，策划组织内外部问题识别工作的分工和过程。

3）确定职业健康安全管理体系的内外部问题，可以与其他体系整合进行，因为安全的问题往往会影响效率、质量等，整合可以兼顾各个体系的绩效，达到平衡。

➢ 制造业运用案例

【正面案例】

某中国企业到国外拓展业务，在东南亚地区建立生产车间。因当地法律和工会的要求，需要实行员工本土化，即雇用本地员工在工厂进行生产。而当地经济文化落后，本地员工缺乏操作技能和安全知识以及工作必要的体能。该企业识别了外部环境“法规和工会”，及内部环境“员工缺乏安全知识及技能”，要求建立一系列员工雇用、试用和培训的管理程序，以及给予员工高于当地平均收入的薪金待遇和福利待遇制度，以改善其生活水平，使得当地员工对职业健康安全管理产生极大的关注和积极参与的兴趣，有效地解决了职业健康管理中的问题，同时推动了该企业在当地的发展。

【负面案例】

某工厂引进新型大型轧压机，在安装调试时，旁边参加监督协助和学习的工人过分接近辊压部件而被卷入机器中，导致人员死亡。这属于组织内部问题中的“新产品、材料、服务、工具、软件、场所和设备的引入”，机械操作环境变更，在安装调试前未识别出发生的变化，未对新设备可能造成的安全影响进行必要的评估，以至于没有采取必要的安全措施和安全防护，形成事故。

➢ 服务业运用案例

【正面案例】

某物业公司负责某大型娱乐购物中心的物业管理。该公司识别到本组织工作环境的特点，即娱乐购物中心建筑庞大，内部结构复杂，并与地铁站相连，人员流动量非常大，属于人员密集型场所，在紧急情况下应急、疏散、险情控制都非常复杂。因此该物业公司邀请当地消防主管机构观摩指导其应急演练，模拟特惠活动时发生紧急情况，及时发现安全应急管理上有待改进的地方，并让全体成员理解组织所辖区域内工作场所中的危险源和必要的控制措施，进而提高全员安全意识和技能。

【负面案例】

某负责大型商场管理的物业公司拥有员工 150 人，没有设置相应的安全管理机构，也没有配备专、兼职安全管理人员，商场内突出的障碍物或尖锐物多次划伤顾客和自己员工，却仍然未进行改善和设置安全警示标识。该公司未能辨识内部问题“组织治理、组织结构、岗位”缺失对安全管理体系的影响，导致安全事项没有人管理，同时也违反了《安全生产法》的要求。

➢ 生活中运用案例

【正面案例】

1950 年朝鲜战争爆发，党中央经过长时间的思考和讨论，以维护国家和人民未来安全为宗旨，并仔细研讨参战的有关各方能力现状和可能，提出了很多内部和外部问题及可能的解决方案或思路，并且随着战事的发展、国际政治环境的发展、战场态势的变化，不断汇总和研究整个战场的环境情况，采取了根据环境变化而随时修正战略战术的工作策略，最终获得了胜利。

【负面案例】

近些年有很多“驴友”喜欢结伴野外探险。其中有一部分人在没有事先深入研究探险区域地理条件、气候环境等外部问题的情况下，凭着一股激情和自身有限的知识，就结伴探险，甚至远离大路，导致迷路失联，摔伤冻伤、延误救治，甚至失踪的案例屡屡发生。这是一个典型的组织成员“没有对组织活动需要面对的外部环境进行分析，也没有做好充足的准备就展开活动而造成伤害”的案例。

➢ 组织运行时常见失效点及可能的应对措施

常见失效点	可能的应对措施
组织无明确的宗旨，或分析出的内外部问题与组织宗旨不相关	组织的宗旨未成为可获取的必要信息，也未进行广泛和及时的宣传时，需要使之成为成文信息，并进行宣讲和其他沟通。组织除了要罗列内外部问题，更需要确定范围和限度
在确定内外部问题的输入时无系统的分级分类，识别不全面	应让组织成员按照其预定角色和层级，对其业务领域提出专业意见，并将提出的意见和建议分级分类：可分为战略和战术级、管理级和技术级等，可分为总体类和专业类、关键类和非关键类等，可分为长中短期、紧急随时后续等，以便于与条款 6.1.1 对接

➢ 最佳实践

使用“观察卡”（observation card）制度，该卡放在每一个工作区域，可被各层级人员随时获取，卡上印刷了一些可选择和填写的内容，包括发现的状况、状况的专业分类、已采取的措施或建议采取的措施、个人风险评估结果、署名和日期等，由专人负责每天收集，并将信息录入一个各层级人员可随时获取的数据库。提交观察卡的数量和质量可作为人员 KPI 或其他绩效管理内容之一。

在提交观察卡时，可以仅描述发现的状况，而其他的内容可以由负责收集卡片的人员通过与提交人和潜在的负责人沟通来后期补充。在补充完整信息后，在录入数据库时，充分利用数据库的各项定义功能，将信息进行分级分类分步。然后利用数据库的输出功能，进行统计分析和补充更新，并将已分级分类分步的信息按照组织人员的层级和专业，有逻辑顺序地分发给对应人员或团队。“观察卡”的使用，有利于组织内外部信息问题的获取，是信息收集的重要途径。

➢ 管理工具包

SWOT 矩阵、头脑风暴、PESTEL、波特五力模型、麦肯锡 7S 模型。

2

理解员工和其他相关方的需求和期望

➢ ISO 45001：2018 条款原文

4.2 理解员工和其他相关方的需求和期望

组织应确定：

a）除员工以外，与职业健康安全管理体系有关的其他相关方；

b）员工和其他这些相关方的有关需求和期望（如要求）；

c）这些需求和期望中哪些是或可能成为法律法规要求和其他要求。

➢ 条款解析

组织的员工是组织职业健康安全管理体系最主要的利益相关方。由于员工和其他相关方是组织职业健康安全管理体系的影响者和利益相关者，因此组织建立、实施、保持和持续改进职业健康安全管理体系，要考虑员工的需求和期望，同时也要考虑其他相关方的需求和期望。

理解本条款，可考虑以下三方面。

1. 员工（条款 3.3）

在标准的术语和定义中，员工不仅指组织自己的职工成员，还包括在组织控制下开展工作或与工作相关的活动的人员。员工包括长期的和短期的、专职的和兼职的、有报酬的和无报酬的。进入医院为患者进行就医引导的志愿者，他们也是在医院的控制下从事与工作相关的活动的人员。虽然他们并不是医院的正式职工，但他们在医院的职业健康安全管理体系中，属于员工的范畴。员工包括非管理人员（如一线的工人），也包括管理人员（如经理层），还包括最高管理者（如公司的总经理）。员工还包括被派遣到组织中参与劳动的人，也包括在组织控制下从事工作相关活动的供应商的成员、个人、办事人员、外部供方员工、承包方人员、个体劳动者、代理商员工等，这些都属于员工的范畴。

2. 相关方（条款 3.2）

在标准的术语和定义中，相关方指能够影响决策或活动、或受决策或活动影响、或感觉自身受到活动和决策影响的个人或组织。

除员工以外的相关方可包括：

1）法律和监管机构（当地的、地区的、省的、国家或国际的）；

2）上级组织；

3）供方、承包方、分包方；

4）工作人员代表；

5）工作人员组织（工会）和雇主组织；

6）业主、股东、客户、访问者、当地社区和组织的邻居以及一般公众；

7）顾客、医疗和其他社区服务、媒体、学术界、商业协会和非政府组织；

8）职业健康安全组织和健康护理专业人员。

例如，政府的安监部门发文要开展安全月的活动，要求企业派人参与。政府部门能够对企业的活动产生影响，安监部门就是组织的一个相关方。又如，城市基础设施公司进行管道施工，挖开的沟渠造成附近居民出入不便，甚至有老人因此摔伤。居民的活动受到了开挖施工作业的影响，居民就是施工单位的相关方。再如，一个企业在厂区外围进行喷漆作业，喷出的油漆气味随风散播，该企业认为这不会影响别人，但隔壁工厂的员工纷纷抱怨油漆气味太让人难受，感觉自己受到影响，他们也是这家喷漆作业企业的相关方。

3. 了解包括员工在内的所有相关方的需求和期望

在本条款中，给出了了解所有相关方需求和期望的三个具体步骤。首先，应弄清楚组织有哪些相关方。如员工、派遣人员、供应商人员、访客、邻居、政府部门、上级领导等。其次，逐一分析并识别出相关方有哪些具体的要求，如员工希望在工作中得到合适的个人防护用具，并能在安全条件下进行工作，政府部门要求组织或企业要遵守安全相关的法律法规，不同相关方对于组织的期望也是不同的。最后，将这些需求进行风险分析，找出哪些是必须实现的，哪些是强制性的（如属于法律法规要求的），哪些是对职业健康绩效影响大的，这些都应当重点关注。由于组织的资源是有限的，并不需要对所有识别出的需求和期望都加以满足。应该满足哪些由组织自己选择决定。一旦组织选择认定要满足某些需求和期望，这些需求和期望就将成为组织应该实现的"法律法规要求及其他要求"，也就是说组织要完成这些列入"其他要求"的需求的满足。

➢ 应用要点

本条款在应用的过程中应注意对相关方的识别要全面，避免遗漏。相关方的需求分析也应该避免遗漏。可以考虑全员参与，特别是那些与相关方发生联系的部门和人员，他们应该参与相关方及其需求的识别过程中来，确保识别充分。

在确定哪些需求作为法律法规要求及其他要求的时候，除了充分考虑应该遵循的法律法规的识别，在考虑其他要求时应关注对组织职业健康安全绩效的影响。

➢ 本条款存在的管理价值

执行本条款有助于促进组织与各相关方的信息交流，从而建立起相互之间的理解、信任以及有效合作，推动职业健康安全体系开展。从整个管理体系来说，从体系建立的开始就要先识别相关方及其需求和期望，要明确哪些需求和期望必须被满足。本条款能够帮助组织全面了解那些对组织职业健康安全绩效有重要影响的关键点，从而帮助组织把资源和精力用在主要问题的管理上，提高组织的运行效率，同时也确保组织的合规守法运行。

➢ OHSAS 18001：2007 对应条款

无对应条款。

➢ 新旧版本差异分析

本条款是 ISO 45001：2018 的全新条款。

➢ 转版注意事项

1）本条款第一次体现在标准中，是 ISO 45001：2018 最大的变化之一。所以为了转变原有体系的思维，需要针对这个条款进行相应的培训，让员工能够更全面地提出自身的需求与期望。

2）推进人员做好准备工作，了解组织中可能涉及的相关方名单，同时要和组织内的相关人员一起去识别这些相关方要求的重要程度以及他们对组织的影响度。

3）需要纳入合规义务的相关方要求应该建立落实跟踪表单。

4）对职业健康安全管理体系的相关方要求的管理可以与其他体系整合进行。

➢ 制造业运用案例

【正面案例】

某知名世界五百强企业，专门从事发电厂的建设。施工现场往往非常复杂，多项施工活动交错进行，这些交错的活动都是在该公司的组织控制之下进行的，多种施工过程都是由该公司的外包方来完成。该公司识别了这些不同的外包方，并通过项目沟通会、开工会等多种形式了解外包方的安全管理需求和期望，通过讨论明确了各自的安全管理职责，对施工过程的安全管理做了统一安排，使得后续的施工过程按部就班，没有安全事故发生。

【负面案例】

某开发区安监部门经常到所辖的各个企业中进行安全检查。某机加工工厂有喷涂工艺，但是并没有给员工提供质量合格的个人防护用品，员工私下抱怨很多。某天，安监检查人员到该公司进行检查，发现喷涂工艺过程管理混乱，个人防护用品属劣质品，不能对作业人员进行保护。于是安监人员给该企业开出 4 万元的罚单，要求限期改进。该企业既没有充分识别员工的需求和期望，也没有落实政府监管部门（相关方）的需求和期望，更没有满足法律法规的要求，导致公司受罚。

➢ 服务业运用案例

【正面案例】

很多华人到海外创业开餐馆，有一个天津人在美国开了家煎饼果子店。在开业之前，为了保证未来的生意能正常开展，他特意咨询了当地从事餐饮的朋友，了解需要去当地政府机构（重要相关方）办理的手续。在提交相关资料后，他获得了批准，满足了相关方的需求。考虑到当地食客（重要相关方）喜欢吃奶酪、番茄沙司的口味，他除了保留传统的煎饼果子放面酱的做法之外，还开创了多种适合当地口味的奶酪煎饼果子、番茄煎饼果子，生意出奇得火爆。正是因为充分识别并满足了政府机构和食客这两类重要相关方的需求，使得生意越来越好。

【负面案例】

某知名物业服务公司负责一个居住小区的物业管理，在小区建成初期，物业公司格外注意对居住业主（相关方）的服务，卫生做得干净，小区安保巡逻频次、效果令业主非常满意。随着时间的推移，物业公司为了增加效益，将保洁外包给另外一家公司。因为管理不善，经常有保洁人员不按时打扫卫生。同时，保安人员、维修人员频繁更换，出现服务水准下降的情况，业主多次要求提升物业管理，均没有引起物业公司的重视。一次，楼道暖气漏水，保洁人员没有及时清洁，物业也没有设立相应的警示标牌，业主在楼道内滑倒、摔伤，将物业告上法庭。此外，物业公司提出要涨物业费的时候，全体业主以"未实现承诺的服务"为理由，反对其涨价。这就是没有及时识别相关方的的需求和期望造成的组织管理上的问题。

➢ 生活中运用案例

【正面案例】

小王追一个女孩子小美，两人相处一段时间后，小美的父母提出要见见小王。小王意识到这可能是未来的丈母娘和老丈人，是重要的相关方。所以他特意提前了解他们的喜好，第一次登门见面带去了小美妈妈最喜欢的鲜花，还有小美爸爸最喜欢的好酒。不仅如此，他深深知道小美的爸爸妈妈希望未来的女婿能够对自己的女儿一心一意这个隐含的需求和期望，所以他在第一次见面的时候就向小美的父母表决心，一定会好好地爱小美一辈子。不仅如此，小王在以后的日子里以实际行动做到了对小美及其父母无微不至的照顾，让小美和她的父母都非常满意。最终，小美的父母高兴地把女儿嫁给了小王。

【负面案例】

老公嫌家里的油烟机吸力不够，造成室内油烟太多，他就给家里购买了一个大吸力的油烟机。新油烟机装好了之后，老公发现做饭的时候老婆经常不开油烟机。经过询问，他才知道因为他没有充分询问了解老婆的意见（相关方的期望），没有意识到老婆非常反感油烟机的噪声。特别是老婆经常做饭，噪声已经对老婆的听力有了损害。他暗自后悔，如果购买之前多了解老婆的想法，多与老婆沟通就好了。

➢ 组织运行时常见失效点及可能的应对措施

常见失效点	可能的应对措施
相关方识别不全	学习相关方的含义，识别相关方也要结合公司的所有活动展开。比如制造型企业不仅有生产制造活动，还有团队建设、外出旅游、客户拜访等，这些活动都要被考虑进去，根据活动再去分析这些活动中哪些是相关方。识别的过程应该全员参与，而不是一个部门或一个人进行
相关方需求识别不全或主次错误	应该建立与相关方联系的多种渠道以充分获取相关方的信息、想法、期望
对相关方需求的重要程度没有分析	基于风险思维，评估各种需求的风险，选择哪些作为必需满足的要求

➢ 最佳实践

通过全员培训学习新的条款，在准确理解本条款要求的前提下，开展全员不同层级的相关方及其需求的识别活动。比如：基层班组的相关方识别讨论、经营管理会议中的相关方及其需求讨论。同时，在体系运行过程中，将新发现的相关方及其需求及时补充进"相关方及其需求清单"，保持动态管理，不断积累完善相关方的识别与管理。

➢ 管理工具包

1）召开员工会议，进行头脑风暴。

2）通过互联网关注相关方动态及政策发布。

3）组织团队对组织的关键相关方进行探访调研。

4）定期进行法律法规更新，并与当地政府保持密切沟通，以确保组织对安全法规的识别和理解没有遗漏或误区。

➢ 通过认证所需的最低资料要求

虽然本条款没有明确必须有文件化的信息要求，但为了便于管理，可建立“相关方需求识别表”，包含相关方、相关方需求和期望，以及那些纳入法律法规要求和其他要求的信息。

3

确定职业健康安全管理体系的范围

➢ ISO 45001：2018 条款原文

4.3 确定职业健康安全管理体系的范围

组织应确定职业健康安全管理体系的边界和适用性，以界定其范围。

确定范围时，组织应：

a）考虑4.1所提及的内外部问题；

b）必须考虑4.2中所提及的要求；

c）必须考虑计划或已实施的与工作相关的活动。

职业健康安全管理体系应包含组织控制或被组织影响的，能够影响到组织职业健康安全绩效的活动、产品和服务。

范围应形成文件化信息。

➢ 条款解析

组织的职业健康安全管理体系针对组织的工作活动或工作场所，而工作活动或工作场所涉及组织控制或影响的、能够影响组织职业健康安全绩效的活动、产品和服务，如组织自身的、承包方的能够影响组织职业健康安全绩效的活动、产品和服务。

理解本条款，可考虑以下三方面。

1）组织可自由和灵活界定职业健康安全管理体系的边界和适用范围。边界和适用范围可以包含整个组织或者组织的特定部分，只要组织这个部分的最高管理者有其建立职业健康安全管理体系的自身职能、职责和权限。比如一家物业公司，它有三个项目，分别是某写字楼大厦的物业服务、某知名公园的物业服务和某医院养老机构的物业服务。那么这家物业公司可以自行决定是在三个物业服务项目的活动中都建立职业健康安全管理体系，还是只在某一个物业服务项目中建立职业健康安全管理体系。

在确定体系范围的时候，可以用多种方式表述。一种是以边界来界定，比如阐述体系的边界范围是某个地点的厂房边界范围内，发生在这个边界以外的活动不在考虑范围之内。另一种是阐述体系的适用性来表述。比如体系只适用于某物业公司的某一个项目部。为了让范围表述更加准确清晰，通常可以采用“边界+适用性”相结合的阐述方式。

在确定范围的时候，还应考虑组织的活动、服务、产品对安全绩效的影响。比如一家空调企业，除了制造空调以外，还为顾客提供上门安装服务。如果该企业建立职业健康安全管理体系，单纯只定义该制造工厂的边界范围显然是不合适的。因为现场的安装服务活动对该企业安全绩效的实现有重要的影响，这项服务活动应该纳入体系范围。再如外包方代表组织进行的活动，可能发生在该组织内的工作场所，也可能发生在另外的第三方的工作场所。此时，外包方的安全行为和各种活动会影响到该组织的安全绩效，该外包方的活动也要纳入体系的范围。

在任何情况下，都不应利用管理体系的范围来排除那些具有或可能会影响组织职业健康安全绩效的活动、产品或服务，或者利用边界来规避其法律及其他要求。一个狭隘的或排它的管理体系范围有可能会损害组织职业健康安全管理系统的信誉，并降低其实现职业健康安全管理系统预期结果的能力。

2）在考虑体系的范围时，组织还应充分考虑内外部问题。这些内外部问题会影响到组织职业健康安全绩效的实现，也会影响到体系范围的宽度。在考虑体系范围时，还要考虑相关方的需求和期望。比如前面例子中说到的外包方，他们的安全诉求也应考虑在体系范围之内。

3）组织职业健康安全管理体系范围应形成文件化的信息，以利于执行操作、追溯和满足法律法规和其他要求。正是因为本条款赋予组织这样自由定义范围的灵活性，为了确保体系范围的清晰，以及体系建立后各项活动的开展，本条款要求组织必须将体系的范围作为文件化信息管理，同时应可以获取。组织可以使用书面描述、在地图上进行标识、组织图表网页、发布公开声明等形式来表达其范围。在记录范围时，组织应该考虑使用某种方法来识别所涉及的活动或过程、产品或服务，以及它们发生的位置、场所及其边界。

➢ 应用要点

范围的界定要充分考虑全部边界，比如是在一个厂区还是所有的工厂，是在所有车间还是某一个车间。要考虑所有对安全绩效有影响的活动、服务、产品。通常在表述的时候采用具体的边界地点范围加上主要业务过程的形式。范围的界定务必以条款 4.1 和 4.2 的输出为基准，因为上述两个条款是整个体系的根基。

关于范围，标准中保持文件化信息的要求通常大多数企业都会在手册中进行表述，虽然体系中并没有要求一定有职业健康安全管理体系的手册。如果原有体系中已经建立了手册，那么将范围仍然保留在手册中也是一种很好的范围文件化管理的方式。

➢ 本条款存在的管理价值

本条款为范围的界定提供了框架和思路，明确了后续体系建立、实施、保持和改进的范围，使得管理的边界清晰，让管理更加有针对性，同时也决定了在多大的范围内对安全绩效进行考核。

➢ OHSAS 18001：2007 对应条款

4.1 总要求

组织应界定职业健康安全管理体系的范围，并形成文件。

➢ 新旧版本差异分析

ISO 45001：2018 对体系的范围进行了更详尽的阐述，提出了关注内外部问题、关注相关方、关注与工作相关的活动的要求。新旧两个版本均要求范围应作为文件化信息可获取。

➢ 转版注意事项

1）转版时应注意检查原有的范围表述是否考虑了组织的内外部问题、员工和其他相关方的期望、所策划或实施的与工作相关的活动。

2）注意是否考虑了那些外围的活动，比如发生在组织场所以外的活动等。

3）文件化要求。

➢ 制造业运用案例

【正面案例】

某机械公司业务涵盖设计、制造、销售、安装和售后维修服务等。该企业在确定安全管理体系范围时，将各项服务活动包含在其范围内。全体工作人员包括售后服务人员都进行了安全培训。在某次售后维修过程中，一名维修人员按照安全流程实行了上锁挂牌程序，维修过程中一名其他人员企图按动机器启动按钮，由于锁闭而未能启动机器，避免了维修人员的人身伤害。

【负面案例】

某企业有两处工厂，一处在北京，另一处在深圳，分别生产不同的产品。某年，该企业开始建立职业健康安全管理体系。因为北京和深圳的生产场所都是在同一个企业营业执照之下，该企业的体系负责人对于体系标准的认识不足，对于体系范围的要求理解不充分，认为只要这个营业执照获得了职业健康安全管理体系的认证，那么北京和深圳的工厂就都通过了认证。在与认证机构的人员进行交流的过程中，该体系负责人也没有将该公司的实际情况与审核人员沟通清楚，最终认证的证书上体现的范围只有北京工厂。随后，该企业的深圳工厂参与一起招投标项目，招标项目要求必须提交职业健康安全管理体系的证书。因为该企业提交的认证证书的范围并没有体现出深圳工厂，因此该企业受到招标单位的质疑，导致未中标。

➢ 服务业运用案例

【正面案例】

某工程有限公司详尽地考虑并策划了与施工工作相关的工作现场以及施工各相关方的期望，纳入企业职业健康安全管理范围，确定了范围，对北京某小区进行污水管道的维修改造。该公司积极与各相关单位，如燃气管道公司、电力公司、交通部门及物业管理部门进行沟通，在小区张贴告示，对小区居民进行了施工告知并对部分居民进行了走访，得以将维修改造工程顺利完成。

【负面案例】

某餐饮公司自主提供外卖服务。送餐人员在一次送餐过程骑电动自行车与行人发生交通事故，造成行人受伤，其本人也受伤。法院查明三方之间关系后，判决餐饮公司承担赔偿责任。该餐厅没有将送餐业务包括在健康安全管理体系范围，未对送餐人员进行交通安全意识培训，未对送餐人员投保商业险，导致职业伤害和财产损失。

➢ 生活中运用案例

【正面案例】

张某家进行装修。在装修前张某将孩子送到外婆家，并和同楼层以及上下两层的邻居做好了沟通，告知了施工期限以及在装修中可能出现的安全问题并听取了邻居的意见和建议。而后根据家人和邻居的建议和施工方进行了沟通，并亲自挑选了对健康伤害小的装修材料。张某在确定范围时考虑了各相关方以及各方需求，考虑了与装修相关的各项活动。

【负面案例】

张某在某网络平台购买了一袋"海洋宝宝"对家中的水培植物进行装饰。"海洋宝宝"是一种高吸水性树脂，干燥状态下是一种只有大米粒或者绿豆、黄豆大小的五彩豆，遇水后几小时内就能吸水膨胀至干燥体积的近百倍大小。张某的孩子两岁，误食后肚子肿胀严重，到医院就诊时已经全身瘫软、呼吸急促。医生赶忙实施微创手术，从孩子肚子里取出了十几个膨胀很大的"海洋宝宝"。张某在确定家庭的安全范围时没有考虑到家庭成员中孩子的认知和需求，没有将"海洋宝宝"放到孩子够不到的地方，从而导致事故发生。

➢ 组织运行时常见失效点及可能的应对措施

常见失效点	可能的应对措施
组织在确定范围时忽略外部问题对企业健康安全造成的影响	把内部问题与外部问题相结合，充分考虑外部环境包括文化、技术、政治、法律、自然因素等各项因素对企业安全范围的影响
因不便管理或有意规避法律责任，利用体系范围来排除某些组织活动或服务	按照组织的真实活动、产品和服务来确定组织的职业健康安全管理体系范围

➢ 最佳实践

组织综合考虑了各项能够影响到组织职业健康安全绩效的活动、产品和服务，确定了组织范围，并将体系范围文件化，将相关信息公布在相关方可以获取的渠道或者媒体上。

➢ 管理工具包

高层会议讨论、业务活动的梳理、所有厂界范围的确认。

➢ 通过认证所需的最低资料要求

文件化的组织的职业健康安全管理体系的范围。

4

职业健康安全管理体系

➢ ISO 45001：2018 条款原文

4.4 职业健康安全管理体系

组织应按照本标准的要求，建立、实施、保持和持续改进职业健康安全管理体系，包括所需的过程和它们之间的相互作用。

➢ 条款解析

组织应基于 ISO 45001：2018 的原理和要求，针对自身的具体情况，建立、实施、保持和持改进职业健康安全管理体系。组织保有确定如何满足 ISO 45001：2018 要求的权力、责任和自主权，包括针对如下方面的细节和程度。

1）建立按照策划控制、完成的一个或多个过程，以及取得职业健康安全管理体系的预期结果。

2）将职业健康安全管理体系要求与组织的各种业务过程融合（如设计和研发、采购、人力资源、销售和市场）。

3）如果 ISO 45001：2018 应用于组织的特定部分，由组织的其他部分建立的方针和过程能够用于满足 ISO 45001 的要求，则这些方针和过程便适用于遵从它们的特定部分和符合 ISO 45001：2018 的要求。例如，公司的职业健康安全方针、教育、培训、能力方案、采购控制。

本条款从体系的建立、运行、改进的角度，对组织的管理体系的管理提出了要求，可以概括为“如无则建，如有则用，如用则推，如推则精”，具体如下：

1）如果组织还没有建立职业健康安全管理体系，那么首先要建立体系。

2）如果组织已经建立了体系，那么不能束之高阁，还要去践行体系要求，也就是要运行体系，让它和业务过程相融合。

3）如果组织已经建立并运行了体系，那还要关注如何保持体系稳定运行。

4）如果组织已经建立、实施、保持了多年职业健康安全管理体系，那么还要关注体系如何改善，使其越来越好，助力企业的发展。

在建立、实施、保持和改进组织的职业健康安全管理体系的过程中，组织要明确自己的运行中有哪些必要的过程，哪些是核心业务过程，哪些是辅助过程，这些过程之间是如何关联的，它们之间是一种怎样的关系或相互作用。理顺这些流程之间的关系，才能使企业的各个运作过程形成一张有机的动网，组织中的人员按照各自的职责角色在这张网上动态运行。只有理顺各个流程之间的相互关系和相互作用，才能让这张网运行顺畅，使得企业的职业健康安全管理有序进行。

➢ 应用要点

1. 建立体系的过程

在建立体系的时候就应该注意全员参与这一原则的应用。之所以称之为体系，是因为它是各过程的有机结合。比如，在识别组织的内外部问题、相关方需求的时候，应该全员参与，在不同层级不同角色上都要充分识别（第 4、5 章）。在建立体系的各项管理制度、操作规程的时候，应该让相应的部门和直接工作人员都参与进来（第 6 章）。当然，想让全员能有效参与，必要的培训和体系标准宣导也要跟上。要在体系的建立初期就让大家明白，职业健康安全管理体系的建立并不是某一个人或某一个部门的事，它是所有组织成员的共同职责，这样才能为后面体系的有效运行奠定一个好的基础（第 7 章）。

2. 实施的过程

职业健康安全管理体系的实施，首先离不开各自岗位职责的明确。因此要注意组织职业健康安全管理的职责是否已经明确清晰。在体系实施落地的最主要表现形式就是全员按照体系规定的文件制度的要求执行。要想全员认真执行，那么一套结合实际的可操作的体系文件是基础保障。要避免那种言辞很“高大上”，但都是空词套话不具备操作性的文件，避免体系与组织运行两张皮的情况（第 8 章）。

3. 如何保持一个管理体系

为了让职业健康安全管理体系稳定长久的运行，组织应结合体系的策划，对组织体系运行的过程与职业健康安全绩效的实现情况进行监视和测量。除了日常的监视和测量，内审和管理评审是站在更高的角度对体系的运行效果进行审查（第 9 章）。

4. 体系的持续改进

无论是在日常监视中发现的问题，还是在内审、外审、管理评审中发现的问题或不符合项，组织都应采取行动进行改善，以更好地实现职业健康安全的绩效。

整个管理体系从无到有是一个直观可见的过程，体系负责部门也会积极推进。但经过几年的稳定运行之后，有些组织的体系似乎失去了生命活力，这时对组织就提出更高的要求。此时组织应更加关注流程运作以及流程之间的衔接如何优化，找到体系优化的突破点，让体系发挥更大的管理价值（第 10 章）。

➢ 本条款存在的管理价值

本条款是搭建职业健康安全管理体系的总纲领，为创建组织的体系提供了框架。本条款指出健康安全管理体系的运行是一个系统工程，也体现出 PDCA 的动态过程。它强调体系的建立是一个动态管理系统，各个环节都不是独立的，需要与其他工作环节保持交互作用和影响，特别强调了体系中各个流程之间的关系，它们如何接口、如何发挥相互的作用。提示我们对于体系的管理，必须有系统化的思考。

➢ OHSAS 18001：2007 对应条款

4.1 总要求

组织应根据本标准的要求建立、实施、保持和持续改进职业健康安全管理体系，确定如何满足这些要求，并形成文件。

组织应界定其职业健康安全管理体系的范围，并形成文件。

➢ 新旧版本差异分析

ISO 45001：2018 中条款 4.4 前半句与 OHSAS 18001：2007 中条款 4.1 的前半句并无实质区别。OHSAS 18001：2007 中条款 4.1 中对于形成文件的要求，已经体现在 ISO 45001：2018 中条款 7.5 的要求中。OHSAS 18001：2007 中关于体系范围的要求，已经加入到 ISO 45001：2018 的条款 4.3 中。

总体来讲，与 OHSAS 18001：2007 相比，ISO 45001：2018 最大的改变在于需要结合考虑条款 4.1、4.2 和 4.3 的输出。ISO 45001：2018 对管理体系运行过程中各个过程之间的相互作用更为关注。

➢ 转版注意事项

不需要追加文件。

注意了解并理解在体系的建立、实施、保持和改进的过程中，各个流程之间是如何衔接、如何发挥作用的。

➢ 制造业运用案例

【正面案例】

某塑料包装生产企业从产品的角度出发，从设计开发，到原材料采购、生产、成品运输、回收等各项流程建立了该企业的职业健康安全管理体系。定期召集各部门相关人员召开小组讨论会，沟通各环节人员在工作过程中遇到的危险源和风险，并对各部门的相互影响进行交流。分析各部门发现的能够对健康安全体系造成影响的各项因素，对体系做出相应调整，重新筛选了原材料供货商，改善了原材料采购性能对生产工艺环节在健康安全所产生的负面影响，保持并持续改进了企业的健康安全绩效。

【负面案例】

某国有大型企业建立职业健康安全管理体系，因为在建立初期并没有组织全员参与体系的建设，只是为了省事找一个咨询公司帮助编写了一套文件。该文件的编写并没有和该公司的各个相关部门沟通，编写人员也没有深入研究探讨该企业的运作过程是怎样的，结果编写的文件职责定义不清，要求与实际情况不匹配，导致文件要求无法落地，形成两张皮的局面。虽然花了钱，但没有实现预期的效果。所以说，管理体系的建立一定要全员参与。没有全员参与，体系建设就脱离了实际，成为华而不实的鸡肋。

➢ 服务业运用案例

【正面案例】

某餐饮企业根据自身经营范围及特点建立了职业健康安全管理体系。在明确全员的职责之后，又对全员进行了 ISO 45001：2018 的培训以及各主要操作流程的培训，包括“餐厨垃圾处理”“厨房作业安全规定”“用电、动火安全管理规定”等。按照建立的管理制度，该企业定期对内部各种电器设备、管道以及燃气管道等各项设施进行安全检查及维护，定期召开内部安全会议并且收集顾客意见在安全会议上进行讨论，根据发现的问题对企业体系进行相应调整，确保体系运行顺畅，有效。

【负面案例】

某餐馆在炸制食品时油温过高导致油锅着火。火星被抽油烟机吸入烟道，引燃烟道内的油垢发生火灾，导致整个餐厅被烧毁。经调查，该餐馆烟道约 10m，这么多年从来没有清洗过，虽然以前有人提出过建议，但觉得费事而且没有必要所以没有进行。该餐馆没有考虑各环节对健康安全管理体系可能造成的影响，没有动态管理和持续改进，造成体系实际运行失效。

➢ 生活中运用案例

【正面案例】

糖糖小朋友开始学走路。糖糖妈妈建立了家庭安全管理体系，做了如下一些准备：

1）家具边角增加护角。

2）电源插座都安装儿童防护盖。

3）药品、洗涤剂都放到孩子够不到的位置。

4）刀、叉、削皮刀等锋利的餐具都放在了孩子够不着的地方。

5）规定家人任何时候都不能把孩子一个人留在家中。开车外出时任何时候都不能把孩子一个人留在车上。

妈妈和爸爸一起实施了家庭安全管理体系。他们购买了护角、防护盖等设备设施，同时将危险物品重新整理放置到孩子够不到的位置。

之后的一年里，爸爸妈妈还定期检查护角是不是牢固，防护盖有没有脱落。对于偶尔疏忽没有归位的药品，发现后立刻被放回安全的位置，有效保持安全管理体系的运行。

后来爷爷奶奶来一起居住，糖糖妈妈又对爷爷奶奶进行相关的安全教育培训，让老人也了解安全要求。

随着糖糖长高，家庭安全管理体系也被持续改进。原来安全的高度已经不再适合已经长高的糖糖了，于是妈妈又把药品等危险物品锁到抽屉中，确保了糖糖安全成长。

【负面案例】

某家长周六要开车带孩子外出旅游。周五晚上却通宵打麻将至天亮。开车过程中因疲劳驾驶发生车祸，导致全家三口受伤，车辆损毁。该家长没有考虑到打麻将和开车两个环节之间的相互作用，对外出旅游的事情没有做好系统安全策划和管控实施，通宵麻将，最终导致实施过程中的疲劳驾驶，从而引发了安全事故。

➢ 组织运行时常见失效点及可能的应对措施

常见失效点	可能的应对措施
体系与组织运行是两张皮，并没有有效落实下去。体系与业务过程没有融合	1）注意全员的意识培养，让全员参与体系建设 2）明确体系中各自的职责 3）在体系搭建的初期就要建立具有可操作性的体系文件 4）开展必要的培训，让全员理解体系对各自角色的要求 5）注意从领导处获取必要的资源和支持，以确保体系搭建和落实的效果
在体系搭建过程中缺乏全局观，导致各环节及过程之间都是孤立的	1）体系推动人员不仅要了解体系标准，更要了解组织的业务运行过程，这样才能系统的思考 2）利用过程的输入、活动、输出之间的关系绘制流程图，以评估各过程和环节之间是否环环相扣 3）在实际运行过程中注意动态化管理，要边运行边改进，这样才能把体系做活，而不是发布一次文件就再不管不顾了

➢ 最佳实践

职业健康安全管理体系紧密贴合业务实际。在体系运行的过程中，组织不断通过各种活动推进企业体系文化的建设，比如通过一些小的奖惩和活动，让全员意识到违反操作规程带来的安全风险；以安全互查竞赛的形式鼓励员工互相监督、参与安全管理活动；通过安全文化的建立促进职业健康安全管理体系的稳步提升。

➢ 管理工具包

1）PDCA 的系统化的思维模式。

2）流程设计、优化。

3）文件有效性评审及穿行实验。

4）危险源的识别与评价培训。

5）职业健康安全管理体系培训。

5

领导作用与承诺

➢ ISO 45001：2018 条款原文

5.1 领导作用与承诺

最高管理者应证实其在职业健康安全管理体系方面的领导作用和承诺，通过：

a）承担防止伤害和健康损害及提供健康安全的工作场所和活动的职责和责任；

b）确保建立职业健康安全方针和职业健康安全目标，并确保其与组织的战略方向一致；

c）确保将职业健康安全管理体系的要求融入组织的业务过程；

d）确保可获取建立、实施、保持和改进职业健康安全管理体系所需的资源；

e）就职业健康安全有效管理和符合职业健康安全管理体系要求的重要性进行沟通；

f）确保职业健康安全管理体系实现其预期结果；

g）指导并支持员工对职业健康安全管理体系的有效性做出贡献；

h）确保并促进持续改进；

i）支持其他相关管理人员在其职责范围内行使其领导作用；

j）建立、引导和促进支持职业健康安全管理体系的预期结果的组织文化；

k）防止员工在报告事件、危险源、风险和机遇时遭受报复；

l）确保组织建立、实施员工协商和参与（见5.4）的过程；

m）对健康安全委员会的建立及行使职责提供支持。(见5.4e）第1款)。

注：本标准所提及的“业务”可以从广义上理解为涉及组织存在宗旨的那些核心活动。

➢ 条款解析

最高管理者是在组织的最高层指挥和控制组织的一个人或一组人。最高管理者在组织中有授权和提供资源的义务。如果职业健康管理体系的范围仅覆盖组织的一部分，这种情况下，最高管理者是指组织管理这部分的一个人或一组人。

最高管理者确保将职业健康安全管理体系要求融入组织的业务过程，对于职业健康安全管理体系在组织中得到有效实施是非常重要的。

支持组织职业健康安全管理体系的文化在很大程度上取决于最高管理者，它是个人和集体价值观、态度、管理实践、观念、能力及活动模式的产物，这些都决定了对职业健康安全管理体系的承诺和风格、水平。其特征表现为但不限于：基于相互信任的员工的积极参与、合作与沟通，通过积极参与发现职业健康安全机会和对预防措施和防护措施的有效性的信心，对职业健康安全管理体系的重要性得到共同认知。

最高管理者应该不仅创造一个让员工充分参与的环境，而且在组织中承担着指挥和控制职业健康安全管理体系的责任，是组织职业健康安全最终责任的承担者，这也是国家法律法规赋予组织最高管理者的法律义务。《安全生产法》第五条规定“生产经营单位的主要负责人对本单位的安全生产工作全面负责”，可见，最高管理者在组织的职业健康安全管理架构中居中心位置，是职业健康安全责任制制定与落实的核心。因此，最高管理者在指挥组织的生产经营等活动的同时，应策划、承担、检查、改善组织的职业健康安全及管理体系工作，通过其实际工作来证实其承诺。

本条款将有助于识别最高管理者亲自参与和指挥组织的活动，包括：

1）率先垂范，组织对其工作人员和可能被组织活动影响的相关方人员的职业健康安全负有责任，而且这种责任还包括引领他们提升和保护自身的身体和精神健康。职业健康安全管理体系的预期结果是防止工作人员的人身伤害和健康损害，为工作人员提供安全健康的工作场所。

2）总体策划，确保建立职业健康安全方针和职业健康安全目标，并确保其与组织的战略方向保持一致。实施职业健康安全管理体系是组织的战略和运营决策，组织要建立与其总体战略目标和方向相适应的清晰的职业健康安全方针。

3）分析研究，确保将职业健康安全管理体系的要求融入组织的业务过程。组织的内部运营过程能够生产产品和提供服务，但也带来威胁员工健康安全的风险，以及可能威胁公共卫生和公共安全的风险。组织必须对此承担责任，进行系统的评估，明确风险点，并采取积极预防、控制和改进措施，降低这种影响的风险。因此最高管理者负责确保职业健康安全管理体系的要求和组织的业务过程相结合。组织应在充分理解体系要求的基础上，对各项业务活动进行评审分析，寻找差距弥补不足，进而将职业健康安全管理体系要求融入业务活动中去，而不要将其与组织的业务过程分离。

4）赋予支持，确保可获取建立、实施、保持和改进职业健康安全管理体系所需的资源。资源是职业健康安全管理体系运行所需的基础条件。组织为了全体员工的健康和安全而改善其工作环境和条件。这些改善活动以及相关绩效指标的完成离不开资源的支持。资源通常包括人员、基础设施、运行环境、监视和测量资源以及资金和有关职业健康相关的信息等。

5）适时沟通。有效的沟通符合职业健康安全管理体系的要求。体系推行对组织的重要性、推行到什么阶段和状态，各级别员工应该做到什么和了解什么，必须让大家心里都明白，这样大家才能真正行动起来，将自己所负责的职业健康安全职责落实到位。

6）监督协调，确保职业健康安全管理体系实现预期结果。

7）努力引导，促进和指导并支持人员提高职业健康安全管理体系的有效性。除了以身作则推动体系建设，同时通过安全文化推广等，引导员工认同和践行职业健康安全管理体系。

8）倡导创新，推动和促进持续改进。开展危险源识别、风险和机遇分析评价，识别优势的发展机遇，识别改进和创新机会，排序配置资源予以实施。循环评价和改进，不断提高体系运行的成熟度，达成组织的绩效目标。

9）适度授权，支持其他相关管理人员履行其在相关领域的职责。组织的管理人员除了高层还有中层、基层管理人员，包括部长、经理、助理、主管、科长等，这些层级的管理人员也一样需以身作则，去践行体系中所体现的思想和行为要求。在此过程中，高层管理人员应该支持这些人在其职责范围内表现出必要的作用。

10）自查自省，监督协调和积极培育、正确引导和促进职业健康安全的文化，以支持职业健康安全管理体系实现预期结果。

11）公正公开，有效保护员工报告事件、危险源、风险和机遇时的安全利益，不会遭到解雇或者责罚的威胁，有效降低组织的潜在风险，避免职业健康安全事件的发生。

12）民主严谨，确保组织为员工的协商和参与建立一个或多个过程，旨在为员工和临时雇工提供安全健康的工作场所、营造良好的内部环境氛围。明确了协商和参与相互关联、相互作用，明确了协商在前、参与在后的关系，提出协商和参与都离不开健康安全委员会和员工代表。

领导明确授权来支持健康安全委员会的设立和运作。目前协商和参与的组织形式通常有以下三种方式：

1）“工会组织+员工代表”：按法规要求组建工会，选举职工代表，通过职工代表大会进行协商，适用于有工会的企业。

2）“健康安全委员会+工作人员代表”：在健康安全委员会成员中增加非管理岗位的工作人员代表，通过参加健康安全委员会会议及日常工作实现协商和参与，适用于有健康安全委员会的企业。

3）工作人员代表：通过工作人员代表来协商和参与，适合于任何类型和规模的企业。

➤ 应用要点

最高管理者基于风险的决策，决定和影响着职业健康安全管理体系的有效性。最高管理者明显的支持和参与对于成功实施职业健康安全管理体系很重要。最高管理者应以实际行动来体现对职业健康安全方针和目标的承诺和率先垂范。最高管理者的行为不仅要与组织的战略方向一致，而且要让员工体会到自己的领导在践行组织的承诺，其率先垂范的作用能够影响和推动全体员工积极参与，也为外部各方有效参与职业健康安全管理体系提高保证。最高管理者可以不亲自参与所有措施，可以委托他人，但是必须确保实施。比如最高领导者主动参加会议，明确支持维护员工的权益，关注工作环境的改善以取得应有的效果。

1）最高管理者应营造一种文化和环境，鼓励员工积极参与多种活动，如选举员工代表、构建健康委员会、辨别风险、构建管理方案、合理化建议等，实施管理体系的要求，实现职业健康管理体系的目标。最高管理者对这些活动应提供时间和资金方面的支持。

2）在建立、更新职业健康安全方针和目标时，确保与其组织环境、内外部事宜、战略方向保持一致。方针是最终的方向，是指引组织向前的航标，如果航向出现错误，最终到达的肯定不是预期的终点；而目标是一个阶段的结果，如果不符合航向的规定，无论完成得多么完美都没有意义。所以，在建立、更新方针和目标时要确定与组织的环境、内外部事宜、战略方向一致。

3）确保职业健康安全管理体系的过程和其他职能接口（如财务、采购等）在组织中无缝对接；在组织所有的业务过程中，如何体现职业健康安全管理体系的要求、满足职业健康安全防护的需要应当是管理者需要考虑并兑现的。

4）监视当前和预期的体系运行需要，确保在必要时获得充足的职业健康安全管理体系资源（如防护用具、交通设施、通风设施等）。

5）通过内部信息会议、内部网络通信方式、ERP、邮件、讨论、会议等形式，就职业健康安全管理体系的重要性和可获得的预期收益进行沟通。

6）监视职业健康安全管理体系运行结果。当发生不期望的事件（如员工工伤、健康损害、安全事故等）时，确保纠正措施落实到相关责任个人或团队。职业健康安全事件一旦发生，纠正的可能性往往很小，而防止事件或者类似事件再次发生就成为最基本的要求，预防措施在这里也就显得尤其重要和关键。

7）确保内部审核、第三方审核、管理评审、政府监督检查机构等提出的意见和建议在组织内部得到有效沟通，并推进沟通结果输出的实施，促进改进。

8）为其他管理职能（如财务、生产等）在理解和处理预防资源投入、防护建设等方面提供支持和指导。

9）保障供应商和员工依法行使投诉、举报权利，维护其合法权益，为员工汇报安全事件、危险源、风险和机遇及对组织的职业健康安全管理体系运行提供意见和建议提供稳定可靠的渠道和路径，保护这些员工不会发生被报复等后续事项。

10）选举职工代表，设立健康安全委员会，为职业健康安全管理体系的有效运行提供顶层设计。

11）为员工获得职业保护及参与职业健康安全管理体系的建立、实施、保持和持续运行提供组织支持。维护职工职业健康安全权利，完善职工安全健康权益依法维护机制，推动组织劳动保护工作顺行，实现职业健康安全体系目标。

组织必须以对员工负责的精神，坚持以人为本，积极开展员工安全教育，积极营造重视安全的生产氛围，提高员工安全素质和自我防护能力。要充分发挥健康安全委员会的作用，坚持把职业健康安全管理的重点、存在的主要问题、整改等情况向职工代表大会报告，交由大会审议、决定，并组织员工代表依法巡视、检查劳动保护措施落实情况。

➢ 本条款存在的管理价值

本条款强调了领导作用，引入了基于风险的思想，并使职业健康管理体系的方针和目标与组织的战略目标保持一致，融入组织的业务过程，强化员工参与，从而进一步保护工作者，并有效降低组织的潜在风险。成功导入职业健康安全管理体系的关键在于领导重视，全员参与；内外结合，以内为主，培育内部精英。强化领导作用也是进一步消除了体系运行和实际工作中“两张皮”现象，使体系真正运转起来，将防控措施落到实处，把危险因素消灭在萌芽状态，实现全面预防和有效控制事故发生的目的，实现企业的可持续发展。

➢ OHSAS 18001：2007 对应条款

4.4 实施和运行

4.4.1 资源、作用、职责、责任和权限

最高管理者应对职业健康安全和职业健康安全管理体系承担最终责任。

最高管理者应通过以下方式证实其承诺：

——确保为建立、实施、保持和改进职业健康安全管理体系提供必要的资源。

注 1：资源包括人力资源和专项技能、组织基础设施、技术和财力资源。

——明确作用、分配职责和责任、授予权力以提供有效的职业健康安全管理；作用、职责、责任和权限应形成文件和予以沟通。

组织应任命最高管理者中的成员承担特定的职业健康安全责任，无论他（他们）是否还负有其他方面的责任，都应明确界定如下作用和权限：

——确保按本标准建立、实施和保持职业健康安全管理体系；

——确保向最高管理者提交职业健康安全管理体系绩效报告，以供评审，并为改进职业健康安全管理体系提供依据。

注 2：最高管理者中的被任命者（比如大型组织中的董事会或执委会成员），在仍然保留责任的同时，可将他们的一些任务委派给下属的管理者代表。

最高管理者中被任命者的身份应对所有在本组织控制下工作的人员公开。

所有承担管理责任的人员，均应证实其对职业健康安全管理绩效持续改进的承诺。

组织应确保工作场的人员在其能控制的领域承担职业健康安全方面的责任，包括遵守组织适用的职业健康安全要求。

➢ 新旧版本差异分析

领导作用在职业健康安全管理体系的建立和实施中起着决定性作用，领导的承诺和参与是一个组织职业健康安全管理体系成功实施的关键。

虽然 ISO 45001：2018 借鉴了 OHSAS 18001：2007 的内容，但二者之间有很多不同之处，其中最主要的变化是 ISO 45001：2018 专注于组织将职业健康安全管理活动融入其业务流程，更有效地为组织宗旨服务，而 OHSAS 18001：2007 专注于管理职业健康安全方面的危害和其他内部问题。

ISO 45001：2018 中，对于领导作用的要求，除了包含 OHSAS 18001：2007 中的建立方针、提供资源和分配职责之外，还增加了防止工作相关的伤害和健康损害，提供安全健康的工作场所，全面负责并承担总体责任，确保将职业健康安全管理体系要求融入组织的业务过程，确保职业健康安全管理体系实现其预期结果等 13 项要求。

组织的最高管理者应带领各级管理人员和全体员工，认真履行职业健康安全管理体系标准的各项要求，以确保本组织的职业健康安全管理体系实现其预期结果。

➢ 转版注意事项

1）本条款对最高管理者提出了 13 项具体要求，是体系有效运行的必要保证。最高管理者不一定都要亲力亲为，但必须旗帜鲜明地支持、推动管理体系的建立、实施、保持和

持续改进，确保职业健康安全管理体系要求融入组织的业务过程。

2）安全生产的最高管理者在法律法规中有明确定义，因此，职业健康安全管理体系不同于其他体系，领导作用及职能清晰而明确。

3）最高管理者应明确如何为员工的参与和协商提供渠道，委员会是一个渠道，但绝对不是唯一的一个。要获得更多关于职业健康安全的意见和建议、听到最基层员工的心声，就需要为他们提供一个反馈意见和建议的安全且稳妥的渠道，并切实做到他们不会遭受报复。

4）应借助转版时机，对最高管理者、管理层进行体系意识培训，让他们了解其在体系运行中应当担当的职责和应发挥的作用，以及这样做能带来的收益。

➢ 制造业运用案例

【正面案例】

某绝缘材料生产企业以深化安全生产标准化建设为抓手，由公司领导亲自推动各项安全事项，不断完善安全责任、风险防控、培训教育、安全文化“四大安全体系”，持续开展安全生产信息化建设，引入先进安全管理模式，扎实开展职业病防治工作，职业健康安全管理体系运行正常。

该公司 2017 年度各层级安全责任书由高层领导签署，层层分解到基层岗位，完成全员的安全生产责任书和承诺书签订工作，做到安全生产责任覆盖全员、全过程、全方位，并通过修订细化安全管理制度，加大考核力度，由季度考核改为双月考核通报。建立风险分级管控和隐患排查治理的“双重预防”工作机制，采取隐患整改闭环和技术、管理“双归零”的管理手段，安全隐患重复性出现得到进一步的遏制。

截至 2018 年底，该公司未发生重伤及以上生产安全事故；万元产值轻伤率 5%；无重大火灾、爆炸事故；职业病例新发生人数为零；员工安全教育培训率 100%；隐患排查整改反差率 15%；员工“三违”发生率 6. 5%。这主要归功于领导带头作用，消除层层衰减现象，从而为员工撑起健康的保护伞。

【负面案例】

张某某，河南省新密市刘寨镇老寨村村民，2004 年 8 月至 2007 年 10 月在郑州某公司打工，其间接触到大量粉尘。2007 年 8 月开始咳嗽，按感冒来治，久治未愈，医院做了胸片检查，发现双肺有阴影，诊断为尘肺病，并被多家医院证实。但职业病法定机构郑州市职业病防治所下的诊断却属于“无尘肺 0+期（医学观察）合并肺结核”，即有尘肺表现。在多方求助无门后，被逼无奈的张某某不顾医生劝阻，执意要求“开胸验肺”，以证明自己确实患上了“尘肺病”。2009 年 9 月 16 日，张某某证实其已获得郑州某公司赔偿。

经查，该企业并未实施职业健康管理。张某某患上职业病，表明该企业内部无领导关注、未担负责任，没有对员工进行有效的职业健康防护。引发职业健康危害事件后，郑州市职业病防治所、新密市卫生防疫站等相关单位和人员被追究领导责任，该企业承担相关经济赔偿。

➢ 服务业运用案例

【正面案例】

某道路运输企业为推动职业健康体系的建设，组建职业安全健康协会，对安全管理与环境技术检测管理问题进行规划，保护职工不受职业性有害因素导致的身体健康影响和危害，保障职工健康与利益。加强职工安全方面的宣传，不仅要求货物安全送达，人员健康更要有保证。

道路运输企业职业健康也包括非法经营、运输违禁物品等，领导者积极宣传正确的运输方案原则上应与公安系统联动，加强生命安全与社会秩序安稳比金钱重要得多的意识教育。高层从提高企业职工基本职业健康体系建设、优化服务态度、增强运输技能方面着手，带领职工遵守企业各种规章制度，推进企业文化建设。

企业领导与职工全面配合，着力基础，用心服务，在思想方式、做事模式方面都有学习热情、探求精神，这才是企业可持续发展的源泉，也是企业职工健康与文化发展的积极因素。

【负面案例】

2000 年 12 月 25 日 21 时 35 分，河南省洛阳市老城区东都商厦发生特大火灾事故，造成 309 人中毒窒息死亡，7 人受伤，直接经济损失 275 万元。

东都商厦消防安全管理混乱、对长期存在的重大火灾隐患拒不整改是事故发生的主要原因。该商厦没有按照《消防法》的要求履行消防安全管理职责，各承包单位消防安全工作职责不清，消防安全管理制度不健全、不落实，职工的消防安全教育培训流于形式。商厦地下两层和地上第四层没有防火分隔，地下两层没有自动喷水灭火系统，火灾自动报警系统损坏，四层娱乐城的 4 个疏散通道有 3 个被铁栅栏封堵，大楼周围防火间距被占用等，长期存在重大火灾隐患。整改通知得不到领导重视，长期处于隐患不整改状态。

对事故主要责任人东都商厦工会主席张某某（分管娱乐城）、保卫科保安员邓某某、张某某 3 人予以逮捕；以涉嫌消防责任事故罪对东都商厦总经理李某某、主管安全保卫和消防工作的总经理助理卢某某、保卫科长杜某某 3 人予以逮捕。

➢ 生活中运用案例

【正面案例】

张三常年在外工作，作为家中的大哥和家中管理者，为协调家里工作决定召开年终总结会议。开会前与家里成员进行了事先沟通，在会议上明确家族成员的各项职责和未来的家族管理方向。

1）明确全家成员利用“五一”进行体检。

2）在家的二弟负责老人的健康及起居的监护工作，费用由张三承担，必要时进行轮值或委托照顾。这样解决了张三在外工作的后顾之忧。

【负面案例】

1994 年 12 月 8 日，克拉玛依市一次学生汇报演出中发生火灾，当时的副市长赵某喊出“学生们不要动，让领导先走！”原本已经站起来的孩子们，又按照要求坐回座位上，最终导致 323 人死亡，其中包括 284 个中小学生。而克拉玛依市的 3 名市局领导（石油管理局，与市政府同级）和 17 名教委成员，除 1 人受伤外，都奇迹般地及时脱险。

该事故中，主管教育的副市长赵某因玩忽职守罪被判刑 4 年半，是被判刑的人中级别最高的领导，其他 14 人被相应判刑。

领导在关键时刻没有承担起相应的领导职责，也没有对整个过程负全责的意识，导致了这起悲剧的发生。

➢ 组织运行时常见失效点及可能的应对措施

常见失效点	可能的应对措施
未将职业健康安全管理体系融入组织的业务过程	新版管理标准强调了将管理体系的原则要求融入组织的业务过程，或者说，在组织的业务中体现管理标准的原则要求，充分体现了以本职工作和业务为主，和管理体系为生产经营业务服务的原则。可以组织存在的生产经营管理和业务为本，评审其是否满足管理标准的原则要求，符合的保留、不符合的调整完善，避免“以标准要求为主”可能导致的“两张皮”现象
工作人员在报告事件、危险源、风险时遭到报复	建立、实施员工协商和参与的过程，提高管理的素质教育和监管意识。制定保护制度和积极鼓励报告风险的氛围，防止员工报告风险时遭到如降职、受排挤等隐形报复
领导的推动作用仅仅停留在嘴上，没有行动支持	提高最高管理者对体系作用的认识，配合管理者的时间，尽可能多地让管理者在体系建设策划及推动工作中给予必要的支持与参与

➢ 最佳实践

1）支持健康安全委员会和员工代表的设立，定期对在岗员工进行 EHS 培训。通过员工培训，确保员工充分了解和掌握职业健康安全方针、目标、程序和管理体系；充分理解建立管理体系的意义所在；充分了解和掌握与其工作相关的重要环境因素、危险源及风险控制策略；充分了解在管理体系有效运行中应承担的角色、职责及相应须具备的能力；充分了解和掌握不符合管理体系要求应承担的后果；鼓励员工积极参与的管理事务。

2）建立与职业健康安全目标和组织战略方向相一致的职业健康安全方针，如“事故事件为零”“确保员工职业健康”等。

3）建立目标分解执行计划。通过组织职业健康安全体系战略的制定与分解，对职业健康安全战略执行所需的资源做出事先全面安排，合理配置时间、资金、人员、办公条件、协助部门、信息资料等管理资源，确保职业健康安全管理体系运行所需人力、物力、财力与信息资源。

4）实现与质量、环境、能源等管理体系的整合。在实施业务流程的同时，兼顾职业健康安全事项，使体系的要求融入组织的业务过程。

5）领导亲自参与职业健康安全事项的议定，并支持其他相关管理人员在其职责范围内的领导作用得以发挥。确保管理层明确各自的职业健康安全体系目标职责，以便在组织推进阶段实现时间、人员、内容、投入、效果“五落实”，不断提升组织整体职业健康安全管理的执行力。

6）建立安全事项合理化建议、总经理信箱等公开或匿名的渠道，让员工有途径提出安全建议，保护员工在汇报事件、危险、风险和机遇后使其免遭报复。

➢ 管理工具包

任务清单和证据文件夹。

➢ 体系资料参考（管理手册、表格模版）

两份授权任命书参考模板。

6

职业健康安全方针

➢ ISO 45001：2018 条款原文

5.2 职业健康安全方针

最高管理者应建立、实施并保持职业健康安全方针，应：

a）包括提供安全健康的工作条件以预防工作相关的伤害和健康损害的承诺，适合于组织的宗旨、规模、所处的环境以及职业健康安全风险和机遇的具体性质；

b）为制定职业健康安全目标提供框架；

c）包括履行法律法规要求和其他要求的承诺；

d）包括消除危险和降低职业健康安全风险的承诺（见8.1.2）；

e）包括持续改进职业健康安全管理体系以提高职业健康安全绩效的承诺；

f）包括员工、员工代表（如有）协商和参与的承诺。

职业健康安全方针应：

——作为文件化信息可获取；

——在组织内得到沟通；

——适当时，可为相关方获取；

——相关性和适宜性。

➢ 条款解析

组织制定职业健康安全方针为职业健康安全管理体系建立了框架和指引方向。

1）职业健康安全方针（条款3.15）是以承诺的形式陈述了一系列原则，其中最高管理者概述了组织支撑和持续改进其职业健康安全绩效的长期方向。

2）职业健康安全方针提供了一个整体方向观念，同时也提供了组织建立目标和采取措施实现职业健康安全管理体系预期结果的框架。对应标准的条款6.2.1，针对组织相关的职能和层次建立职业安全目标，并且应与职业健康安全方针一致。方针即是目标的高度概括和方向指引，目标即是方针的分解和在不同职能的具体落实。

3）建立职业健康安全方针时，组织应当考虑与其他方针的一致性和协调性。同时，组织的职业健康安全方针的内容还要有针对性。要针对组织的宗旨、规模、状况和职业健康安全风险、机会的具体性质，提出制定职业健康安全目标的框架、消除危险源和降低职业健康安全风险的承诺等。

4）建立方针时应考虑员工、员工代表（如有）对方针制定、评估的沟通、协商和参与的要求。

5）组织的职业健康安全方针，既要满足 ISO 45001：2018 对其内容的要求，还要满足对其管理的要求，如形成文件、沟通等要求。

➢ 应用要点

1）职业健康安全方针来源于组织的愿景、使命和核心价值观，甚至是组织为人处世的原则和基本策略，所以最高管理者或者授权人的责任是建立、实施、保持和改进此方针。

2）职业健康安全方针应予以文件化，并且进行批准、发放和公告（沟通）。

3）方针应进行全员沟通。公告仅是沟通的方式之一，包括但不限于会议、标语、海报、培训等方式。方针同时也是组织应建立的员工意识的一部分。经过沟通，方针被建立在每一位员工的心中，所有员工都以方针来指导日常的工作。如果出现资源协调、工作优先级排序的情况，则需要职业健康安全方针作为指导。

4）职业健康安全目标应与方针一致。

5）职业健康安全方针的充分性、适宜性也是内审和管理评审应考虑的部分。

6）方针的管理方法可以参考组织对于文件化信息的管理方法。

➢ 本条款存在的管理价值

方针来源于愿景、使命和核心价值观，甚至包括组织的能力和环境，所以方针的建立也是最高管理者意志和意识的表达，是组织实现管理体系的限制和指引。

➢ OHSAS 18001：2007 对应条款

3.16 职业健康安全方针

由最高管理者就组织（3.17）的职业健康安全绩效（3.15）正式表述的总体意图和方向。

注 1：职业健康安全方针为采取措施，以及建立职业健康安全目标（3.14）提供了一个框架。

注 2：摘编自 ISO 14001：2004 条款 3.11。

4.2 职业健康安全方针

最高管理者应确定并批准本组织的职业健康安全方针，并在界定的职业健康安全管理体系范围内，确保其：

a）适合组织职业健康安全风险的性质和规模；

b）包括对伤害和健康欠佳预防以及持续改进职业健康安全管理和职业健康安全绩效的承诺；

c）包括对至少遵守与其职业健康安全危害有关的适用法律法规要求和组织应遵守的其他要求的承诺；

d）提供建立和评审职业健康安全目标的框架；

e）形成文件，付诸实施，并予以保持；

f）以让人员意识到他们个人的职业健康安全职责为目的，传达到所有在组织控制下工作的人员；

g）可为相关方所获取；

h）定期评审，以确保其与组织相应并适合于组织。

➢ 新旧版本差异分析

在 ISO 45001：2018 中

1）条款 5.2 a）“适合于组织的宗旨、规模、所处的环境以及职业健康安全风险和机遇的具体性质”中说明了方针的来源，也强调了方针与组织风险和机遇的适应性，相比于 OHSAS 18001：2007，明确了相关性和适用性的范围。

2）增加了 5.2 f）“员工、员工代表（如有）协商和参与的承诺”。所有相关层次和职能部门的员工都进行参与（协商）、建立、策划、实施、评价和改进职业健康安全管理体系（包括条款 5.4 e））。

➢ 转版注意事项

无须新增文件或者大幅修改，但是在转版时需要将差异分析的要点逐项对照，因为在转版审核时各条都需要满足。

需要注意的是，有些公司的职业健康安全方针是以会议决议或讨论结果的方式输出，应注意文件化要求。

➢ 制造业运用案例

【正面案例】

以下是某公司的职业健康安全方针：

1）主要责任。公司的主要责任是保护大众与环境，以及安全地处理我们的产品。在我们所有的业务活动，例如研究、开发、制造、销售和丢弃等活动中，健康、安全、环境保护和产品管理工作都是我们的首要事项。

2）遵守法规。公司遵守所有相关的法律和规范，且承诺适用有关职业健康与安全以及环境保护的业界典范实务。

3）角色与责任。每一位董事、主管和员工在 EHS 方面上所担负的角色和责任都被定义在 EHS 管理系统中。应彻底执行并监督 EHS 标准，让公司得以持续地改善健康、安全及环境，消除或降低健康、安全及环境风险。

4）意识认知。对于培养一个健康、安全及永续环境的工作文化使命而言，公司的推广至关重要。为完成这项使命，公司承诺将持续强化我们的知识和技能。

5）沟通。公司积极促进与内部和外部相关各方不同团体间的沟通，包括员工、当地安全委员会、邻近小区、供货商和客户等，以履行我们对于环境、职业健康和安全的社会责任。

【负面案例】

某公司在制定环境职业健康安全时，将方针印刷在了访客须知卡上，内容包括了履行法律法规的承诺，但对于消除危险和减少职业健康安全风险的承诺没有提及。几周后总经理认为不妥，又修改为持续改进职业健康管理体系。但考虑到访客须知卡更换成本，计划在旧版访客须知卡发放完毕后，再用新方针替换旧方针。

此案例中方针的产生过程未经过员工的协商和参与，也缺乏对于相关性和适宜性的考虑。同时方针应在组织内作为文件化信息进行管理，不能将旧版访客须知卡用完后再更新。

➢ 服务业运用案例

【正面案例】

某连锁宾馆将职业安全健康方针与逃生路线图相结合，张贴在楼道和电梯间旁边，让入住的客人在每个房间都可以获知此方针，对消费者产生了积极的影响，同时表达了企业在健康安全方面的价值观。

【负面案例】

某连锁宾馆经理认为方针浮而不实、可执行度低，轻方针而重指标。这样的结果是员工能够明确自己的考核指标，但对于为什么要这么做，以及最高管理者的承诺是什么不了解。

➢ 生活中运用案例

【正面案例】

我们来看一下某家庭的“健康安全方针”：全家都要健康、安全。以外出旅游举例，将安全方针及其具体运用进行比对举例。

条款原文	对应案例
包括提供安全健康的工作条件以预防工作相关的伤害和健康损害的承诺，适合于组织的宗旨、规模、所处的环境以及职业健康安全风险和机遇的具体性质	本次旅游的地点和主要游玩项目与成员相适应（老人儿童不适合高海拔地区、不适合激烈的游艺项目）
为制定职业健康安全目标提供框架	对下列方面提供安全目标的框架：交通安全（汽车、飞机、轮船的选择，交通工具乘坐注意事项）、住宿安全（酒店选择）、饮食卫生（饭店选择）、游览安全（高海拔、水上游玩、过山车等游艺项目的选择）
包括履行法律法规要求和其他要求的承诺	遵守游览地点当地法规（如开车右舵），尊重当地民俗
包括消除危险和降低职业健康安全风险的承诺	在出发前做好计划和准备，穿好运动鞋，带好防晒霜，消除安全风险
包括持续改进职业健康安全管理体系以提高职业健康安全绩效的承诺	吸取历史出行的经验和教训，持续改进
包括员工、员工代表（如有）协商和参与的承诺	出行成员在准备阶段协商，最终达成共识

【负面案例】

某家庭在装修时把方针定为“少花钱，多办事”，结果在此方针指导下，买的地板和使用的墙漆均甲醛超标，对人身体造成了伤害。该方针没有考虑到消除和减少家庭成员的健康风险，同时也没有与家庭成员进行协商，执行后最终导致对家庭成员的伤害。

➢ 组织运行时常见失效点及可能的应对措施

常见失效点	可能的应对措施
不同版本的方针同时存在于工作场所内	将方针纳入文件化信息的管理范围，及时更新和公告
子公司传达集团公司的职业健康安全方针，缺少员工的协商、参与和承诺	在接到集团公司的职业健康安全方针后，应选择恰当时机进行协商，讨论集团方针对于本组织的相关性和适宜性
方针缺乏相关性、适宜性	在内审及管理评审中，评价方针对组织的宗旨、规模、所处的环境以及组织的职业健康安全风险和机遇相关性和适宜性

➢ 最佳实践

有的企业将职业健康安全方针与环境方针合并，形成“EHS 方针”；或者与环境方针和质量方针合并，形成“QEHS”方针。请管理层以及工会主席签字，印刷在海报、访客须知卡以及出入证上，确保所有员工及来访者都能了解公司的方针。

➢ 管理工具包

体系筹划初期，企业召开启动会或研讨会，最高管理者、管理层以及员工代表一起讨论方针。最高管理者签字发布实施，并强调其严肃性。

➢ 通过认证所需的最低资料要求

被有效管理的方针文件。

组织的岗位、职责和权限

➢ ISO 45001：2018 条款原文

5.3 组织的岗位、职责和权限

最高管理者应确保职业健康安全管理体系内相关岗位的职责和权限被指派且在组织所有层级内沟通，并保持文件化信息。组织各层次的员工应承担其所控制工作范围内职业健康安全管理体系方面的职责。

注：尽管职责和权限可以被指派出去，但最高管理者仍需对职业健康安全管理体系的运行负最终责任。

最高管理者应对下列事项分配职责和权限：

a）确保职业健康安全管理体系符合本标准的要求；

b）向最高管理者报告职业健康安全管理体系的绩效。

➢ 条款解析

组织内部的岗位设置、职责和权限的分配是体系策划的一项重要内容，也是管理体系有效运行的组织保证。本条款的意图是要求最高管理者根据组织承诺的职业健康安全义务和组织自身特点设置适宜的组织机构，分派适宜的岗位，赋予其相关的职责和权限，以确保体系的正常运行。通过沟通使相关部门和人员知晓组织管理体系运行的现状，并通过各种途径向最高管理者报告体系的绩效，这是所有人员的职责和权限之一。在上述情况下，最高管理者对职业健康安全体系的运行负有最终责任，不能被委派出去。与 OHSAS 18001：2007 不同的是，报告绩效不只是任命的最高管理者中的成员。

该条款是开展本标准其他条款所对应工作的组织架构，只有设置相应的组织机构和岗位，才能够保证本条款工作开展有依托。通过职责和权限的设置，才能够保证本标准所有条款能够按预期设置的策划开展。

从相应的法律法规规定方面解读本条款。

1）组织的最高管理者承担着明确组织岗位、界定各岗位职责和权限的责任。组织的整体职业健康安全责任是由最高管理者承担的。《安全生产法》第五条规定：生产经营单位的主要负责人对本单位的安全生产工作全面负责。

2）为取得职业健康安全管理体系的预期结果，组织的所有成员对其岗位、职责和权限都要有明确的理解和掌握。《安全生产法》第十八条规定：生产经营单位的主要负责人承担建立、健全本单位安全生产责任制的职责；第十九条规定：生产经营单位的安全生产责任制应当明确各岗位的责任人员、责任范围和考核标准等内容。

➢ 应用要点

1）识别并确定管理体系运行所需开展的工作。

2）确定负责这些工作的责任者。

3）在管理文件中规定组织内各部门及相关岗位的职责和权限及其之间的接口关系。

4）岗位的职责和权限的划分应适合组织的管理方式，适合工作的性质和特点。

5）最高管理者应给予负有安全管理职责的岗位充分的职权，并提供必备资源，必要时通过沟通确保其理解其职责和权限。

6）职责分配一般是自上而下的，由最高管理者规定，这种方法对目标指标分解详细，有系统性，不会重复或遗漏。也可是自下而上的，由每个岗位自身提出，这种方法更符合体系运行全员参与的初衷。注意如果是自下而上的，需要相关评审。安全方面的职责和权限建议采取自上而下的方法，避免安全责任的互相推诿。

7）职责和权限应是动态管理的，而非一成不变。体系建立之初，职责权限可以是事先约定的，以标准为依据，将组织自身的工作划块，写进岗位职责；也可以是事后形成的，在实际体系运行中，承担了与安全管理相关的工作，可以把它写进职责。如果是事后形成的，同样需要组织进行评审。

8）安全职责与权限应以法律法规要求为底线，做到依法依规。

➢ 本条款存在的管理价值

本条款的设置是确定管理体系有效运行的组织保证，是体系的支柱之一，是体系得以顺利实施的保障。

本条款要求，最高管理者应当确定组织职业健康安全管理工作将由谁来做、做什么、如何做。岗位分配是规定由谁来做，确定职责是告诉每个岗位的人做什么，而权限则赋予每个岗位做多少、怎么做、哪些能做、哪些不能做。

只有将各个岗位与安全绩效相关的职责权限明确表述，才能使职业健康安全管理体系目标指标顺利在各自职责范围内落实和实施，达到组织的预期结果，完成体系绩效，出现偏差和不符合时可以追溯到具体工作的职责担当。

➢ OHSAS 18001：2007 对应条款

4.4.1 资源、作用、职责、责任和权限

最高管理者应对职业健康安全和职业健康安全管理体系承担最终责任。

最高管理者应通过以下方式证实其承诺：

——确保为建立、实施、保持和改进职业健康安全管理体系提供必要的资源。

注 1：资源包括人力资源和专项技能、组织基础设施、技术和财力资源。

——明确作用、分配职责和责任、授予权利以提供有效的职业健康安全管理；作用、职责、责任和权限应形成文化和予以沟通。

组织应任命最高管理者中的成员，承担特定的职业健康安全职责，无论他（他们）是否还负有其他方面的职责，都应明确界定如下作用和权限：

——确保按本标准建立、实施、保持职业健康安全管理体系；

——确保向最高管理者提交职业健康安全管理体系绩效报告，以评审，并为改进职业健康安全管理体系提供依据。

注2：最高管理者中的被任命者（比如大型组织中的董事会或执行委员会），在其仍然保留责任的同时，可将他们的一些任务委派给下属的管理者代表。

最高管理者中的被任命者的身份应对所有在本组织控制下工作的人员公开。

所有承担管理职责的人员，均应证实其对职业健康安全绩效改进的承诺。

组织应确保工作场所的人员在其能控制的领域承担职业健康安全方面的责任，包括遵守组织使用的职业健康安全要求。

➢ 新旧版本差异分析

1）对比 OHSAS 18001：2007，本条款已经将资源的内容去掉，将责任的标题去掉。前者是适应标准一致性变化，将资源放在“支持”章节；后者考虑责任与职责相对应，没有再重复提及。

2）本条款将 OHSAS 18001：2007 中“组织应任命最高管理者中的成员”删去，在 ISO 45001：2018 中说：“最高管理者应确保……”，更加强调最高管理者领导责任的重要性。

3）OHSAS 18001：2007 中“所有承担管理职责的人员，均应证实其对职业健康安全绩效改进的承诺”强调的是管理人员，而 ISO 45001：2018 中说的是“组织内每一层级的员工应承担其所控制工作范围内职业健康安全管理体系中的职责”，对职责表述更明确，更符合全员参与安全管理的要求，有利于组织职业健康安全工作的落实。

➢ 转版注意事项

1）在组织内部分配职业健康安全管理体系内相关岗位时，应形成文件化信息，并保留沟通的记录。组织在转版时，一般做法是首先识别建立体系和运行所需工作，确定相应的机构和责任人，明确相关岗位的职责和权限，形成文件化信息并发布、公告。

2）岗位分派应包括所有人员而不是 OHSAS 18001：2007 中的几类人。在职责文件中要明确最高管理者负最终责任。

➢ 制造业运用案例

【正面案例】

国内一家拥有 60 年以上司龄的军工企业，从传统的安全部门管全部，到推行管理体系建设运行出现安全职责不清晰，直至现在将安全职责和业务工作相匹配设置，基本理顺了本标准所规定岗位设置和职责、权限的确定。

该公司设置安全生产委员会作为领导机构，公司最高管理层担任主任和副主任，公司内各职能部门负责人担任委员，下设办公室。在安全生产委员会领导下建立三级安全生产责任网络，即公司级、部门（车间或分厂）和班组级。这里所提的部门（车间或分厂）就是公司根据业务需求设置的，也是安全职责的承接基础。根据最高管理层分工和各业务部门业务情况确定安全责任和岗位责任，形成责任制文件。通过文件发布和逐级签订安全生产责任书（状），使公司所有员工知晓自己的安全职责，包括报告安全信息。通过上述岗位分派、职责和权限的分配，做到了安全职责全覆盖，达到了“党政同责、一岗双责、齐抓共管、失职追责”的要求。

【负面案例】

2013 年 6 月 3 日吉林某公司发生火灾事故，国务院调查处理结论为：“（5）未逐级明确安全管理责任，没有逐级签订包括消防在内的安全责任书，企业法定代表人、总经理、综合办公室主任及车间、班组负责人都不知道自己的安全职责和责任。”

该事件凸显各级人员对各自安全职责不知晓，主要是公司没有进行安全组织设置，没有明确各自安全岗位、职责和权限。车间、班组负责人不知晓安全教育培训、禁止封闭安全出口和应急培训是他们的基本安全职责。综合办公室主任作为安全管理部门不知道自己的监管岗位和职责，更无法履行监管权限，导致工作现场缺失安全条件、人员缺少安全意识。公司领导层没有进行安全组织设置、安全岗位设置、安全职责和权限设定，使该履行的安全职责无法正常履行，最终造成严重事故的发生。

➢ 服务业运用案例

【正面案例】

国内一家知名的通航运营公司运营驾校培训、飞机作业、空中旅游、出租飞行等业务，安全对通航业务来说至关重要。该公司根据民航规定和自身需要，设置了安全领导机构、安全主管部门，指派主管安全的高层管理人员、任命安全总监，并根据业务部门设置情况分别赋予各业务部门安全职责，设定所有岗位安全职责，使安全职责覆盖到所有岗位和人员。在公司全体员工努力下，该公司安全运行 8 年无事故。

【负面案例】

2017 年 6 月某快捷酒店在半夜发生火灾，当班服务人员通知主管发生了火情，主管接到信息后报警并通知总经理。但是，应急处置职责要求中没有明确由哪个岗位来通知顾客逃生，主管以为服务人员已经通知顾客疏散，服务人员以为主管会通知。最后因为应急处置职责权限规定不清，同时又没有在日常进行应急演练，导致没有人在紧急情况发生时承担起通知顾客疏散的职责，没有人清点人数，造成顾客 2 人死亡、13 人受伤。

➢ 生活中运用案例

【正面案例】

某幼儿园根据自身实际情况设置园长为组长、园内其他职工各司其职的安全管理组织机构，有负责安全教育的，有负责设施设备的，有负责房屋、道路交通安全的，有负责安全教育教学、安全工作情况信息收集的，有负责食品安全、食堂安全的，有负责晨午检、预防传染病的，有负责日活动、消防等方面安全的。幼儿园将安全工作分工分派不同的安全岗位，并赋予相应的职责和权限，构建幼儿园安全责任体系，为幼儿园安全开展各项工作提供了组织保证。

【负面案例】

双胞胎乔治和汤姆刚过完他们的 16 岁生日聚会，就被父母叫去参加年度的“方针和目标”会议。父母说：“我们花了好长时间为你们定下今年的目标，希望你们两个能达成或超过这些目标。你们要知道，明年的零花钱取决于你们这些目标的实现情况。”

父亲说：“乔治，先从你的目标开始，为你拟定了三个目标：第一，希望你平均分数至少要 A⁻；第二，希望你不仅要参加学校的一支运动队，而且还要向成为队长的长远目标努力；第三，希望你暑假能够参加勤工俭学活动，如帮助人们修剪庭院或快餐店送餐，以便为你的大学基金贡献 300 美元以上。”乔治一脸茫然，很显然他不知道怎么实现这些目标。

母亲说：“汤姆，对你的要求不高，只要你的学习成绩在 C 以上，每天看电视时间不超过 4 小时，并且每个月最多买 2 个电子游戏，这样我们就非常高兴。”

“等下！”乔治说，“不公平，我们俩都差不多，为什么汤姆的目标更容易实现？”

父亲说：“我们是你们的父母，目标已定。好了，现在你们签字，从现在开始进行考核，在未来 12 个月里你们达成的绩效将由我们衡量。希望结果理想，否则你们将自负后果。”

这个例子突出了职责权限与自己的负面因素：

1）没有给实施者以充分的资源。家长不关心两个孩子如何实现目标，也没有告诉他们如何完成。

2）领导没有明确职责和权限。哪些工作孩子可以自主决定，他们在职权范围内做什么、对目标的达到有何贡献，两个孩子都不知道。

➢ 组织运行时常见失效点及可能的应对措施

常见失效点	可能的应对措施
岗位设置不全，职责和权限不对等	理清业务流程，根据业务流程在设置业务岗位时就赋予其与业务相关的健康安全职责和权限
职责设定有重复或遗落，没有横向到底，纵向到边	梳理现有的职责、权限，确定各岗位的主要责任、次要责任，并以安全生产责任制形式予以文件化

➢ 最佳实践

设置安全生产委员会作为领导机构，公司最高管理层担任主任和副主任，公司内各职能部门负责人担任委员，下设办公室。在安委会领导下建立三级安全生产责任网络，即公司级、部门（车间或分厂）和班组级。这里所提的部门（车间或分厂）就是公司根据业务需求设置的，也是安全职责的承接基础。根据最高管理层分工和各业务部门业务情况确定安全责任和岗位责任，形成责任制文件。开展逐级签订安全生产责任书（状），使公司所有员工知晓自己的安全职责，包括报告安全信息。

➢ 管理工具包

岗位职责书、职责权限矩阵表等。

➢ 通过认证所需的最低资料要求

安全组织机构设置文件、部门安全职责和岗位安全职责文件。

8

员工协商和参与

➤ ISO 45001：2018 条款原文

5.4 员工协商和参与

组织应建立、实施和保持过程，使所有适用层次和职能的员工和员工代表（如有）都能在开发、策划、实施、绩效评价和提升职业健康安全管理体系活动方面协商和参与。

组织应：

a）提供协商与参与所需的机制、时间、培训和资源。

注 1：员工代表可视为协商和参与机制。

b）提供及时的渠道，以获取清晰的、可理解的相关职业健康安全管理体系信息。

c）确定并消除参与的障碍或屏障，障碍或屏障若无法消除，则应尽可能减少。

注 2：障碍或屏障可包括：未回应员工的投递信息或建议，存在语言或读写障碍，对员工报复或报复威胁，不鼓励或处罚员工参与的政策或惯例。

d）强调与非管理类员工在如下方面的协商：

1）确定相关方的需求和期望（见 4.2）；

2）建立职业健康安全方针（见 5.2）；

3）适用时，分配组织的岗位、职责和权限（见 5.3）；

4）确定如何履行法律法规的要求和其他要求（见 6.1.3）；

5）建立职业健康安全目标并为其实现进行策划（见 6.2）；

6）确定适用的外包、采购和承包商的控制方法（见 8.1.4）；

7）确定所需监视、测量和评价的方面（见 9.1）；

8）策划、建立、实施并保持一个或多个审核方案（见 9.2.2）；

9）确保持续改进（见 10.3）。

e）强调非管理类员工在如下方面的参与：

1）确定他们协商和参与的机制；

2）辨识危险源并评价风险和机遇（见 6.1.1 和 6.1.2）；

3）确定消除危险源和降低职业健康安全风险的措施（见 6.1.4）；

4）确定能力要求、培训需求、培训和培训评价（见 7.2）；

5）确定所需沟通的信息以及如何沟通（见 7.4）；

6）确定控制措施及其有效实施和应用（见 8.1、8.1.3 和 8.2）；

7）调查事件和不符合并确定纠正措施（见 10.2）。

注 3：强调非管理类员工的协商和参与，旨在应用于从事工作活动的人员，但并非故意排除其他人员，如组织内受工作活动或其他因素影响的管理者。

注 4：需认识到，如果可行，为员工提供无偿培训和在工作时间实施培训，能消除员工参与的重大障碍。

➢ 条款解析

组织的工作人员，包括非管理人员，参与危险源辨识和风险评价、事件调查等职业健康安全管理工作是非常重要的。因为工作人员掌握着具体的组织工作活动或工作场所状况信息。

协商意味着一种参与对话和交换意见的双向沟通方式。协商包含了及时向工作人员及其代表（如果有）提供必要的信息，以便在决策前给出供组织考虑的正式反馈信息。

参与能使工作人员为有关职业健康安全绩效措施和拟定变更的决策过程做出贡献。

此条款可以从以下几个方面理解：

（1）无论从组织的工作人员作为职业健康安全重要利益相关方的角度考虑，还是工作人员对组织工作场所健康安全状况的了解和体验角度考虑，组织的职业健康安全管理都需要其工作人员的协商和参与。

《安全生产法》第七条规定："工会依法对安全生产工作进行监督。生产经营单位的工会依法组织职工参加本单位安全生产工作的民主管理和民主监督，维护职工在安全生产方面的合法权益。生产经营单位制定或者修改有关安全生产的规章制度，应当听取工会的意见。"

（2）工作人员及其代表（如果存在）的协商和参与是职业健康安全管理体系取得成功的关键因素。组织应当通过建立过程对此予以鼓励。

（3）对职业健康安全管理体系的反馈取决于工作人员的参与。组织应当确保鼓励各层次工作人员报告危险情况，以使预防措施到位和采取纠正措施。

（4）如果工作人员提出建议时不惧怕解雇、惩罚或其他报复的威胁，他们提出的建议时将会更加有效。

（5）"员工代表"在标准中不是强制要求，可根据组织自身的情况来确定。

（6）从条款的要求来看，

1）协商和参与需要机制。协商和参与都是沟通的一种方式，单次可以是临时的，但体系中定期、多次的沟通需要形成机制予以固化。要求组织为参与提供条件（机制、时间、培训、资源），比如一些技术方面的培训，当然也包括意识层面等多方面的培训。

2）协商和参与需要渠道。渠道是沟通双方的桥梁，信息是桥梁上的车辆，只有搭好桥梁，沟通之路才能畅通。信息应表述清楚、可理解，且方便员工获取，避免因信息不对称引起的沟通不畅。

3）协商和参与要消除障碍或屏障。这些障碍包括语言、文字、读写等。在企业内，如果不同层次的工作人员有不同国籍和语言，可以采取翻译的方式消除语言障碍。报复或威胁等打击员工参与的做法应被消除或减少。如果员工不担心被解雇、纪律处分或其他此类报复的威胁，那么将会更加积极地参与和协商。

4）组织应考虑与非管理人员协商以下活动：

①识别相关方的需求和期望，关注相关方及其需求信息的变更。

②职业健康安全方针的协商，有利于与其反映组织所面临的职业健康安全风险的实际，有利于反映员工对方针的需求。

③全体员工适用时对规定的职责和权限进行协商，以确保各职能和层次明确自己的职责，执行自己的职责。

④如何履行法规应与员工进行协商。履行法律法规的要求有很多种做法，这些具体的做法，员工可以发表自己的意见。通过协商使员工了解相关法律法规和其他要求，以便其理解和执行。

⑤通过协商职业健康安全目标和实现目标的策划，有利于员工对所制定的职业健康目标的理解和实施，目标的实现需要组织全体员工的共同努力。

⑥确定适用的外包、采购和承包商职业健康安全方面的要求和管理方法。组织的危险源、新的或改进的技术措施，应急等，可能会对在组织的现场从事作业的人员带来职业健康影响。通过协商可以使外包、采购和承包商理解组织职业健康安全对他们带来的影响，并协调一致共同采取措施。

⑦监视、测量和评价应在组织内相关层次间进行沟通交流，促进组织员工更加有效地为职业健康安全绩效的提升做出贡献。

⑧针对审核方案的策划、建立、实施和保持与员工协商，如频率、时机、审核员的选择等方面。

⑨持续建立改进机制，让全员参与进来，确保改进的有效实施。

5）组织应考虑非管理人员参与以下活动：

①员工如何进行协商和参与。协商和参与机制需要与员工一起制定，考虑员工的意见。

②组织员工和员工代表（如有）共同进行危险源的识别、风险、机遇的评估。员工是工作场所内危险源的直接接触者和职业健康安全风险的受害者，通常员工对其工作非常熟悉，让员工适当地参与危险源辨识、风险评价和风险控制措施的策划活动，有利于危险源辨识的充分性、风险评价的准确性、风险控制措施的可行性。危险源辨识应来源于流程、来源于岗位、来源于基层，这样的危险源辨识才是真正岗位可用、可控的危险源。

③确定消除危险源并降低职业健康安全风险的行动，有利于各项安全管控措施的落实。

④组织员工和员工代表（如有）与安全部、人力资源部、安委会共同确定职业健康安全体系的能力要求，确定培训需求，制订培训计划，并组织实施，以满足人员的能力。这些培训包括一些人员上岗资质的培训，如电工证等特种作业证；上岗能力培训，如入厂员工的三级教育培训等；还有一些意识类培训，如安全文化、全员培训等。

⑤确定需要沟通的信息及如何沟通。组织员工和员工代表明确需要沟通的事项以及方式、方法。

⑥确定控制措施及其有效的执行和应用。组织员工和员工代表共同确定各危险源的控制措施，以及如何有效实施和运用。因为员工是本岗位危险源控制措施最终的实施者，措

施是否能实施、怎样能更好地实施需要员工的参与。

⑦对事件和不符合进行调查并确定纠正措施。组织发生事件、事故、不符合，组织的员工代表（如有）应参与相应的调查、处理工作，共同确定纠正措施，保留相应的文件化信息。

注3：非管理人员指直接从事生产作业活动的人员，但也没有排除可能会受工作活动影响的管理人员，比如管理人员到生产车间现场检查时的情形。

注4：在可能情况下，组织对员工进行无偿培训和在工作时间实施培训，消除影响工作人员参与的障碍和屏障。比如员工下夜班已经很困了，还要求他们参加一整天的安全教育培训，显然不能达到好的效果。

➢ 应用要点

1）建立、实施和保持协商和参与的过程，保留协商和参与的记录。

2）员工和员工代表可通过职工代表会、安全委员会、事故调查组、合理化建议、意见箱等形式参与职业健康安全管理事务和活动。

3）组织保证协商和参与渠道畅通，明确新增的协商和参与方式、渠道及相关部门职责。

➢ 本条款存在的管理价值

“员工协商和参与”是ISO 45001独有的章节，ISO 9001、ISO 14001均没有这个条款。这也是在OHSAS 18001：2007的基础上扩充的条款，凸显了该条款在本体系中的重要作用。

协商和参与是职业健康安全管理中的一项重要原则。组织的职业健康安全管理，应该应用于基层，才能真正保障员工的安全与健康。因此，想要提高各项安全管理制度的执行性，就应与员工就安全事务进行协商与沟通，让他们了解、参与，同时提出问题、解决问题，让安全事务成为能在企业中落地实施的制度和工作要求。离开了员工的参与，组织的职业健康安全管理就会失去基础。

➢ OHSAS 18001：2007对应条款

4.4.3.2 参与和协商

纽组织应建立、实施并保持程序，用于：

a）工作人员适当参与危险源辨识、风险评价和控制措施的确定；

——适当参与事件调查；

——参与职业健康安全方针和目标的制定和评审；

——对影响他们职业健康安全的任何变更进行协商；

——对职业健康安全事务发表意见。

应告知工作人员关于他们的参与安排，包括谁是他们的职业健康安全事务代表。

b）与承包方就影响他们的职业健康安全的变更进行协商。

适当时，组织应确保与相关的外部相关方就有关的职业健康安全事务进行协商。

➢ 新旧版本差异分析

ISO 45001：2018要求组织建立员工协商和参与的过程；提出了3个方面的要求，明确对非管理人员协商的 9 个方面、参与的 7 个方面的内容。OHSAS 18001：2007 中用的是“工作人员”，ISO 45001：2018 中特别强调是非管理人员，也就是指直接从事生产作业活动的人员，但也没有排除可能会受工作活动影响的管理人员。

➢ 转版注意事项

组织可以确定员工代表协商和参与的机制。要求组织为参与提供条件（机制、时间、培训、资源）、提供工作人员获取职业健康安全信息的渠道、确定并采取措施消除影响工作人员参与的障碍和屏障。

组织确定适用的外包、采购和承包商的控制方法时应与员工协商沟通。

关注非管理类员工的参与渠道与机制建立。

➢ 制造业运用案例

【正面案例】

2005 年 6 月中旬，员工职业健康安全代表反映，随着天气温度的升高，厚板试验室试样加工车间的作业环境温度很高。火焰切割区动火点产生的热量使该区域温度高达近 40℃，作业环境比较闷热。

接到员工职业健康安全代表的信息登记表后，站工会立即进行现场验证和深入了解，以确定信息的真实性。将验证后的信息登记表上报检测中心，检测中心通过现场调研和可行性分析，提出风机改进方案：对原风机支架进行改制，提高支架的高度，扩大吹风范围，使降温和空气的对流效果更好，并组织实施，使火焰切割区域环境温度下降至 33℃。员工参与到危险源的辨识并进行反馈，使组织持续改善了职业健康安全的绩效。

【负面案例】

张某 2004 年 6 月到某公司上班，先后从事过杂工、破碎、开压力机等具有职业病危害工作。组织没有让员工参与危险源的识别，只是按照工艺要求简单地做了危险源的识别和管控，所以员工从来不知道从事的工作会对自己身体造成危害。工作 3 年多后，张某被多家医院诊断为尘肺。

➢ 服务业运用案例

【正面案例】

某旅游公司为顾客提供国内外的旅游项目。组织内的员工，包括带团的导游和开车的司机，组织均为他们签订了人身意外险和工伤保险，保障员工在意外伤害时获得相应救治和赔偿。定期召开员工代表大会，听取员工建议，将驾乘不够舒适的中巴车换成座位宽大的大巴车；改变派工制度，将原来的包车包线路跑车，改为调度室总体统筹，避免了司机疲劳驾驶，保障劳动者职业健康与安全。

【负面案例】

某餐厅在装修的时候，员工就反映洗手间的门和墙壁的距离太近，门又是向外开的，很容易夹到外面的人，存在很大的安全隐患。餐厅老板考虑重新装修费用的问题，没有听取员工的意见。有一天店里人多，员工躲避不及被推出的门重重地夹了一下，当场昏迷，还好及时送去医院，才有惊无险。事件发生后餐厅拆了洗手间的门，重新布局，防止再次发生类似事故。

➢ 生活中运用案例

【正面案例】

在上下学高峰时期，学校门口的路面上经常停三排车。家长在等候时将车停在道路两侧，阻碍了交通，妨害了学生步行安全。经学校、家长代表多次与管辖地区交通队沟通，将学校东侧的一家营利性停车场设为暂时停车场，在早上上学、下午放学时段免费为家长提供停车服务一小时。家长可凭借学校颁发的停车证免费进入停车场停车。这一举措实施后，有效地解决了上下学时段路面交通堵塞的难题，同时也避免了家长因停车占道被交管局处罚。

【负面案例】

2018 年 12 月 26 日上午，北京交通大学一实验室发生爆炸致 3 人死亡。小毛是此次爆炸中遇难的 3 名学生之一。事发前几天，小毛的导师在实验室里堆放了大量易燃易爆化学品，这引起了包括小毛在内的几名学生的不安。据小毛生前与其他同学的聊天记录和相关图片显示，实验室有 30 桶镁粉、40 袋水泥（每袋 25kg）、28 袋磷酸钠、8 桶催化剂，以及 6 桶磷酸钠。26 日当晚，北京交通大学通过官方微信公众号发布通报，其中写道，“学校已全面开展安全隐患排查整改，将全力做好善后事宜，并依法依规严肃问责”。

➢ 组织运行时常见失效点及可能的应对措施

常见失效点	可能的应对措施
员工提出改进和完善职业健康安全合理化建议组织未给予处理和反馈	合理化建议组织应予以分析归纳和及时处理，并将结果同员工反馈
没有建立员工参与和协商的机制	组织应以制度、会议、问卷、合理化建议收集、微信群等可量化的方式，鼓励员工参与和协商事宜

➢ 最佳实践

定期召开健康安全会议，讨论职业健康安全方面问题，对生产过程中危险源识别并提出相应措施，促进安全管理。

员工以合理化建议和“观察卡”的形式，向单位提出改进和完善职业健康安全方案。

通过安全经验分享将安全、健康方面的典型经验事件事故、不安全行为、使用常识等总结出来，在班前会或班组活动日或培训会等进行宣传，从而使教训、经验、常识得到分享和推广。

➢ 管理工具包

健康安全委员会、合理化建议、安全经验分享。

9

应对风险和机遇的措施

➢ ISO 45001：2018 条款原文

6.1.1 总则

策划职业健康安全管理体系时，组织应考虑到4.1（环境）所提及的因素，以及4.2（相关方）和4.3（职业健康安全管理体系范围）所提及的要求，并确定需要应对的风险和机遇，以：

a）确保职业健康安全管理体系取得预期结果；

b）预防或减少非预期的影响；

c）实现持续改进。

当确定所需处理的职业健康安全管理体系风险和机遇以及预期结果时，组织应考虑：

——危险源（见6.1.2.1）；

——职业健康安全风险和其他风险（见6.1.2.2）；

——职业健康安全机遇和其他机遇（见6.1.2.3）；

——法律法规要求和其他要求（见6.1.3）。

组织在策划过程时，应结合组织的变更、过程或职业健康安全的变更来确定和评价与职业健康安全管理体系预期结果相关的风险和机遇。在已策划的临时或永久变更情况下，在变更实施前应开展此方面的评价（见8.3.1）。

组织针对下述方面保持文件化的信息：

——风险和机遇；

——确定和应对风险和机遇（见6.1.2~6.1.4）所需的过程和措施，其详尽程度应使人确信这些过程能按策划得到实施。

➢ 条款解析

职业健康安全管理体系为组织提供一种安全管理框架，使得组织能对安全管理中的不确定性做出积极的响应。为了制定有效的措施、更好地应对风险和机遇，条款6.1.1重点为组织职业健康安全管理体系的策划活动提供了系统的指导和总体原则。

本条款提及策划体系时应考虑的三点因素来确定风险和机遇，并由此来满足体系的不断强化过程。其中，除需考虑危险源、法律法规要求、体系范围内应有的风险和机遇以外，也应考虑变更及其他会影响体系和预期结果的因素。

按照先思考内外部问题、相关方要求、体系的管理范围，再确定风险和机遇，最后策划管理措施的逻辑顺序，做以下工作：

（1）策划体系，要确定风险和机遇，输入应考虑：

1）条款 4.1 的输出，看看组织有哪些与环境管理有关的内部外部问题；

2）条款 4.2 的输出，看看有哪些相关方，他们的需求又是什么；

3）职业健康安全管理体系的范围，这是管理活动的界限。

（2）确定风险和机遇，同时输入还应考虑：

1）企业已经辨识出的危险源（条款 6.1.2），这些危险源如果管控不好将成为风险，新的策划和管控可能会为企业带来机遇；

2）法律法规和其他要求，企业的合规义务遵守情况直接导致企业违法违规风险及员工的职业健康伤害可能（条款 6.1.3）；

3）体系建立、运行中的风险与机遇，这关系到体系是否能够顺利运转。

（3）策划时，最终要实现何种结果或达到何种目的，即目标是什么。制定应对措施以确保管理体系的有效运行、降低不期望的结果，并保证能持续改进。通俗地讲，就是制定的措施要管用、能降低风险，减少安全事故和职业健康伤害，降低职业健康安全风险。而且制定的措施并不是一成不变的，是随内外部环境的改变而调整的，能够实现不断改进。前面两点所做的努力都是为了达到这里的目的。这里，不期望的结果可能包括与工作相关的伤害和健康损害、不符合法律法规的要求和其他要求，或声誉损害。

（4）保持文件化信息。除了需要应对的风险和机遇的文件化信息以外，整个策划过程从条款 6.1.1 至条款 6.1.4 都需要文件化信息来支持，以确保整个过程是按照组织的策划进行的。这里，请注意几个关键词：变更、永久性、临时性。文件化信息的详尽程度，因组织的实际情况而详略不同，详细程度由组织自行决定。

➢ 应用要点

组织在考虑影响因素时，可根据实际情况进行优先级排序，如“法律法规及组织内部要求—危险源—内部（体系范围内）风险和机遇—外部（相关方）风险和机遇”，通过优先级排序可减少影响因素的重复性，也对后续的识别评价做出有序引导。

1）策划在应用条款 4.1、4.2、4.3 获取的信息。因此在落实条款 6.1.1 的要求之前，一定要落实条款 4.1、4.2、4.3 中的要求，充分识别出内外部问题、风险与机遇以及相关方的需求。这是重要的前提，也是 ISO 45001：2018 的重大改变。

2）在落实条款 6.1.1 要求时，一定要养成系统化思考的习惯。周密不遗漏、前后连贯起来，系统考虑，避免疏漏。风险的识别要采用适宜的方法，做到科学、全面。

3）动态管理策划过程。随着组织内部、外部环境的变化，及时识别新的问题、风险与机遇以及相关方的需求，并制定相应的应对措施，保持体系运行的敏捷性。

4）必须保持足够的文件化信息。需要应对的风险与机遇以及条款 6.1.2~6.1.4 中所需的过程一定要文件化。

5）无论是职业康安全风险管理，还是其他风险管理，都要考虑变更，要与变更联系起来。

6）策划并非单一事件，而是一个持续的过程，其为工作人员和职业健康安全管理体系预测变化的环境和持续确定风险和机会。策划要整体考虑管理体系所需的活动与要求之间的相互关系和作用。

7）职业健康安全机会涉及危险源的识别、如何沟通危险源信息、已知危险源的分析和防范。其他机会涉及体系改进策略。

改进职业健康安全绩效的机会的示例：①检查和审核作用；②工作危害分析（工作安全分析）和相关任务评价；③通过减轻单调的工作，或以潜在危险的预定工作速率工作，来改进职业健康安全绩效；④工作许可及其他认可和控制方法；⑤事件或不符合调查和纠正措施。

改进职业健康安全绩效的其他机会的示例：①在策划设施搬迁、过程再设计，或机械和厂房更换的最早阶段，融入职业健康安全要求；②利用新技术提升职业健康安全绩效；③提升职业健康安全文化，如通过扩展超越要求的职业健康安全相关的能力，或鼓励工作人员以及时的方式报告事件；④提升最高管理者支持职业健康安全管理体系的能见度；⑤强化事件调查过程；⑥改进工作人员协商和参与的过程；⑦标杆管理，包括考虑组织自身过去的绩效和其他组织的绩效。

➢ 本条款存在的管理价值

本条款作为第 6 章的纲领，为组织的策划活动提供了系统的指导，也是组织将风险与机遇的管控真正融入组织业务过程的开始，强调建立应对风险和机遇的措施时应全面考虑内外部影响因素及变更来带的影响。

➢ OHSAS 18001：2007 对应条款

4. 3. 1 危险源辨识、风险评价和控制措施的确定

组织应建立、实施并保持程序，以便持续进行危险源辨识、风险评价和必要控制措施的确定。

对于变更管理，组织应在变更前，识别在组织内、职业健康安全管理体系中或组织活动中与该变更相关的职业健康安全危险源和职业健康安全风险。

在建立、实施和保持职业健康安全管理体系时，组织应确保职业健康安全风险和确定的控制措施能够得到考虑。

➢ 新旧版本差异分析

与 OHSAS 18001：2007 相对比，ISO 45001：2018 中风险和机遇所考虑的因素打破了局限控制，涵盖范围更加宽泛。OHSAS 18001：2007 中列举的考虑因素只是危险源辨识中的考虑因素，而 ISO 45001：2018 中则用内外部影响因素进行概括，更需组织对所有影响因素进行识别评估。

另外，在 ISO 45001：2018 中增加对“机遇”的考虑，组织在进行风险控制时，也应识别机遇及其带来的影响因素。

➢ 转版注意事项

1）转版的过程中应先做好策划，结合条款 4. 1、4. 2、4. 3 的辨识结果。

2）转版时可在旧版识别范围基础上增加法律法规和外部因素带来的影响，同时也要

充分考虑其所带来的机遇。

3）保持两个文件化信息：需要应对的风险和机遇清单；确定需要应对的风险和机遇的过程。

➢ 制造业运用案例

【正面案例】

一家外资钣金加工企业在中国建厂投产，其主要生产工艺为切割、冲压、焊接、铆接、喷涂、装配等。该企业的喷涂由自己的喷涂车间完成。在建厂规划初期，该企业充分了解厂址所在地对职业卫生管理方面的要求以及有关法律法规的要求。为了降低员工因焊接、喷涂、装配等工作带来的职业病，该企业购买最新的环保喷涂生产线、使用安全环保绿色材料进行生产，并定期为员工进行职业健康体检。因为前期充分了解内外部情况，准确识别风险，并选择恰当的应对措施，这家企业在后续的经营活动中一直保持良好的职业健康安全绩效。

【负面案例】

某公司的厂内保全组人员在进行铁架焊接工作，该作业区已张贴飞溅烫伤、电弧烫伤的安全警示。但在搬运焊接后的铁架时，工作人员刚要推动焊好的铁架线手套就被烧坏并将手掌烫伤。经查实，该公司在策划整个焊接作业活动时考虑不全面，未将焊件烫伤的风险识别出来，同时配备的劳动防护用品线手套不能有效防护焊接烫伤伤害，导致员工烫伤。

➢ 服务业运用案例

【正面案例】

某化学品经销商在引进职业健康安全体系后专门成立法务部，便于及时、准确地识别国家或各地区有关化学品相关的政策要求。

2018 年 1 月销售溴素时，因及时识别出“国办函【2017】120 号通知”的要求，溴素被纳入易制毒危险化学品目录，便立刻向客户传递该信息，并指引客户增办公安相关手续，最终促成交易。

该经销商不但被客户评为优质供应商，而且在业内口碑越来越好，销售订单日益增多。

【负面案例】

某服务机构发现供暖系统试压时存在漏水情况，决定委外进行供暖维修。该机构按照内部承包商管理制度对承包商进行选择、培训、许可等工作后，约定第二天进厂维修。

第二天承包商进厂，持工作许可在指定位置施工，先将漏水处挖掘出 1m×2m×2m 的作业区域，再对漏水位置进行修补或更换部件。作业区域挖掘完成后，一名承包商员工在进行底部测量时侧面土方发生坍塌，该员工被掩埋。

经核查，该承包商在土方作业活动中未对侧壁进行支撑固定，而该机构作为委托主体，未能在策划该承包作业活动时考虑所有风险，也未对施工进行现场检查，这是导致事故的原因之一。

➢ 生活中运用案例

【正面案例】

日常生活中一次全面的策划会带来不一样的惊喜。小张计划年底买辆汽车，在家庭会议上，听取了父母的建议和妻子的要求后（相关方需求），小张根据买车预算（识别内部问题），很快确定了新车的选择范围。在经过各类车评网站和论坛的分析后（策划实施方案），小张最终确定了 3 款合适车型，并向当地 4S 店进行询价。而正值年底，多家 4S 店在大力开展优惠活动，小张在货比三家后（避免潜在不利影响），确定了性价比最高的一家，并且预约了选购时间。因提前策划充分，选购当天小张夫妇在现场没用多久就以最理想的价格完成订车，并且因成交效率高又额外获得该店当日首单大礼包。

【负面案例】

近年来驴友外出活动发生事故的情况时有报道。曾经有几名上海大学生在原始森林探险，因为干粮耗尽，两名女队员受困虚脱。最后经过 200 多人几天的搜救幸运脱险。还有一些驴友就没那么幸运了。2009 年某日，重庆万州区潭獐峡流域山洪暴发，35 名驴友遇险，上千名救援人员连日搜救，最终 19 人遇难、16 人获救，被称为当时“中国户外活动史上最大灾难”。这些驴友遇险的一个共性的原因就是对旅途中所面临的风险认识不足。没有充分认识团队内部的问题，如团队人员的体力、携带的给养数量等；没有认识到外部问题，如活动路线的长短，活动线路周边的天气、水文等情况。如果能在活动开始之前进行充分的调查、识别潜在的紧急情况、了解旅途中的各种风险，就能很好地避免危险事故的发生。

➢ 组织运行时常见失效点及可能的应对措施

常见失效点	可能的应对措施
在策划的变更中忽略临时性变更，例如生产中的“四新”（新产品、新技术、新设备、新材料），没有保持文件化的信息	按要求识别风险和机遇，并进行有效识别评估，对临时性变更予以文件化规定
忽略机遇因素	在体系策划时，在控制风险的同时应全面考虑职业健康体系改进的机会
在 6.1.1 环节未考虑条款 4.1、4.2、4.3、6.1.2 和 6.1.3	组织在管理手册或者与需要应对的风险和机遇相关的管理控制程序中，应当清晰地说明该策划过程的输入，避免漏项
没有形成需要应对的风险与机遇清单	根据标准要求，形成需要应对的风险与机遇清单

➢ 最佳实践

有的企业会设置专门的法务部门从事合规管理工作，但与职业健康安全有关的风险识别，应当由来自公司的各个部门/岗位上具有经验的人员共同进行，包括安环部门、生产部门或者人事部门，必要时应在管理层会议中进行充分的讨论和沟通。这能够帮助企业从不同的角度尽可能全面的识别风险。

通常在策划过程中，可以生成“法律法规及其他要求合规评价报告”“危险因素清单”“重大危险源及控制措施”“强制性检验设备清单”“相关方及其需求”等主要的文件化信息，为职业健康安全体系运行工作提供必要的文件化的信息。

➢ 管理工具包

在具体识别风险并评价时，需要综合利用一些专门技术和工具，以保证高效率地识别风险并不发生遗漏，这些方法部分列举如下：

1）SWOT 分析。SWOT 分析法是一种环境分析方法，是从优势（S）、劣势（W）、机遇（O）和挑战（T）四个维度进行分析。

2）专家调查法。这是众多专家就某一专题达成一致意见的一种方法。这种方法有助于减少数据中的偏倚，并防止任何个人对结果不适当地产生过大的影响。

3）头脑风暴法。头脑风暴法的目的是取得一份综合的风险清单。可以以风险类别作为基础框架，然后再对风险进行分门别类，并进一步对其定义加以明确。

4）检查表。检查表是管理中用来记录和整理数据的常用工具。用它进行风险识别时，将项目可能发生的许多潜在风险列于一个表上，供识别人员进行检查核对，用来判别某项目是否存在表中所列或类似的风险。检查表中所列都是历史上类似项目曾发生过的风险，是风险管理经验的结晶。

5）LEC 风险评价法。LEC 风险评价法是将事故或危险事件发生的可能性（L）、暴露于危险环境的频率（E）及危险严重程度（C）这三者的乘积作为将作业的危险性（D）的评判依据的一种方法。

➢ 通过认证所需的最低资料要求

风险和机遇的文件化信息，应对风险和机遇的措施。

10

危险源辨识

➢ ISO 45001：2018 条款原文

6.1.2.1 危险源辨识

组织应建立、实施和保持一个或多个过程，以持续主动地进行危险源辨识。危险源辨识过程应考虑但不限于：

a）工作组织形式和社会因素（包括工作量、工作时间、欺骗、骚扰、欺凌），领导作用和组织文化。

b）常规和非常规的活动情形，包括以下方面产生的危险源：

1）工作场所的基础设施、设备、材料、物料和物理条件；

2）产品和服务设计、研究、开发、试验、生产、装配、施工、服务交付、维护或处置；

3）人的因素；

4）工作完成的方式。

c）组织内部或外部的过去发生的相关事件，包括紧急情况及其原因。

d）潜在紧急情况。

e）人员，应考虑：

1）进入工作场所的人员，包括员工、承包商人员、访问者和其他人员；

2）工作场所附近能够被组织活动影响的人员；

3）不受组织直接控制的地点的员工。

f）其他问题，应考虑：

1）工作区域、过程、装置、机械/设备、运行程序和工作组织的设计，包括它们对所设计员工的需求和能力的适应性；

2）在工作场所附近发生的、在组织控制下的，与工作相关活动引发的情况；

3）在工作场所附近发生的、不在组织控制下的，对工作场所中的人员能造成伤害和健康损害的情况。

g）组织、运行、过程、活动和职业健康安全管理体系（见 8.1.3）的实际或建议的变更。

h）危险源知识、危险源信息的变更。

➢ 条款解析

（1）首先了解几个重要的概念。

1）危险源。危险源是指可能导致人身伤害和健康损害的潜在根源。危险源包括可能引起人身伤害或危险状态的潜在根源，或可能因暴露导致伤害和健康损坏的情况。

危险源由三个要素构成：潜在危险性、存在条件和触发因素。在 OHSAS 18001：2007 中虽然也提到危险源这一概念，是将其放在危险中，属于危险的一种情形（根源、状态或行为，或他们的组合）。而在 ISO 45001：2018 中，危险源更加强调是潜在根源，物的状态及人的行为都被包含在其中。并强调了“潜在”这个概念，即这一根源并不一定是显露出来的，因此需要主动、持续地辨识。危险源辨识的概念大致如下图所示。

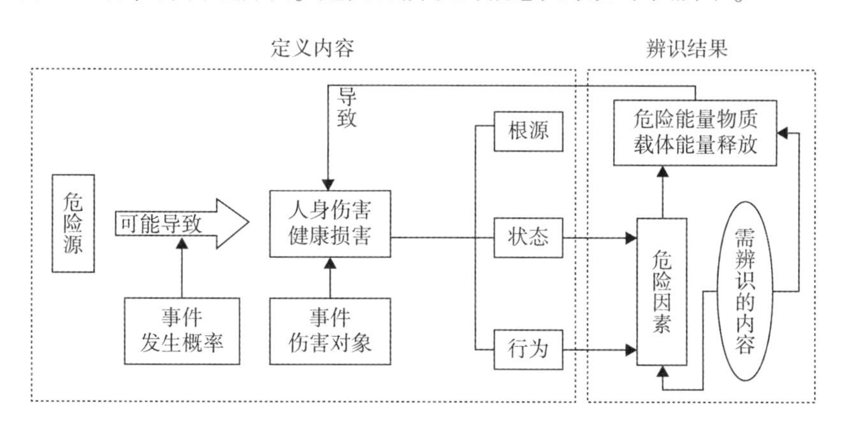

2）重要危险源与重大危险源。

重要危险源，是从安全风险管理角度来说，是从识别出的所有危险源中通过评估确定的要优先管控的那些危险源。判定标准由企业自行确定。

按照现行的《危险化学品重大危险源辨识》（GB 18218—2018），重大危险源特指和危险物质储存量相关的那些危险源，如化学品仓库、化工厂，它们是国家、行业监控的重点。

（2）危险源辨识是 ISO 45001：2018 的核心内容之一。危险源辨识的目的是将组织在活动中可能存在的危险源都找出来。只有进行了危险源辨识后，才能对已辨识的危险源进行评估，同时考虑现有控制措施的有效性。

职业健康安全风险管理过程包括：危险源辨识、风险评价、风险或危险源控制。危险源辨识是识别危险源、事件，以及它们的起因和潜在后果的过程。风险评价是评估风险程度、确定风险是否可受的过程，包括确定控制措施的效果。风险或危险源控制是基于风险评价的结果，确定和实施对风险或危险源的控制措施。

本条款与相关条款的关联如下图所示。

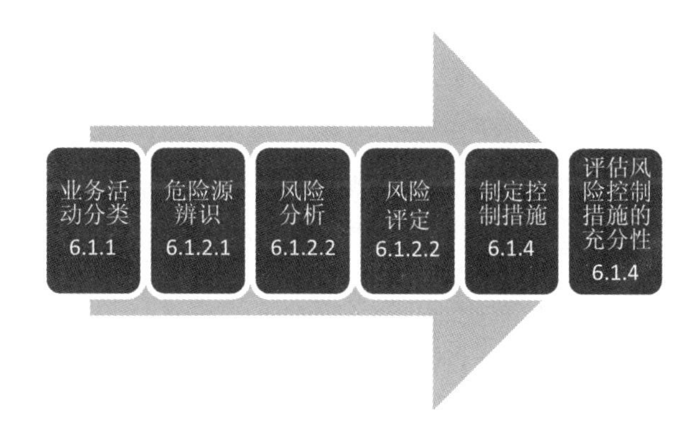

（3）组织要对其工作活动或工作场所实现系统的职业健康安全风险控制，危险源辨识结果必须要体现系统性。这种系统性通常体现在如下两个方面：

1）对组织的工作活动或工作场所的整个生命周期的不同时段，包括规划、设计、建设、使用运行、改造、更新等，开展危险源辨识。

2）对组织的工作活动或工作场所涉及的各方面要素，包括设备设施、物料、场所环境、工艺等，开展危险源辨识。

（4）危险源辨识过程的输出结果要为风险或危险源控制提供充分的信息，识别出具体存在的职业健康安全风险以及可能导致事故的完整因果连锁事件和相关因素。并且相关信息都要具体和尽可能量化。

（5）组织应根据特定的目的和范围开展危险源辨识工作。虽然 ISO 45001：2018 不涉及产品安全（即对产品终端用户的安全），但应当考虑产品的制造、建设、装配或测试期间出现的对工作人员的危险源。危险源可能是物理的、化学的、生物的、心理的、机械的、电的或基于运动或能量的。

1）常规和非常规的活动和状态：①常规的活动和状态通过日常运行和正常工作活动产生危险源；②非常规的活动和状态是临时的或者非计划的；③短期的活动或长期的活动可能产生不同的危险源。

2）人的因素。①与人的能力、局限性或其他特征有关；②应当将使人能安全舒适使用的相关信息用于工具、机器、系统、活动或环境；③应考虑活动、工作人员和组织三个因素，以及它们之间的相互作用和对职业健康安全的影响。

3）新的或变化的危险源：①当工作过程恶化、修改、调整，或由于熟悉或环境变化的结果使其进化，可能产生新的或变化的危险源；②理解工作如何实际完成，例如，与工作人员观察和讨论危险源，可以确定职业健康安全风险是否增加或降低。

4）潜在紧急情况：①需要立即响应的、非计划的或事先未安排的状况，如工作场所的机器着火、工作场所附近的自然灾害，或工作人员正在与开展工作有关活动的另外一个现场；②包括诸如在工作人员从事与工作相关活动的地点发生的民间动乱、需要工作人员紧急撤离的情况。

5）人员：①工作场所附近、可能受组织活动影响的人员，如路过的人、承包方或近邻；②不在组织直接控制地点的工作人员，包括流动工作人员或在其他场所开展与工作相关活动的工作人员，如邮政工作人员、公共汽车驾驶员、前往或工作在外方现场的服务人员；③在家工作的工作人员或独自工作的人员。

6）有关危险源的知识或信息的变化：①关于危险源的知识、信息和新的理解的来源可能包括公开发表的文献、研究和开发、工作人员的反馈、组织自身运行经验的评审；②这些来源能够提供关于危险源和职业健康安全风险的新信息。

➢ 应用要点

1. 过程

过程是 ISO 的核心定义之一，指将输入转化为输出的一系列相互关联或相互作用的活动。在危险源辨识的过程中，组织应依据自身的情况和特性通过一个或多个过程来进行。强调过程，一方面是指需要有输入和输出，另一方面是指要有活动。输入可以是已发生的（事件、事故、报告、案例等），也可以是未发生的（待定的设计、方案、工艺等）。

2. 持续

危险源并不是一成不变的。随着组织环境的不断变化，包括但不限于工作场所的变化、工艺的更新、设备的改变、人员意识的加强等，危险源也会不断出现变化。例如，制造业在安全生产过程中要求对“四新”必须进行危险源辨识。因此，对危险源的辨识必须持续地进行。特别是组织环境发生变化时，需要针对变化后的组织环境进行有效的危险源辨识。

当然，持续并非指 7×24 不间断进行，而是可以通过定期（如定期评审、管理评审等）和不定期（如组织环境变更时、出现“四新”时等）的方式，及时对可能的相关情形进行辨识，寻找其中存在的危险源。

3. 主动

主动进行危险源辨识，即作为组织不能在事故事件发生后才被动地对已发生的事故事件进行分析，进一步强调了辨识对危险的预防性。

4. 环境

抛开背景环境来讨论危险源是不切实际的。危险源的辨识一定要在相应的环境背景中。举一个简单的例子——水。日常喝的一杯水不会被辨识为危险源，但如果是游泳池中的水可能会造成人的溺亡，这时它就是危险源。

➢ 本条款存在的管理价值

职业健康安全管理的核心是风险控制，通过危险源的辨识，并对已辨识的危险源进行评估，确定和了解其中存在的风险，制定相应对策，是组织在管理过程中的重要事项。

➢ OHSAS 18001：2007 对应条款

4.3.1 危险源辨识、风险评价和控制措施的确定

组织应建立、实施并保持程序，以便持续进行危险源辨识、风险评价和必要控制措施的确定。

危险源辨识和风险评价的程序应考虑：

——常规和非常规活动；

——所有进入工作场所的人员（包括承包方人员和访问者）的活动；

——人的行为、能力和其他人的因素；

——已识别的源于工作场所外，能够对工作场所内组织控制下的人员的健康安全产生不利影响的危险源；

——在工作场所附近，由组织控制下的工作相关活动所产生的危险源；

注 1：按环境因素对此类危险源进行评价可能更为合适。

——由本组织或外界所提供的工作场所的基础设施、设备和材料；

——组织及其活动、材料的变更，或计划的变更；

——职业健康安全管理体系的更改（包括临时性变更等），及其对运行、过程和活动

的影响；

——任何与风险评价和实施必要控制措施相关的适用法律义务（见 3.12 的注）；

——对工作区域、过程、装置、机器和（或）设备、操作程序和工作组织的设计，包括其对人的能力的适应性。

组织用于危险源辨识和风险评价的方法应：

——在范围、性质和时机方面进行界定，以确保其是主动的而非被动的；

——提供风险的确认、风险优先次序的区分和风险文件的形成以及适当时控制措施的运用。

对于变更管理，组织应在变更前识别在组织内、职业健康安全管理体系中或组织活动中与该变更相关的职业健康安全危险源和职业健康安全风险。

组织应将危险源辨识、风险评价和控制措施的确定的结果形成文件并及时更新。

在建立、实施和保持职业健康安全管理体系时，组织应确保职业健康安全风险和确定的控制措施能够得到考虑。

注 2：关于危险源辨识、风险评价和控制措施确定的进一步指南见 GB/T 28002—2011。

➤ 新旧版本差异分析

1. 危险源辨识趋向根源

ISO 45001：2018 中用的单词是“source”，直译为“源”，辨识的时候需要依据过程要素自身的特性和特征来源进行。虽然 OHSAS 18001：2007 中在危险辨识中也提及了对危险根源的辨识，但更多的仅是指产生危险的原因。但是在 ISO 45001：2018 中，更强调对危险潜在根源的辨识及分析，更多地体现了对根源的辨识，进而将预防措施提前，以有效减少事故事件的发生，强调了基于风险的思维。

2. 主动进行

在 ISO 45001：2018 中更强调对危险源辨识需要“主动”的要求，更多地强调了事前预防。例如，通过对未遂事件进行收集分析，辨识组织活动中可能存在的危险源，进而采取控制措施进行事故预防，从而降低事故发生概率或减轻事故发生后可能产生的影响。

同时，主动辨识也意味着在进行危险源辨识的过程中，对一些非组织控制下的、但可能会对组织成员或组织产生危险的情况主动进行防范。例如，在住房建设过程中，电梯安装班组成员通过无护栏的楼道时存在跌落风险。虽然楼梯护栏的安装属于土建（或内装）所负责的事项，但是按 ISO 45001：2018 的要求，电梯公司应该识别这一危险源，并通过评估，制定相关方案降低这一风险，如对员工进行安全交底时提及相关内容，要求其更换安全通道，或靠墙行走等。

3. 新增组织工作形式和社会因素、领导作用和组织文化

这部分内容是 ISO 45001：2018 新增的辨识要求之一。现代组织的组织形式、工作形式越来越多，因此组织需要依据自身工作形式的特点（如全日制、计件制、不定时制、远程支持、分包、外包、劳务派遣等），结合相关社会因素进行辨识。例如，2010 年沸沸扬扬的“富士康跳楼事件”，放到 ISO 45001：2018 中，组织除了考虑工作过程中的危险源，

还需考虑因工作量、工作时间等对组织内人员产生的潜在的危险根源。

领导作用原出现在 ISO 9001 体系中，是 8 项质量管理原则之一。ISO 45001：2018 在修订过程中，不仅在体系架构上参考了 ISO 9001 体系的高阶结构，也采纳和引用了部分 ISO 9001 体系的实施方式。在国内，领导作用一方面体现了对《安全生产法》等法律法规的合规性要求，另一方面也如同 ISO 9001 体系，强调了领导带头作用。

组织文化方面则体现了组织文化对安全管理的影响。同样的工厂，公众总感觉外企比国企或私企更重视安全文化，一线生产车间比行政职能部门更重视安全。而随着重视程度的提升，员工的参与程度会不断增加，对危险源的辨识广度与深度也明显增加。这也能从一个侧面反映组织文化对危险源辨识的影响。

4. 常规和非常规的活动情形方面

进一步细化了相关活动的展开对危险源辨识的指引。OHSAS 18001：2007 对常规与非常规活动并未进行明确说明，ISO 45001：2018 则明确了必须进行识别的危险源类别。常规和非常规活动的危险源辨识，应使用过程方法进行。

5. 内外部曾经发生的事件

与 OHSAS 18001：2007 相比，ISO 45001：2018 把“组织内部或外部过去发生的事件，包括紧急情况及其原因”作为危险源辨识的一部分，即要求组织通过系统地分析已发生过的事件，分析其发生原因、状态，查找危险源，从而避免同样或类似事件再次发生，做好纠正和预防措施。

同时，事件并不代表事故，从已发生过的事件进行危险源辨识，特别是对未遂事件的危险源辨识，能有效提升组织危险源辨识的效率，是目前较为推荐的一种方式。

6. 潜在紧急情况的识别

潜在紧急情况在 OHSAS 18001：2007 中是作为应急准备和响应的一部分，在 ISO 45001：2018 中将这部分内容移至危险源辨识部分，一方面更加强调该体系基于风险的策划活动的全面性，另一方面也是基于风险思维的体现。

7. 人员方面

相较 OHSAS 18001：2007 而言，ISO 45001：2018 在风险源辨识方面对需辨识的人员做了较大的调整。OHSAS 18001：2007 中仅要求对进入工作场所的人员及工作场所附近能被组织活动影响的人员进行辨识，更多强调对办公楼、厂区等区域及周边的辨识。而 ISO 45001：2018 除了保留上述要求外，增加了“不受组织直接控制的地点的员工”，如外出路上的员工、外派或在外驻守的员工等。特别是对于服务业，有售后进行上门维修、保养等非受控地点工作的员工。要求组织更多对这部分人员可能遭遇的危险也进行辨识。

8. 其他因素

（1）增加了对工作过程、操作程序和工作组织设计方面的辨识要求。以常见的安全操作说明书为例，OHSAS 18001：2007 中并未对操作规程进行危险源辨识，但是在 ISO 45001：2018 中则进行了明确。这也要求在编制作业指导书的时候更多地进行安全操作的考量。

（2）增加了上述活动对需求和参与员工的适应性的辨识要求，即不仅辨识相关活动过程的安全性，还需要辨识参与人员是否有与相关活动的适应能力。例如组织消防演练，在进行灭火实操这一活动前，不仅要辨识火源、引燃物等危险源，还需要考虑参与的人员是否已通过相关培训，是否适合参与演练，是否知道如何使用灭火器，是否知道应选择站位在上风口。如果是在小学进行这样的消防演练，而参与人员是一年级的小朋友，这是不适宜的。

（3）对工作场所附近（之外），但可能对工作场所内人员造成健康和安全损害的事项，不再强调“在组织控制下”，即包括了不受组织控制的因素。例如，加油站附近的组织需考虑加油站（失火爆炸）这一危险源。

9. 变更管理

对有变更的事项进行危险源识别，增加了组织运行、过程及体系变更时可能产生的危险源需要进行辨识；同时，除了已实际发生了的变化，对建议的变更也需要进行识别。ISO 45001：2018 还新增了危险源知识和危险源信息的变更识别，即当了解到新的危险源知识或信息时，需要辨识是否有相关危险源。例如，某单位过去建议的防暑药品中一直有藿香正气水，后来发现藿香正气水中含有酒精，如果开车前喝了可能造成事故。经评估后更新了药品清单，将藿香正气水更换为不含酒精成分的仁丹。

➢ 转版注意事项

转版时应重点关注危险源的辨识是否已有足够的覆盖，并能体现持续、主动和变更。危险源辨识时应注重潜在源的分析，考虑生命周期观点。在考虑职业伤害方面，既要考虑身体安全方面，还要考虑精神方面的。

➢ 制造业运用案例

【正面案例】

某加工厂钣金车间发生了一起操作人员的手指差点被压伤的事件。经分析发现虽然安全操作规程要求必须两手离开机器压型面才可操作，但由于该工位绩效为计件制，操作时工人为追求加工速度，一手取放材料，一手控制设备，造成违规操作。该工厂立即组织现场员工进行危险源辨识，运用 JHA 工作危害分析法，辨识出这个流程的各项风险，其中包括“一手取放材料，一手控制设备，导致手指被轧”，立即对该危险源采取控制措施。随后对设备进行了电路改造，必须双手操作才能运行，从而避免操作人员手部受伤的风险。

【负面案例】

某纸业集团一行六人到外地考察一批停用的碱回收蒸发设备，拟回收投用。考察过程中先后查看资料和现场，到达蒸发器现场后考察组依次打开 Ⅰ 效的 A 室、C 室和 Ⅱ 效蒸发器。后到Ⅳ效蒸发器时，检查人 F 先拿手电往里面照了下，发现内部情况与前三个有所不同，里面有些看不清，便与 L 商量进入查看。进入后由于吸入蒸发器内残留有毒气体，造成一人死亡一人中毒。在此案例中，检查人员已发现Ⅳ效蒸发器内情况不同，但未进行危险源辨识就直接进入（未采取防护措施），是造成事故的直接原因。

➢ 服务业运用案例

【正面案例】

某公司结合工作实际，全面开展员工人身安全风险预控管理工作。该公司修订完善了“人身安全风险分析预控管理办法”，要求全体生产人员在作业前严格开展各类安全风险分析，提升员工风险防范意识和能力；印发“人身安全风验分析预控本”，要求生产一线员工从作业性质类型、作业现场风险因素、工器具风险因素、个人能力和状态、风险等级判定等方面全面系统分析工作中可能产生的危险因素，确保分析有重点、措施有成效，做到安全风险可控在控。

【负面案例】

某餐厅厨房使用时间较长，平时清理也较为马虎，造成排烟风道有大量积油。但是负责人在检查过程中未能识别这一危险源，造成某天餐厅在正常营业时烟道积油被点燃，厨房失火，餐厅被烧，工人受伤，直接损失 20 余万元。

➢ 生活中运用案例

【正面案例】

小杨某天骑行电动车出门，到某路段时看到一侧有较深积水，加之近日连续下雨，估计自己会陷入水坑，决定从另一侧绕路离开。刚到路对面就看到刚才绕开的地方有其他人骑行通过，结果被积水和淤泥滑翻。小杨在考虑问题处理方式时运用风险思维，对危险源进行辨识，从而避免危险发生。

【负面案例】

小孙某天骑行电动车到工地上班，下班离开工地大门时，因嫌非机动车通道人多路窄，便准备跟随前方的一辆货车从大门离开。货车离开后自动闸机感应落杆，正好砸到在后骑行的小孙。所幸小孙因刚离开工地，戴了安全帽，只是轻微擦伤。如果他能提前进行危险源辨识，识别到闸机落杆的风险，则可以避免这次事故。

➢ 组织运行时常见失效点及可能的应对措施

常见失效点	可能的应对措施
未识别或危险源识别不充分	依据条款要求，利用相关工具完成识别
识别不主动或未定期进行	保留相关记录并设计运行定期定量定性的危险源识别活动或程序。可设计一些奖惩措施以鼓励和督促主动识别，并列为人员绩效的内容之一
危险源未及时更新	当企业的组织、流程等发生变化时，如“四新”产生、同类企业发生事故时，应进行临时性危险源辨识和风险识别，对危险源进行更新

➢ 最佳实践

某企业为进行转版，自 ISO 45001：2018 发布以后，开始对员工进行险肇收集及分析的培训，并进行了一定的考核要求：每人每年至少需要上报并分析一条险肇，以鼓励员工参与危险源辨识。经过一年的收集，整理了近 7000 条险肇，并通过险肇分析、优秀事件分享学习等方式，不但提高了员工的总体安全意识，降低了总体受伤事故次数，总工时损伤得到有效下降。

➢ 管理工具包

危险源辨识的方法较多，国内外常用的包括安全检查表、预危险性分析、危险和操作性研究、故障类型和影响性分析（FEMA）、事件树分析、故障树分析、LEC 法、储存量比对法等，但一般不鼓励使用头脑风暴法。

➢ 通过认证所需的最低资料要求

危险源识别程序（可与危险源评估程序合并）。

职业健康安全风险和职业健康安全管理体系其他风险的评价

➢ ISO 45001：2018 条款原文

6. 1. 2. 2 职业健康安全风险和职业健康安全管理体系其他风险的评价

组织应建立、实施和保持过程，以：

a）在考虑现有控制措施有效性的同时，评价已识别的危险源的职业健康安全风险；

b）确定和评价与职业健康安全管理体系的建立、实施、运行和保持相关的风险。

组织用于评价职业健康安全风险的方法和准则应就其范围、性质和时机予以确定，以确保其主动而非被动，并以系统化的方式应用。对于方法和准则，应保持和保留文件化信息。

➢ 条款解析

组织辨识出的风险，都应进行管理。但是由于组织资源的有限性，管理风险需要有顺序，确认哪些需要管、哪些不需要管，哪些是应当重点关注的、哪些维持现有控制措施就可以了。这样，企业对高风险要高投入，避免重大事故伤害；对于低风险持续降低或维持现状。风险评价就为风险管理提供了依据。

对于职业健康安全风险和体系风险的评价，应考虑以下三方面：

1）职业健康安全风险评价是评估风险程度、确定风险是否可接受的过程，包括确定控制措施的效果。

评估风险程度应基于危险源辨识结果，应至少考虑事故发生可能性和后果严重度两方面。

确定风险是否可接受首先应考虑制定风险准则，也就是什么样的风险是组织可接受的，什么样的是组织不能接受的，企业应划出一道红线。风险准则制定时应考虑法律法规和其他要求，以法律条款为底线可降低企业违法风险。基于风险的可接受性，考虑现有控制措施的有效性。

2）ISO 45001：2018 本条款内容与 OHSAS 18001：2007 的条款内容基本相同，主要变化在于增加了 b）条，即不仅要评估职业健康安全体系已识别的危险源等风险，同时也要评估与职业健康安全管理体系有关的其他风险，如财务风险、营运风险等。

对职业健康安全管理体系的其他风险的评价方法可包括与受日常工作活动影响（如工作负荷的变化）的工作人员持续进行协商，新的法律法规和其他要求的监视和沟通（如监管的改革，对有关职业健康安全的集体协议的修订），以及确保资源满足当前和变化的需求（如对新的改进的设备或物资进行培训或采购）。

3）职业健康安全管理体系的其他风险评价的原理和方法，可参考 ISO 31000 等相关标准。

➢ 应用要点

1）风险评估过程应全面、系统，即充分考虑各种情况下发生的可能性、暴露的频繁程度及所造成后果的严重程度。即便同一事件，在不同的条件下发生概率及危害程度也不尽相同。例如，同样是一根建筑工地的带电的破损电缆，由于夏天多雨、天气闷热，很多工人不愿意穿安全鞋，发生触电事故的可能性要高于更干燥寒冷的冬天。但同样由于夏天雨多容易积水，建筑工地人员跌落积水坑的可能性更大，但掉落后由于积水的缓冲可能造成的伤害相对较轻。

2）除了评估风险，还需考虑现有控制措施的有效性。即如果已有控制措施，考虑是否能有效地控制风险，如不能，则需要进行更新。例如，某企业租用了某写字楼的部分楼层进行办公。在进行风险辨识的过程中已识别了办公室所使用的电器设备有短路失火的风险，制定的控制措施为使用灭火器扑灭，并购买了干粉灭火器。某日，一设备因故障短路着火，办公室文员找到了灭火器，但不会使用。直至写字楼烟感喷淋系统生效才将火扑灭。但由于喷淋面积较大，造成办公室内多部其他设备被水淋坏。这个案例就是因为未对控制措施的有效性进行充分考虑，虽然有应急措施，但是措施无效，未能有效对风险进行控制。

3）评估与职业健康安全管理体系有关的其他风险。例如，评估人员伤亡事故，在考虑事故发生的后果时，除了要考虑事件发生后的医疗、补助、索赔等直接经济损失，也需要考虑其他相关情形，如政府处罚（这条是很多企业较易忽略的情形）、事故后可能对品牌形象造成的损伤（如湖北荆州“7·26”扶梯事故，事故后该品牌被多地“封杀”），或股价剧烈下跌造成的财务风险、员工忠诚度降低造成离职率上升或招工困难（特别是劳动密集型产业）等。

➢ 本条款存在的管理价值

评价危险源及管理体系的风险，以评估结果为依据制定（更新）控制措施。同时，为组织管控风险的顺序提供依据。

➢ OHSAS 18001：2007 对应条款

4.3.1 危险源辨识、风险评估和控制措施的确定

组织应建立、实施并保持程序，以便持续进行危险源辨识、风险评价和必要控制措施的确定。

组织用于危险源辨识和风险评价的方法应：

——在范围、性质和时机方面进行界定，以确保其是主动的而非被动的；

——提供风险的确认、风险优先次序的区分和风险文件的形成以及适当时控制措施的运用。

对于变更管理，组织应在变更前识别在组织内、职业健康安全管理体系中或组织活动中与该变更相关的职业健康安全危险源和职业健康安全风险。

组织应确保在确定控制措施时考虑这些评价的结果。

组织应将危险源辨识、风险评价和控制措施的确定结果形成文件并及时更新。

在建立、实施和保持职业健康安全管理体系时，组织应确保职业健康安全风险和确定的控制措施能够得到考虑。

注 2：关于危险源辨识、风险评价和控制措施的确定的进一步指南见 GB/T 28002—2011。

➢ 新旧版本差异分析

1）将危险源辨识、危险源评估和控制措施制定从合并的一个小节拆分为两个独立的小节，分别进行了约束的细化。

2）增加了对于体系风险的评价。

➢ 转版注意事项

在转版过程中应注意加入对于职业健康安全管理体系建立、实施、运行和保持相关的风险。其他要求与旧版基本相同，均需保留相关评估记录，但需注意评估过程应按风险控制的思路，尽可能全面地对危险源进行评估。

➢ 制造业运用案例

【正面案例】

小杨入职一家塑钢制品厂担任安全员。某天他将一批已用完的氧气瓶送去充氧，搬运过程中发现这批气瓶的瓶体非常陈旧，且在瓶颈上没有找到年检钢印。小杨查找危险源辨识和评审清单，发现“气瓶发生爆炸”这一风险属于公司重要危险源，且没有年检钢印属于管控失效状态。小杨立即与车间主任联系，要求在充氧前先对瓶体进行检验。次日，小杨将瓶体送至某有资质的压力容器检验单位进行水压测试，仅冲压至标准压力时瓶体就发生了爆裂，所幸测试场所有防爆措施，没有造成进一步损失。如果这批气瓶按原计划进行充氧，将有很大可能在充压现场发生爆炸。

事后，公司更新了危险源辨识评价清单，将气瓶定期送检、入厂复验列为公司重要风险的重点监控措施，避免类似险肇再次发生。

【负面案例】

2015 年 3 月 18 日，海南省儋州市一橡胶公司在清洗无盖废水池时发生中毒事故，3 人死亡。该公司认为这种敞开式的水池不属于有限空间，更不会导致人员中毒，因此未制定相关的安全操作流程。此案例是典型的由于危险源辨识不足、重要风险评估不符造成的安全事故。

➢ 服务业运用案例

【正面案例】

某企业构建风险预控与隐患排查双重机制，共辨识出危险源 5155 个，辨识对象包括 16 类设备设施及其检修作业、12 类生产作业活动。此后，对风险管控单元进行了评价，评价出红橙黄蓝四个等级的风险。对红色等级风险采用立即停工整改方式；对于橙色风险重点关注，持续降低，并加大隐患排查频次；对于黄色和蓝色风险采取维持现有控制措施、基层管理的方式。在此基础上，编制了 27 个岗位的培训需求矩阵、13 个重点操作岗位的岗位危险源信息提示卡、43 个培训课件、52 个隐患排查清单；编制了 12 个基层车间的安全风险信息库与交接班安全交底标准、7 项特殊作业的安全措施信息库及 8 个重点部位的应急知识库。

通过一系列的辨识与评价活动，该企业保持了良好的职业健康安全绩效，双控机制实施以来，连续三年零伤害事故。

【负面案例】

某年 5 月 28 日中午，某厂运行监护人高某、操作人贾某准备测量 380V 电动机绝缘电阻，测量前需先验电，监护人高某在电源开关柜用验电笔验电时，验电笔不亮（设备确已停电）。二人怀疑验电笔有问题。为了确认验电笔好坏，二人到另一带电的开关柜进行验证。操作人贾某站在侧面用手电筒照亮，监护人高某验电。当验电笔伸向开关柜内时，验电笔金属部分与柜体接触，对地短路放电，弧光灼伤二人。

在此案例中，贾某和高某未评估现有方式（直接用电笔接触带电开关柜）的适宜性，进而采取了不适宜的操作方式，造成了人员受伤。

➢ 生活中运用案例

【正面案例】

王女士的宝宝开始吃辅食了。这天，王女士通过了解准备做些鱼糜给宝宝吃。在制作时，王女士想到所买的鱼是鲫鱼，虽然营养很适合宝宝，但是鱼肉中小鱼刺很多（危险源辨识），很容易卡到宝宝的喉咙（风险评估），宝宝痛苦不说，可能还要花费昂贵的医药费（其他风险）。为此王女士按照专门查询到的普遍评价较好的方法（评估现有措施的有效性）去除小鱼刺，并请丈夫一点点检查备用的鱼肉中是否还有没去除的鱼刺（验证）。很快，给宝宝准备的鱼糜做好了。看着宝宝吃的喷香，王女士心里也很开心。

【负面案例】

武女士夜间在某高速路上开车时，发现迎面驶来一辆逆行的小轿车，为紧急避让而撞在隔离栏上。事后，交警控制住在高速上逆行的张女士时，张女士已累计逆行近 10km。当问及她为什么要逆行时，张女士表示，在高速上行驶时错过出口，因为高速上没有掉头点，就决定逆行。交警问："你知道逆行的危险吗？"张女士回答："知道，我也挺害怕的。我觉得距离不远，就只有一小段，而且我还在逆行时还开启了双闪灯，想着应该足够了，不会有什么问题。"最终交警裁定张女士违章，应付事故全责，一次性记 12 分，赔偿武女士所有损失，承担隔离栏维修费用。

在该案例中，张女士已经识别了危险源（小轿车在高速上逆行），但对危险源的危害程度没有合理评估，且认为所采取的措施（开双闪灯）已能充分满足控制要求，最终造成事故。

➢ 组织运行时常见失效点及可能的应对措施

常见失效点	可能的应对措施
评估无记录	保存评估记录
评估不充分或（因变更造成）失效	定期进行评估
在进行风险评估时没有考虑已有措施的有效性	充分收集现有控制措施，这种措施可以是管理上的，也可以是实际做法
风险评估结果不可靠	采用工具评估结果，减少人为因素误差

➢ 最佳实践

某厂家每年持续通过汇总险肇、事故案例分析、FEMA 等方式汇总危险源，特别是新增危险源。并抽取各部门资深员工、专职安全管理人员、部门负责人、公司高管等一同对危险源进行评估，依据评估结果对重要危险源进行控制。对部分已控制的危险源进行再评估，重点考核是否有更适宜的控制方式，若有则进行变更。通过这一方式，企业近年的整体百万工时损失数下降了近 50%，员工忠诚度有了明显的提升。

➢ 管理工具包

ISO 31010 或 GB/T 27921 中描述的各种风险评估技术。

➢ 通过认证所需的最低资料要求

“危险源评估记录表”“风险评价记录”（通常与危险源辨识记录合并）。

12

职业健康安全机遇和职业健康安全管理体系其他机遇的评价

➢ ISO 45001：2018 条款原文

6.1.2.3 职业健康安全机遇和职业健康安全管理体系其他机遇的评价

组织应建立、实施和保持过程，以评价：

a）在考虑组织及其方针、过程或活动以及以下方面所策划的变更的同时，增强职业健康安全绩效的机遇：

1）对员工调整工作、工作组织和工作环境的机遇；

2）消除危险源和降低职业健康安全风险的机遇。

b）改进职业健康安全管理体系的其他机遇。

注：职业健康安全风险和机遇能够给组织带来其他风险和机遇。

➢ 条款解析

本条款是 ISO 45001：2018 新增条款。要求实施 ISO 45001：2018 的组织，在策划职业健康安全管理体系时，除了采取措施防范、化解职业健康安全风险，还要识别、评审并抓住“机遇”，改善职业健康安全“绩效”和职业健康安全管理体系。

本条款要求：

（1）组织要建立、实施和保持过程，来评估存在哪些能够可以利用的，以改善职业健康安全绩效的机遇和改进职业健康安全管理体系其他方面的机遇。“其他方面的机遇”是相对于“职业健康安全绩效”而言的。比如，评估发现了可以消除危险源机会，采取措施就直接改善了职业健康安全绩效；评估组织内外“环境”，发现并抓住改善的机遇，不仅是职业健康安全绩效的改善，还会带来组织机构优化、方针变更优化、业务过程优化和活动优化等“职业健康安全管理体系”的改善。

（2）实施这个标准要求，评估“提升职业健康安全绩效”的“职业健康安全机遇”时，应该怎么做呢？

1）标准告诉我们，围绕“对组织（机构）、方针、过程和活动的有计划的变更”评估分析展开。比如，组织部门职能变化、实施扁平化会带来哪些机遇；多公司合作项目中，评估执行甲方和乙方哪个“方针”更有益处；管理过程或制造过程变革蕴含的机遇，以及执行活动的变更的机遇何在。

2）评估变更，聚焦适合员工的工作、工作组织和工作环境方面有哪些机遇可用；聚焦消除危险源和降低职业健康安全风险方面有哪些机遇可用。

（3）除了评估改进“职业健康安全绩效”的机遇，还要关注和评估改进职业健康安全管理体系的其他机遇，比如效率、成本投入、相关方满意等方面。

标准的注释提示组织：一个组织不是只有职业健康安全一个体系，职业健康安全体系与其他管理体系或过程也不是割裂存在。组织的职业健康安全风险和职业健康安全的机遇会和组织的其他风险和机遇相交织、相作用、相影响，要系统关注，正确应对。比如，职业健康安全被停产整顿的风险，就会影响组织的经营绩效下降、产品和服务不能及时交付顾客。

和标准的任何条款一样，本条款也不是一个孤立的条款，不能孤立地理解，更不能孤立地实施。

第一，本条款是第 6 章“策划”的一个四级条款。第 6 章分为两个方面：一是条款 6.1“应对风险和机遇的措施”，二是条款 6.2“职业健康安全目标及实现的策划”。条款 6.1 是条款 6.2 的一个输入。

第二，条款 6.1 展开为：6.1.1“总则”、6.1.2“危险源辨识和风险与机遇评价”、6.1.3“确定法律法规和其他要求”、6.1.4“措施的策划”，最终落脚点是要求组织对评估和确定的危险源、风险和机遇策划出应对措施。那么，本条款就是用于评估出改进“职业健康安全的机遇和其他职业健康安全管理体系的机遇”，以便按条款 6.1.4 策划出相应的抓住这些机遇实现改进的措施。因此，本条款与危险源的辨识、职业健康安全风险一并构成条款 6.1.4 的前端输入过程。

第三，条款 6.1.1 在以下方面覆盖本条款：实现持续改进，确定职业健康安全管理体系和实现预期结果所需的机遇时要考虑本条款；成文信息的要求，包括评估出的“机遇”和本条款的过程活动。

另外，本条款与标准两处密切关联。一是，向上溯源，本条款与条款 6.1 的各条款打包在一起，和条款 4.1 所提及的因素、4.2 所提及的要求、4.3 所提及的范围这三个方面直接关联作用，即条款 4.1、4.2、4.3 是本条款过程的输入，据此评价确定“机遇”，进而条款 6.1.4 策划出措施，策划构成职业健康安全管理体系的部分。二是，向下落实，策划出的措施的实施，在控制层级直接落到条款 8.1.2；直接涉及条款 8.1.3 变更管理、策划有计划的变更、评估变更的机遇及应对等；对于突发被动变更，安排落实条款 8.2“应急准备和相应”。

第四，本条款落脚点是“持续改进”，与条款 10.3 联系起来应用。

➢ 应用要点

1）“基于风险的思维”这一 ISO 45001：2018 新的核心理念，融入职业健康安全管理体系的各层面，围绕职业健康安全绩效改善、职业健康安全管理体系改进，乃至其他方面交织作用的风险和机遇的权衡，实施职业健康管理体系策划。按照术语，风险可以是正面和负面的，正面的就是本条款所说的“机遇”。

2）定义出“评估职业健康安全机遇和其他职业健康安全管理体系机遇”的过程，明确过程所有者，明确过程的输入、评估方法和步骤、输出，以及过程 KPI 等。

3）编制“实施评估过程”的程序文件或相应的作业指导书。组织实施初始的“评估”

和后续按照规定持续的“机遇评估”，将评估出的“机遇”，形成“成文信息”，并相应动态更新维护，如机遇的清单。

4）规定清楚评估的时机、频率，评估的内容和评估的方法，如初始评估、“定期+条件”触发评估；评估组织内外部情境，评估组织的相关方需求，及确定的职业健康范围；组织、方针、过程和活动等计划变更前的评估，识别其中的改善“机遇”；产线升级、工艺现场变化等评估其中的机遇。

5）本过程所用者通常应该是组织的职业健康安全管理体系主管部门；至于是一个过程还是几个过程，与组织的规模、特点、复杂程度等有关，由组织结合实际管控效率确定。

6）评估立足于实现改进提升，因此评估确定的机遇要用。具体输出到条款 6.1.4，用于：策划相应的明确应对措施，明确在哪些领域、由哪些岗位、落实何种措施、如何落实等，以寻求职业健康安全绩效的改进、体系的改进和其他改进；体系架构管理流程完善；方针目标修订；控制层作业指导书开发和针对机遇的完善；变更管理的风险机遇评估和措施；以及针对突发的应急准备预案的编制落实等。

7）为了保证“评估”过程落实和有效，要设计出合适的评估过程绩效指标，跟踪监测评估过程的有效实施，如效率指标和有效性指标。

➢ 本条款存在的管理价值

实施本条款，评估出改进的“机遇”，以抓住机遇实施措施，实现职业健康安全绩效改进、体系改进和其他改进。

➢ OHSAS 18001：2007 对应条款

无对应条款。

➢ 新旧版本差异分析

1）OHSAS 18001：2007 条款 4.3.1 只规定了危险源辨识、风险评价和控制措施的确定。而过去的“风险”特指伤害损害等负面影响结果，没有考虑机遇、机会的利用。

2）ISO 45001：2018 中，条款 6.1.2 除了辨识危险源、评估风险，还规定了“机遇”的评估。把评估到的有利于职业健康绩效、体系和其他改进的不确定性，通过措施，抓住这些改进。

➢ 转版注意事项

1）学习贯彻 ISO 45001：2018 术语 3.20、3.21、3.22，明确定义概念的变化，不再是控制危险源、控制（危害的）风险，对风险和机遇同时识别、相应管控。

2）全面系统学习贯彻 ISO 45001：2018，把本条款与整个标准中相联系的各章节内容联系起来，搞清内在逻辑关系，系统实施应用。可以通过建立过程关系图，准确找到本条款所处的地位，用 SIPOC 准确定义出“评估机遇”的过程。

3）识别评估机遇，要从策划层面、运行控制层级、具体危险源点、具体岗位的具体作业活动等全方位识别评估，需要广泛发动、全员参与，以寻找和利用各层面的改进和改善的“机遇”。

4）在组织实施时，对照 ISO 45001：2018 这个条款及 PDCA 落实的相关条款标准要求，与实际的业务活动现状，从职责、过程活动、输入和输出、制度规定和表单记录等方面逐项分析差距所在。明确差距后，安排补齐落实。

5）评估“机遇”等级，分清“轻重缓急”，配置合适的资源加以策划和落实。设定明确的、科学合理的基准和规则，包括评估和相应的应对。

6）实施本条款考虑增加如下文件化信息：职业健康安全机遇识别评估表，可与职业健康安全风险评价表合并设计；职业健康安全机遇评估程序；职业健康安全机遇评估方法作业指导书；永久变更和临时变更清单，含影响范围和相应的风险机遇评估报告，及相应的变更实施计划方案。

这些文件、表单和记录要与组织的规模、过程复杂程度等匹配，可能是全公司上下贯通一个，也可能分解为各部门、各层级落实多个。

➢ 制造业运用案例

【正面案例】

某地处京津冀地区的钢铁企业集团践行供给侧改革，分析研究京津冀协同发展战略、产业布局、产业等政策，结合企业现行的产品结构、工艺装备水平和环境影响等内部情况等，发现“搬迁”是企业发展提升竞争力的历史“机遇”。主要包括：

1）通过搬迁实现产品机构调整和产业布局的优化，使产品布局合理、综合竞争力提升、物流成本降低等；

2）通过搬迁异地建设，实现产线革命性升级，工艺装备和技术自动化甚至智能制造水平提升，这些无疑是老厂改造不可能实现的。新装备、新技术的导入，生产线操控制造现场、物流现场等，直接彻底消除了原来的危险源、职业健康安全风险等（包括原来靠大投入才能治理或者再大投入也不能实现有效治理的风险），是职业健康安全改善的重大机遇。

3）通过搬迁实施产线升级，通过自动化和智能化可以直接杜绝或屏蔽人员在较高职业健康安全危险作业活动场所的暴露、接触（如捞锌渣机器人投入）；可以极大减少现场生产作业人员、设备点检维护人员；可以使人员结构（年龄、教育背景、知识结构）优化等。这些都无疑会给组织的职业健康安全绩效改进、职业健康安全管理体系优化带来巨大益处。

4）同时还会伴随诸如环保绩效改善、历史债务妥善处理等诸多其他方面的机遇。

看清了这些机遇，集团上下协同，策划实施相应的对策措施，成功抓住历史机遇，集团发展前景广阔。

【负面案例】

某制造企业经过调研，发现有一项新技术可以用于降低人员在工作场所的安全健康风险——机器人代替人工生产操作。企业评估认为是大好“机遇”；迅速安排资金采购、安装调试，投入机器人代替人工作业。企业老板很高兴，认为抓住了改善职业健康安全绩效的机遇。但是好景不长，机器人发生故障实施现场维修时发生事故，造成维修人员一死一伤的惨剧。

经过事故分析认定：

1）该企业变更管理责任不落实，变更实施前，组织没有变更可能影响范围和影响后果的有效评估；没有识别到智能机器人可能的故障及相应的维修实施危险源辨识和职业健康安全风险评价，并策划和采取措施。

2）人员安全技能培训管理责任不落实，没有针对新引进的机器人开发相应的维修作业指导书和对维修人员进行维修安全操作技能培训，导致维修工在维修作业时错误操作，最终酿成事故。

花了钱、上了设备，不但没有成功利用“机遇”达到预期，反而出了事故。

➢ 服务业运用案例

【正面案例】

这里举出一个“方针”的变更例子。B 保洁公司进入 A 酒店承担一次保洁服务。进入前双方就职业健康安全管理体系要建立一个桥接文件。而这个桥接文件一开头就要写清楚，到底是执行谁的方针。通常是谁的政策要求更高就选择谁的。所以在相同问题上的政策，必须写清楚到底执行哪家企业的。这对于 B 保洁公司的员工来说，在给 A 酒店服务期间就需要特别注意方针的变更。直到为该服务项目结束、合同终止，再重新开始完全使用 B 公司自己的有关方针。

这次变更中，B 保洁公司评估到位、策划到位、培训和有关落实到位，使得员工及时掌握并贯彻 A 酒店的安全方针，迅速并很好地适用了 A 酒店的现场工作环境等，顺利完成了包括高层户外保洁等一系列保洁项目，并做到了“安全征兆”为“零”目标。

【负面案例】

一家餐饮企业在国内发展还不错，老板想着向海外发展，就到澳大利亚去开店。但是老板没有请法律顾问，组织也没有建立、实施“评估职业健康安全机遇和职业健康安全管理体系机遇”过程。没有意识到并有效评估在澳大利亚领地内工作的员工组成需要变更，例如必须使用澳大利亚当地工会的员工，而当地工会也就成为中国企业在当地单位的组成部分（这是组织的变更）。当然也没有安排什么措施。

结果，一经运行，澳大利亚当地工会会根据其规定，提出一系列有关职业健康安全的要求。而老板没有重视和正确应对，最后被诉诸法院。法院判定：企业停业整顿，并处巨额罚金。该企业向海外发展的机遇受阻。

➢ 生活中运用案例

【正面案例】

张三在马路对面的咖啡馆有一个重要的约会。到咖啡馆有两条路：第一，直接穿过马路，所承担的风险是被过往车辆碰到，机遇是可以节省时间；第二，沿着马路走 300m 有一个过街天桥，风险是用时长，机遇是不会被路上车辆所伤。

经过上述分析和评估，张三根据约会的时间策划了出发时间、路上各步骤的具体时间计划节拍等“走天桥去约会”实施计划，并编制了“突遇中途耽误影响 15min 以上时的应急预案”，主要内容是确保没有交通安全风险的前提下直接横穿马路，节约时间。

结果是约会时准确控制时间，且没有发生交通险肇事故。

注：法律法规不允许横穿的路段，要严格遵守法律法规要求；即使没有车辆通行，也不能去横穿马路！

【负面案例】

小王住在临街的一栋5层老建筑中。在老旧社区改造活动中，由政府出钱为临街的住户统一加装一层真空玻璃断桥铝窗，一是为了美观，二是让老旧小区人员过冬保暖。

小王去年装修时花了2万元安装了塑钢窗。他舍不得破坏，又嫌双层窗难以清洁，且觉得政府做的就是面子工程，不会用什么高级材料。于是在意见书上签字拒绝统一安装。冬天时，别人家因加装新窗非常暖和，而小王家的塑钢窗密封性不好，整个屋子还是很冷。

在这个案例里，小王没有识别到风险改进的机会，放弃了增加职业健康绩效的途径，是典型的辨识不清、判断不对造成的失掉改进机会的例子。

➤ 组织运行时常见失效点及可能的应对措施

常见失效点	可能的应对措施
只有职业健康安全风险评价，没有对机遇的评估	建立、实施和保持过程，落实全面辨识和评估
没有“评估机遇”的成文信息	分析原因，制订措施，使成文信息有效管理和维护以便提供
忽视变更管理，变更前无评估和相应的应对机遇的措施	以流程制度保证变更实施前的评估和措施计划安排
只能提供初始的和体系策划层面的“机遇评估”证据，缺少条件触发的评估、缺少控制层改进机遇的评估	1）部门统筹 2）制度保证 3）全面发动、全员参与 4）合适的表单记录 5）可观察到的事态、事件

➤ 最佳实践

建议大家学习和研究杜邦公司的职业健康安全管理理念、目标和实施做法。与本条款实施有关的如下。

1）诊断评估如下图所示。

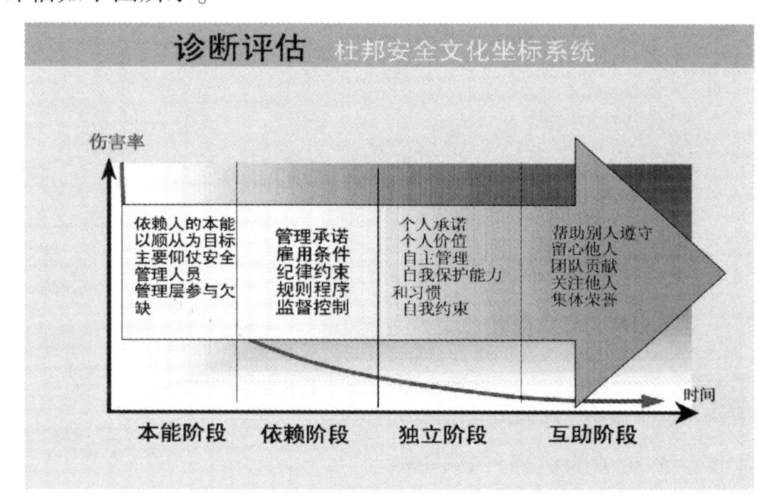

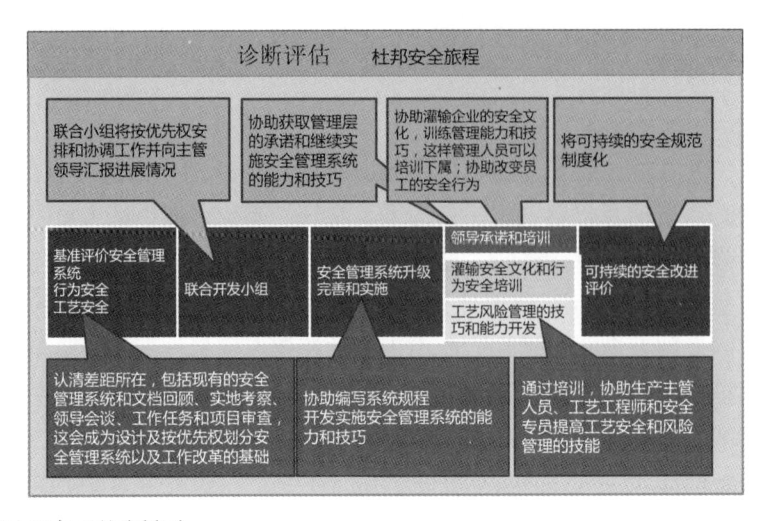

2）实施过程如下图所示。

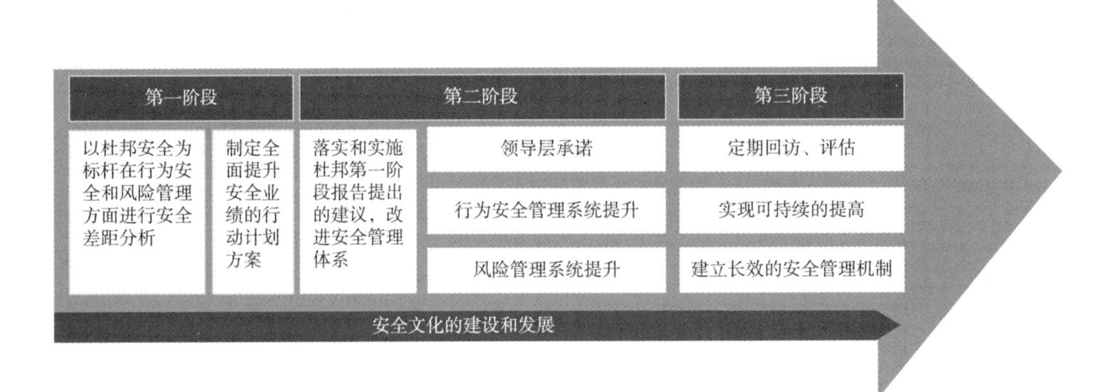

工艺安全与风险管理模型确定了通过运营法则达到卓越运营所需的 14 个要素。

1. 技术

工艺安全信息、工艺危害分析、操作规程、技术变更。

2. 设备

设备质量保证、预开车安全审核、机械完整性、设备变更。

3. 人员

培训与效果、承包商管理、事故调查、人员变更管理、应急事故计划与响应、审计。

➢ 管理工具包

SIPOC 过程分析方法、SWOT 分析方法、PEST 分析法。

➢ 通过认证所需的最低资料要求

1）职业健康安全及相关的机遇评估程序；

2）职业健康安全机遇和职业健康安全管理体系其他机遇的结果清单（适时更新的）；

3）针对关键或重点机遇的措施计划书、实施及验证记录等。

13

法律法规和其他要求的确定

➢ ISO 45001：2018 条款原文

6.1.3 法律法规和其他要求的确定

组织应建立、实施和保持过程，以：

a）确定并获取最新的适用于组织的危险源、职业健康安全风险和职业健康安全管理体系的法律法规和其他要求；

b）确定如何将这些法律法规和其他要求应用于组织，以及需传达哪些内容；

c）在建立、实施、保持和持续改进其职业健康安全管理体系时考虑这些法律法规和其他要求。

组织应保持和保留有关法律法规和其他要求的文件化信息，并确保及时更新以反映任何变化。

注：法律法规和其他要求可能会给组织带来风险和机遇。

➢ 条款解析

对职业健康安全法律法规及其他要求的遵守是组织职业健康安全方针中必须予以承诺的，也是对组织建立职业健康安全管理体系的基本要求，是持续改进的基础。

可以从以下几个步骤来理解这一条款。

1. 法律法规及其他要求的确定

职业健康安全法律法规体系庞大、复杂，且包含的内容繁多，组织首先应当确定哪些职业健康安全法律法规及其他要求是涉及自己领域和范围的，必须遵守的。

适用于组织的法律法规和其他要求的示例如下。

（1）法律法规要求。

1）法律法规（国家的、区域的或国际的），包括法律和规章，如《安全生产法》《北京市安全生产条例》《国际海上危险货物运输规则》等。

2）法令和指令，如欧洲理事会出台了《综合污染防治指令》《水框架指令》。

3）监管机构发布的条令，如《证券公司监督管理条例》《融资担保公司监督管理条例》。

4）许可证、执照或其他形式的授权。

5）法院判决或行政裁决。

6）条约、公约、议定书。

7）集体谈判协议。

（2）其他要求

1）组织的要求，如组织方针、承诺。

2）合同条件。

3）雇用协议。

4）与相关方的协议，如供方服务合同要求。

5）卫生当局的协议。

6）非强制性的标准、共识标准和指南。

7）自愿性原则、业务守则、技术规范、章程。

8）本组织或其上级组织的公开承诺。

为满足方针中的承诺，组织应找到途径或方法，以确保以及获取、传达和保持最新法律法规要求，并在组织内予以对应的辨识。

2. 评价其适用性

组织辨识了相关的法律法规和其他要求，下一步就是要评价其与组织的相关性，也就是这些法律法规和其他要求的适用性，留下那些适用的、去掉不适用的。同时，还要对法律法规的条款进行评价，毕竟组织要遵守这些法律法规中的某条某款的具体要求，而不是一个粗略的框架。因此，评价其适用性，并链接到条款才能确保组织在合规性评价时能够做到一一对应和评审。

3. 更新

职业健康安全法律法规是在不断更新和变化的，所以组织要有不断识别、获取和更新的过程，以保证组织现用的是最新版本的法律法规而非已作废版本，确保组织合法依规。这个过程应是主动的，而非被动的。主动更新更有利于企业合规，而被动更新一般是组织遭受行政处罚、审核检查的不合格项或投诉等外部相关方给予的信息，这样违法违规风险是很大的。

4. 获取渠道

为保证及时性和准确性，这就要求组织建立获取的渠道。组织可以利用内部和外部掌握的资源去确定这样的渠道，如网络、图书馆、协会、立法机构、法律服务机构、研究机构、职业健康安全顾问、设备生产商、材料供应商、承包方、顾客。

5. 适用对象

组织要确定应接收法律法规和其他要求信息的对象，并确保相关信息传达给他们。

（1）内部对象。依据组织状况的评审结果，组织应考虑法律法规和其他要求在组织内适用的对象，包括：部门、活动、产品、过程、设施、设备、材料、人员和场所。

（2）外部对象。组织要在其工作活动中实现合规，还要将有关法律法规和其他要求的信息传达给在组织控制下工作的人员和其他相关方。

6. 法律法规和其他要求的传达方式

包括：网络，文件、信函，培训，会议，答卷，板报，刊物和影视宣传片。

在识别、获取、保持和传达最新法律法规的基础上，组织在实施职业健康安全管理体系的各个要素时，都要考虑如何满足这些法律法规要求。

本条款与其他条款的联系：在员工的充分参与（5.4）下，基于组织及其所处环境（4.1）、员工及其他相关方的需求和期望（4.2），考虑组织存在的危险源（6.1.2）及职业健康安全风险，确定法律法规要求及其他要求（6.1.3），并进行合规性评价（9.1.2），根据评价结果策划相应的措施（6.1.4），必要时进行改进（10）。当法律法规要求和其他要求发生变更时（8.1.3），及时进行状态更新（6.1.3）和合规性评价（9.1.2），法律法规要求和其他要求的确定和合规性评价应保持和保留文件化信息（7.5）。

➢ 应用要点

1）法律法规要求和其他要求的确定范围应随着内部情境、危险源、职业健康安全风险等的变更进行动态管理。

2）法律法规要求和其他要求的确定可围绕某个管理点从不同的要求层次进行类别、亲和、关联分析。

3）组织应明确法律法规要求和其他要求的获取途径及渠道，应确保获取信息的准确性、完整性、及时性，必要时可与行业协会、法务机构等形成信息共享、沟通机制。

4）组织应建立、完善法律法规要求和其他要求的文件化信息，包含可反映任何变更的信息，如修改日期、发文日期、发文文号等，并充分利用信息化手段，建立法律法规要求和其他要求的数据库及共享平台。

5）组织应结合合规性评价的结论，将法律法规要求和其他要求有效转化为内部规章制度、操作规程或管理要求，并确保当法律法规要求和其他要求变更时，相应的转化信息同步进行变更。

➢ 本条款存在的管理价值

法律法规要求和其他要求大多是基于安全事故的教训总结和经验提炼，可直接为组织相同或相近的风险及机遇提供应对措施指引和借鉴。组织基于“法律法规要求和其他要求符合性”，建立、实施、保持和持续改进职业健康安全管理体系，可有效预防和避免安全事故发生及法律问责，保障组织成员拥有合法权益。

➢ OHSAS 18001：2007 对应条款

4.3.2 法律法规和其他要求

组织应建立、实施并保持程序，以识别和获取适用于本组织的法律法规和其他职业健康安全要求。

在建立、实施和保持职业健康安全管理体系时，组织应确保适用法律法规要求和组织应遵守的其他要求得到考虑。

组织应使这方面的信息处于最新状态。

组织应向在其控制下工作的人员和其他有关的相关方传达相关法律法规和其他要求的信息。

➢ 新旧版本差异分析

ISO 45001：2018 新增的要求：

1）确定如何将适用法律法规要求和其他要求应用于组织，并确定需要沟通的内容。

2）保持和保留适用法律法规要求和其他要求方面的文件化信息，且确保可反映任何变更。

3）关注法律法规要求和其他要求会导致组织的风险和机遇。

ISO 45001：2018 删减的要求：

向组织控制下工作的人员和其他有关的相关方传达相关法律法规和其他要求的信息。

ISO 45001：2018 修改的要求：

1）以“建立、实施和保持过程”替代 OHSAS 18001：2007“建立、实施并保持程序”，更强调过程方法而非程序文件。

2）以“确定和获取”替代 OHSAS 18001：2007“识别和获取”，强调法律法规要求和其他要求的适用性的评价和确定。

3）明确法律法规要求和其他要求确定其适用性时考虑危险源、职业健康安全风险和职业健康安全管理体系。

4）明确职业健康安全管理体系在持续改进过程中应考虑适用法律法规要求和其他要求。

➢ 转版注意事项

（1）本条款应保持和保留适用法律法规要求及其他要求的文件化信息，重点注意适用法律法规要求和其他要求的适用性确定内容、与组织危险源、职业健康安全风险的关联性、任何变更信息、与之相关的内部管理要求的匹配性。

（2）组织在转版时应当进行以下活动：

1）建立法律法规要求和其他要求的确定准则。

2）适用性确定。考虑与危险源、职业健康安全风险、职业健康安全管理体系之间的关联性以及给组织带来的风险和机遇。

3）状态更新。明确或标识各版本变更的内容，并针对变更的内容进行适时的合规性评价（9.1.2）。

4）转化传达。基于适用性确定、合规性评价结果，将适用法律法规要求和其他要求转化为组织内部管理要求，并确保内部管理要求传达至组织员工及相关方。

➢ 制造业运用案例

【正面案例】

某手机制造商在建立手机制造有关的适用法律法规要求数据库基础上，依据行业标准建立了手机行业制造缺陷（事故）案例分析数据库，将各类缺陷（事故）根源问题，如电池充电爆炸事故等列入产品技术要求数据库，应用于产品改进，有效降低了（缺陷）事故的发生率。

【负面案例】

某危险化学品生产企业自制了适用于自身工艺的防爆设备、工具，经防爆性能试验后随即投入使用，但在使用过程中发生了爆炸事故。经调查发现，其自制的防爆设备、工具并未达到国家标准规范对于自制工具安全检验的要求，造成事故发生。

➢ 服务业运用案例

【正面案例】

某大型商务酒店建立了与当地公安消防机构的信息共享平台，利用该平台适时掌握最新的消防法律法规，并将法律法规要求内容制作为电子宣传画在酒店大厅、会议厅等场所播放，同时将重点要求制作成检查表，由每班的安全保安员按照检查表内容实施火灾隐患排查，有效降低了酒店火灾风险。

【负面案例】

某港口码头企业于 2017 年 3 月在“适用法律法规要求和其他要求清单”中更新了《特种设备使用管理规则》（TSG 08—2017），但到 2018 年 1 月仍未对按旧规则编制的“设备安全技术操作规程”进行评审，导致规程要求与规则要求不一致，造成操作中执行规程却事实违章的现象。

➢ 生活中运用案例

【正面案例】

某小区每半年组织小区所有楼长学习最新的消防法规。小红每次学习法规后都会认真记下法规提到的新要求，并到自己管理的住户家里座谈，一边将新法规要求讲给住户，一边认真排查新要求相关的火灾隐患。

【负面案例】

小明新买了一辆电动车，夜间在地下室充电。地下室还存放有废纸箱子等杂物。一天下班后，他看见楼道里贴了一张“关于规范电动车停放充电、加强火灾防范的通告”，但他只是浏览了一遍，就若无其事地将电动车停放到地下室充电了。不幸的是，当天晚上因地下室线路老化引燃了废纸箱，引发了地下室火灾。

➢ 组织运行时常见失效点及可能的应对措施

常见失效点	可能的应对措施
法律法规要求和其他要求获取的途径及渠道不当，可能导致获取的信息不全、不准确	从权威、正规的法律法规和其他要求发布渠道获取信息
法律法规要求和其他要求确定或变更后，未转化或更新内部管理要求	建立法律法规和其他要求与内部管理要求的对应表，在法律法规和其他要求确定或变更后，即时对对应的内部管理要求进行评审
法律法规要求和其他要求状态更新不及时	每天、每周定期关注法律法规和其他要求的颁布、修订动态
法律法规要求和其他要求识别及获取信息不全	建立危险源、职业健康安全风险与法律法规和其他要求的对应表，当危险源、职业健康安全风险识别或更新时检索相应的法律法规和其他要求

➢ 最佳实践

在建立法律法规要求和其他要求确定的过程时，充分考虑法律法规要求和其他要求的获取渠道、途径、转化要求、信息管理要求等，预防上述失效的发生。

应当充分利用信息化管理技术或手段，建立法律法规要求和其他要求的信息共享平台，可共享信息维护（新增、更改、分类等）、转化记录（转化内部管理要求）、合规性评价记录、信息状态更新（版本、发文文号、变更信息等）等内容。

➢ 管理工具包

1）思维导图：以某点或专项建立适用法律法规要求及其他要求思维导图并不断扩展。

2）信息数据库、检索及共享平台。

3）对比分析、亲和关联、小组讨论、案例解析。

4）PDCA、过程方法等。

➢ 通过认证所需的最低资料要求

1）法律法规要求及其他要求确定流程或过程方法。

2）适用法律法规要求及其他要求更新信息清单。

3）适用法律法规要求及其他要求内部转化信息。

14

策划措施

➢ ISO 45001：2018 条款原文

6.1.4 策划措施

组织应策划：

a）措施，以：

1）处理这些风险和机遇（见 6.1.2.2 和 6.1.2.3）；

2）处理法律法规和其他要求（见 6.1.3）；

3）准备和响应紧急情况（见 8.2）。

b）如何：

1）将这些措施融入其职业健康安全管理体系过程中或其他业务过程中，并予以实施；

2）评价这些措施的有效性。

在策划所采取的措施时，组织必须考虑控制措施层次（见 8.1.2）和职业健康安全管理体系输出。

当策划这些措施时，组织应考虑良好实践、可选技术方案以及财务、运行和业务要求。

➢ 条款解析

本条款是对措施进行策划的要求，可以从以下几个方面来理解本条款。

1. 策划什么?

策划措施，也就是通常所说的解决方案或执行方法。

2. 策划哪些措施?

基于风险管理过程原理和 PDCA 原理，组织应针对风险和机会、法律法规和其他要求，以及应急活动策划措施。

1）应对风险和机遇的措施。在条款 6.1.2.2 和 6.1.2.3 中，组织已经辨识出风险和机遇，例如，组织基于危险源辨识、风险评价过程，评价出改进相关职业健康安全风险或危险源控制措施的机会，组织便可以策划出具体的控制措施，让组织能够降低风险、抓住机遇，实现职业健康安全绩效的改善。

2）达到合规要求的措施。在条款 6.1.3 中，组织已经就应遵守的法律法规和其他要求进行了辨识和评价。那么如何让组织全面合规呢？就需要把法规转化成组织自身的规章、制度、安全操作规程等，在具体的安全要求中体现对于合规性的策划。

3）应急响应措施。组织在危险源辨识后，应考虑事故发生后应急的情况，以及时救援和避免事故危害的扩大。因此，组织应策划相应的措施，形成应急预案或处置方式，并定期演练，以验证充分性、适宜性和有效性。

3. 策划的要求是什么?

1）依据职业健康安全风险评价和其他风险评价的结果确定控制措施，并确定这些控制措施如何在运行中实施。例如，确定是否将这些控制措施与工作指令（安全操作规程）或提升人员能力的措施（作业指导书）相结合。

2）策划的措施应当通过职业健康安全管理体系进行管理，并与其他业务过程相融合。措施实施是期望实现职业健康安全管理体系的预期结果。

3）在对变更进行管理时，也应当考虑应对风险和机遇的措施，以确保不会产生非预期的结果。

4）组织应考虑如何评价措施的有效性，可采用测量或监视的方式验证其有效性。

➢ 应用要点

1）在策划措施时，应紧扣融合性原则。首先，要以组织的危险源辨识与评价结果为基础，不能脱离系统安全工程与风险控制理论。其次，融合性的另一个方面，就是在对需要管控的要素策划措施时，要对生产过程进行全过程管理，通过从组织环境、领导作用和员工参与、策划、支持、运行、绩效到持续改进的闭环实现与生产过程和员工工作的融合。

2）策划措施有效性的评价方法的选择。有效性的评价方法需要根据组织的规模、生产形式、时期来决定，事件的情况与方法应相适应。组织要根据实际工作和效果评判针对不同措施的评价方法是否适宜。

➢ 本条款存在的管理价值

首先，本条款明确了需要采取措施管理哪些要素，使职业健康风险得以有效管控，确保职业健康安全绩效得以实现。

其次，本条款明确了在措施的策划阶段要考虑措施的融合性和有效性：一是避免职业安全管理游离于企业生产全过程之外，造成机会成本浪费；二是避免组织在策划职业安全管理措施时，过分注重现成标准而忽略了企业自身运行中的好成果，而做成两张皮。在措施的策划过程中组织需要不断运用融合性和有效性原则，确保职业安全体系运行能够高效、敏捷、低成本。

➢ OHSAS 18001：2007 对应条款

4.3.1 危险源辨识、风险评价和控制措施的确定

组织应确保在确定控制措施时考虑这些评价的结果。

在确定控制措施或考虑变更现有控制措施时，应按如下顺序考虑降低风险：

a）消除；

b）替代；

c）工程控制措施；

d）标志、警告和（或）管理控制措施；

e）个体防护装备。

组织应将危险源辨识、风险评价和控制措施的确定的结果形成文件并及时更新。

在建立、实施和保持职业健康安全管理体系时，组织应确保对职业健康安全风险和确定的控制措施得到考虑。

➢ 新旧版本差异分析

ISO 45001：2018 将 OHSAS 18001：2007 条款 4. 3. 2 的法律法规和其他要求合并，将条款 4. 3. 1 的风险作为策划措施时需考虑的内容，还增加了应急情况的考虑因素。另外，更进一步要求融入组织的各项业务，强调体系实施落地。同时，将 OHSAS 18001：2007 中控制措施层级后移到第 8 章中描述。

➢ 转版注意事项

1）转版时，应评价措施的有效性。评价的方法根据组织形式、规模与范围的不同与事件相适应。

2）准备和相应紧急情况措施的制定应严格以危险源辨识与评价结果为基础，以《生产经营单位生产事故应急预案编制导则》《突发环境事件应急预案编制导则》《突发公共事件导则》等标准为准绳进行编制。

➢ 制造业运用案例

【正面案例】

神华集团长期以来推行 NOSA 体系，这是目前世界上具有重要影响并被广泛认可和采用的一种企业综合“安健环”管理系统，它是专门针对“人机环”，在安全、健康、环保三方面设计出来的一套比较完整的安全管理体系。它强调综合解决安全、健康、环保问题；强调在实现“安健环”管理过程中员工的积极主动参与；注重“安健环”管理过程中对风险的认识、控制和管理的有效性。针对体系有效性进行分析，“安健环”代表根据法规要求及 NOSA 安健环管理系统的要求，收集大家的意见，汇总上报所负责区域出现的偏差报告。

【负面案例】

江苏 LNG 项目工程有 LNG 储罐 2 座及配套码头和相关设施，LNG 存储采用 Ni9% 钢内罐，预应力混凝土外罐及罐顶的全容式低温储罐，单个储罐容量为 16 万立方米。

6 月 15 日晚，第 9、10、11 次浇筑的内壁钢筋网片吊装到位，并完成横、竖向钢筋的搭连连接。7 时 56 分，位于西北角的 4 号扶壁柱附近内壁钢筋网片突然向罐内倾倒，带动其余网片沿周长从两侧依次向罐内连续倒塌，垮塌拉力同时将部分位于第 8 层的操作平台带落，正在施工的人员坠落到罐内，造成 2 人当场死亡，6 人送医院后经抢救无效死亡，15 人受伤。

施工单位对 9. 3m 高的钢筋网片的危险性认识不足，所编制的该层钢筋施工方案没有提出有效的安全措施。作业指导书中虽然提出了绑系拉带要求，但具体操作方法不明确。这是一起典型的未基于危险源辨识评价结果，制定管控措施不详细，并且未能很好地执行管控措施，从而导致制定处理风险和机遇措施不完善的案例。

➢ 服务业运用案例

【正面案例】

一家客运企业 2015 年 8 月修订了“恶劣天气应急预案”，到了 12 月通过识别天气信息，判断今后两天本地将有大雪。公司及时启动“恶劣天气应急预案”，规定全体车辆城区车速不超过 30km/h，快速路不超过 40km/h，高速路不超过 60km/h，且不能走桥上。利用 GPS 监控平台严格监控车辆速度和位置。雪情过后，企业未发生一起交通事故且仅有一台车轻微超速，应急预案判定有效。

【负面案例】

某客运公司的职业安全管理体系中未包含对应法律法规变化的措施，恰逢 2015 年全国人大常委会通过《刑法》修正案（九），其中包含“危险驾驶罪”。2015 年 11 月 1 日，《刑法》修正案实施的第一天，公司下属一辆客车在接送下班工人途中因观察不及时且转弯速度过快与集港的牵引车相撞，造成包括司机在内的 6 人受伤。如果在当时就已经建立应对法律法规变化的措施，提前对全体司机进行教育，就能最大程度上避免或减少该类型事故发生。

➢ 生活中运用案例

【正面案例】

在生活中我们都希望养成一些好的习惯。《28 天养成好习惯》一书中明确说明想要养成好习惯需要两个措施：首先，一次只养成一个习惯，因为人的大脑更擅长单线思考；其次，要保证过程的连续性，即便在实行中遭遇一些困难，也不要半途而废。此外，对于措施的策划还应考虑自身实施的可能性。比如，某人想养成晚间早睡的习惯，把每天睡觉时间定在 21：00，而自己晚间下班时间为 20：30，坐车到家需要 40 分钟，所以无法按计划完成。把目标时间改为了 22：00，就可以顺利到家后安置一下睡觉了。该习惯坚持了一个月便成为他的生物钟，告别了夜猫熬夜伤身体的坏习惯。

【负面案例】

在这个全民减肥的时代，每个人都想拥有苗条、匀称的身材，但生活中真正减肥成功的人寥寥无几。归根到底有两个原因：一个是没有好好制订减肥措施，另一个是没有考虑减肥措施的有效性。减肥是一门科学，不是随随便便的。有的人只说要瘦多少斤，却不知道从哪下手，过了一段时间依旧没有瘦下来；有的人从一开始制订了严苛的计划，每天跑一个马拉松，结果没跑半个月就把膝盖跑坏了。这就是没有考虑到措施的有效性。

➢ 组织运行时常见失效点及可能的应对措施

常见失效点	可能的应对措施
应急预案针对性和操作性不强	按照企业实际和预案编制规则编制应急预案
因法律法规变更造成的管理措施失效	定期识别并更新法律法规库
因相关要素未发生事故而不能很好地评价措施有效性	对员工违章操作等风险发生次数进行统计，以对措施的有效性进行定量分析

➢ 最佳实践

在策划措施时，最可贵的是了解组织自身资源，以供给侧为起点，以结构为导向，以组织性质、规模、时间段、员工等要素对对组织资源进行评价。

除了了解组织内部实力，了解组织外部的优秀做法也是策划措施时比较好的方法，因此，可以通过邀请外部专家进行合规性管理。了解外部优秀做法的另一个实践方法就是标杆学习，不仅可以学习兄弟单位的优秀做法，同行业的、甚至跨行业的优秀做法都有可以借鉴的机会。

➢ 管理工具包

1）控制措施策划培训。

2）与业务部门建立联合工作小组。

3）标杆学习。

4）寻找专业咨询机构的技术支持。

5）头脑风暴。

15

职业健康安全目标

➢ ISO 45001：2018 条款原文

6.2.1 职业健康安全目标

组织应在相关职能和层次建立职业健康安全目标，以保持和持续改进职业健康安全管理体系和职业健康安全绩效（见 9.3）。

职业健康安全目标应：

a）与职业健康安全方针一致。

b）可测量（可行时）或能够进行绩效评价。

c）必须考虑：

1）适用的要求；

2）风险和机遇的评价结果（见 6.1.2.2 和 6.1.2.3）；

3）与员工和其代表（如果有的话）的协商结果。

d）予以监视。

e）予以传达。

f）适时更新。

➢ 条款解析

职业健康安全目标是指组织为了实现具体的结果依据职业健康安全方针建立的目标，是方针的进一步具体化和落实，体现了方针包括防止人身伤害和健康损害的承诺和持续改进职业健康安全管理和绩效的承诺。职业健康安全目标是评价体系是否按照计划、策划实施的重要依据。可从战略性的、战术性的或运行层面来制定职业健康安全目标。

1. 针对职能和层次建立职业健康安全目标

组织应对职能和层次建立职业健康安全目标。组织不仅可针对其内部广泛、共同的职业健康安全问题建立适合于整个组织的职业健康安全目标，而且还可针对单个或多个职能和层次的职业健康安全问题建立特定的、适合于这些职能或层次的职业健康安全目标。适合于整个组织的职业健康安全目标可由最高管理者建立，其他职业健康目标可由或可为各相关单个部门或职能建立。并非所有职能和部门均需要建立特定的职业健康安全目标，而是与组织的职业健康安全有关的职能和层次应建立目标。

2. 职业健康安全目标应与职业健康安全方针一致

职业健康安全方针为制定职业健康安全目标提供框架，职业健康安全目标是组织的职业健康安全方针的具体体现，职业健康安全目标要与最高管理者在职业健康安全方针中做出的承诺保持一致。

职业健康安全目标要具体落实职业健康安全方针所作出的承诺：包括提供安全健康的工作条件以预防与工作相关的伤害和健康损害，并适合于组织的宗旨、规模、所处的环境以及组织的职业健康安全风险和机遇的特定性质；履行法律法规要求和其他要求；消除危险和减少职业健康安全风险；持续改进职业健康安全管理体系；让员工或员工代表（如有）协商和参与职业健康安全工作。

3. 职业健康安全目标应可测量（可行时）或能够进行能力的绩效评价

为了测量职业健康安全目标实现的程度，目标应当是明确的、可测量的、可实现的、相关的和及时的。职业健康安全目标可以是定量的（可测量的），无法精确测量时也可以是定性的（可进行能力的绩效评价）。可行时应使目标可测量。可测量是指使用与规定尺度有关的定性的或定量的方法，以确定是否实现了职业健康安全目标。

某些情况下可能无法精确度量职业健康安全目标，这时应当至少通过定性判断（如能力的绩效评价）判定职业健康安全目标是否得以实现。

4. 考虑相关要求

主要包括适用的要求、风险和机遇的评估结果，以及与员工和员工代表（如有）协商的结果。其中适用的要求包括法律法规要求，以及组织必须遵守的或选择遵守的其他承诺（如组织或上级组织对公众的承诺）。风险和机遇的评估结果是指条款 6.1.2.2 和 6.1.2.3 所提到的通过职业健康安全危险源识别风险和风险评估确定的风险和机遇。

5. 职业健康安全目标得到监视

在职业健康安全目标设定时应当考虑监视的要求，可参照条款 9.1.1 的要求建立监视测量的方法和频次。职业健康安全的监视是动态的，需要根据组织的要求、能力和职业健康安全目标本身的特点来确定监视的频率。内审和管理评审也是监视的一种方式。

6. 职业健康安全目标应予以沟通

职业健康安全目标直接关系到员工的切身利益，目标的具体措施也需要员工实施以落实，因此让员工了解职业健康安全目标至关重要。为此，组织应当将职业健康安全目标及时与相关人员进行沟通。

7. 职业健康安全目标应定期评审

组织在目标执行方案中发现目标制定有问题，如目标过高无法达到，或目标过低永远是超额完成，此时组织应对目标进行评审，以确定其对组织工作的作用。通过定期或不定期的评审，让运行中的目标更贴近于实际，并能更有效地指导组织工作。

8. 职业健康安全目标适当时予以更新

职业健康安全目标实行动态管理。当组织实现目标的技术措施（手段）发生变更，以及运行条件发生变化、出现新产品新工艺时，或是职业健康安全目标监视测量的结果偏离目标值较大时，应对职业健康安全目标进行适时调整，并予以更新。

➢ 应用要点

1）要始终对照职业健康安全方针制定职业健康安全目标；

2）在制定目标时要考虑如何监视目标，确保目标可测量（可行时）或能够进行能力的绩效评价；

3）全面梳理需满足的要求，包括适用的要求、风险和机遇的评估结果、与员工和员工代表（如有）协商的结果；

4）确定监视的频次和时间，开展监视，与相关方进行沟通，并适时更新目标，持续改进。

➢ 本条款存在的管理价值

本条款在职业健康安全管理体系中具有重要地位和作用。本条款为组织持续改进其职业健康安全管理体系和提高其职业健康安全绩效提供了一种机制，为实现组织的职业健康安全方针提供了重要保障。它通过建立目标及其行动方案，寻求实现方针和目标的途径和方法，并制定适宜的战略和行动计划，确保方针能够得到切实落实。

➢ OHSAS 18001：2007 对应条款

4.3.3 目标、指标和方案

组织应针对其内部有关职能和层次，建立、实施并保持形成文件的职业健康安全目标和指标。

如可行，目标和指标应可测量。目标和指标应符合职业健康安全方针，包括对污染预防、持续改进和遵守适用的法律法规和其他要求的承诺。

组织在建立和评审目标和指标时应考虑法律法规和其他要求，以及自身的重要职业健康安全因素。此外，还应考虑可选的技术方案，财务、运行和经营要求，以及相关方的观点。

组织应制定、实施并保持一个或多个用于实现其目标和指标的方案，其中应包括：

a）规定组织内各有关职能和层次实现目标和指标的职责；

b）实现目标和指标的方法和时间表。

➢ 新旧版本差异分析

在 OHSAS 18001：2007 中，目标、指标和方案是在一个条款之下的。而 ISO 45001：2018 中，职业健康安全目标则作为一个独立的条款，把目标和方案分两个条款进行阐述，同时增加了 c）~f）的要求。

➢ 转版注意事项

转版时应对照要求，进一步标准化职业健康安全目标管理流程，规范职业健康安全目标制定、测量、分析、改进和适时更新的要求，充分考虑法律法规和相关方等的要求，以及风险和机遇的评审结果，与员工和员工代表协商的结果。确定职业健康安全目标监视、沟通和适时更新的机制。

➢ 制造业运用案例

【正面案例】

某大型综合产业集团包括工程机械、建筑机械、仪器仪表、化工生产等多个产业方向，由不同分公司实施。在制定职业健康安全目标时，采取了总体性、综合性目标由集团公司制定，专业性目标由各分公司拟定、集团公司审定的方式。在实施过程中，对目标的监视采取各分公司进行周期性监测、集团公司进行不定期抽测的方式进行，如发现未达成目标值的情况，及时分析原因，制定改进措施，保证整体职业健康安全目标的实现。此外每年对职业健康安全目标进行评估和更新。

【负面案例】

某制造企业在制定职业健康安全目标时，由于总公司管理人员少，对下级业务不熟、情况不清，且没有与分公司沟通协调，制定的目标不合理，大多数都是口号性语句，如“确保安全运行”“努力保障生产安全”等。虽各分公司提出了一些意见，但集团公司主管部门一刀切，导致下级各分公司敢怒不敢言。分公司根据目标制定的分解方案针对性差、可操作性不强。集团公司虽然开展了抽测工作，各分公司为了不影响单位的绩效均敷衍应付，导致公司职业健康安全体系空转。在体系审核中被审核公司开出了严重不符合项。

➢ 服务业运用案例

【正面案例】

某县医院的职业健康安全方针为“以人为本、健康至上、预防为主、持续改进”，该医院的一个突出问题是近年来医患关系紧张、医疗纠纷不断。为此，医院制定了“减少医疗纠纷、杜绝医患伤害”的职业健康安全目标，并依据国家四部委下发了“关于进一步做好维护医疗秩序工作的通知”。在相关部门的支持下，通过采取一系列强有力的措施，医患关系紧张的情况得到了根本好转。

【负面案例】

某旅行社定了“员工零死亡、无重大职业伤害”的职业健康安全目标，并据此制定了一系列的管控措施。在年中，旅行社获取了国际业务许可权，开始开展国际业务。由于没有及时对危及到目标的新情况进行危险源识别、评估，目标没有进行更新，也没有及时制定管控措施，导致部分导游在国外得了疟疾，有些导游犯了严重过敏，目标没有能够顺利实现。

➢ 生活中运用案例

【正面案例】

为了树立家庭成员的安全意识、保障家庭成员人身安全，大明组织家庭成员召开会议，系统梳理日常生活存在的主要安全风险存在的领域：用电、用火、用气和交通出行，制定了在“职业健康安全”方面两个“零”的小目标——“零事故、零伤亡”。在大明的指导下，由小明同学查找了相关方面的法律法规、主要风险点和防护措施，并结合家庭具体情况经大家讨论后确定了日常安全行为准则措施，全家遵照执行，并让小明进行日常监督。每月初在家庭会议上由小明对每个人在的落实情况进行总结，查看相关措施是否落实到位，是否达到了目标要求，还有哪些方面做的不好，需要加以改进。长期坚持下来，不仅保证了安全，还极大地提升了小明安全意识和管理能力，被学校评为安全小标兵。

【负面案例】

某三口之家，父亲大明刚成为长途车驾驶员，母亲王芬是一名造纸厂工人，小明刚满7岁，上小学一年级。父母的工作时间都比较长，没有时间照顾小明，故让小明的姥姥送孩子上下学。虽然家里也意识到大明性格急、开车猛，而且经常跑长途、疲劳驾驶；王芬的造纸厂污染大，防护不到位；老人身体弱，记性差；小明上下学要穿越多条马路。“职业健康安全风险”不小，但家庭一直没有把“职业健康安全”目标纳入议事日程，更谈不上合理管控。结果一年下来，大明出现了两次不大不小的车祸；王芬的支气管炎犯了；小明几次走丢，幸未酿成大祸；小明的姥姥也几次炒菜时没有注意看火，险些发生火灾事故。年底，大明总结说，是不是得罪了哪路神仙？一家人运气实在太差了。其实是没有制定保障家人安全的目标，并完成目标的结果。

➢ 组织运行时常见失效点及可能的应对措施

常见失效点	可能的应对措施
职业健康安全目标与方针脱节，未一一对应	对照方针，进行目标的细化分解
建立和评审目标时，考虑因素不全面，如未全面识别法律法规要求和其他要求，未对照危险源识别、风险评价和控制措施合理目标	制定职业健康安全目标时，采用 PEST 分析模型，对组织涉及的职业健康安全法律法规义务、重要职业健康安全因素、相关方的诉求等进行全面考虑
职业健康安全目标不具体	将职业健康安全目标具体化，能量化的量化，不能量化的建立可进行能力的绩效评价指标
未在各相关职能和层次建立职业健康安全目标	识别组织各职能和层次涉及的职业健康安全风险，建立职业健康安全目标
在制定职业健康安全目标时没有与员工或员工代表进行协商，或协商后认真落实员工或员工代表的意见	在制定职业健康安全目标时，与员工或员工代表进行协商，充分吸收员工或员工代表的意见
职业健康安全目标制定后没有进行后续监视	建立跟进目标监视程序，定期落实目标的情况
职业健康安全目标一成不变，没有进行适时更新	根据职业健康安全目标的执行情况，并根据组织的具体状况和相关方的需求，按照持续改进的原则适时更新目标

➢ 最佳实践

在职业健康安全目标制定时充分考虑合规义务、重要职业健康安全因素、员工的需求，将指标量化或可定性评价，并通过标杆管理工具，学习、借鉴、赶超标杆组织的先进做法。

➢ 管理工具包

标杆管理、平衡计分卡、SMART 原则、PEST 分析模型、PDCA。

16

实现职业健康安全目标的策划

➢ ISO 45001：2018 条款原文

6.2.2 实现职业健康安全目标的策划

策划如何实现职业健康安全目标时，组织应确定：

a）将做什么。

b）需要什么资源。

c）由谁负责。

d）何时完成。

e）如何评价结果，包括用于监视的参数。

f）如何将实现职业健康安全目标的措施融入其业务过程。

组织应保持和保留职业健康安全目标及其实现的策划的文件化信息。

➢ 条款解析

本条款承接6.2.1职业健康安全目标条款，说明了实现目标的第一步——策划，可从以下几方面理解本条款：

1. 组织可为实现目标进行单独策划或进行整体策划

必要时，可针对多个目标进行策划。策划时要把目标实现看成一个完整的过程，或者是由多个过程有机结合组成。因此这个或这些过程最起码需要明确条款中的a)～e）的内容，即对于过程所必要的6W2H中的What/Which/Who/When/How much，至于Why/Where/How则因各个组织的环境不同，而在条款中并没有明确要求。同时考虑到整个管理体系是基于风险的思维，因此对于本条款中对于f）条款的要求，“将措施融入其业务过程”，是将目标实现的原则和途径，甚至是将部分细节需要融入整个管理体系内。例如，“由谁负责”等同于管理体系的第五章内容；“需要什么资源”等同于管理体系的第七章内容，“将做什么”等同于管理体系第六和第八章内容，而e）条款等同于第九章内容。

2. 策划时应考虑的内容

组织应当审查实现其目标所需的资源（如财务、人员、设备、基础设施），因为资源是目标实现的物质保障。

组织应考虑实现目标所需开展的工作内容，这是目标实现的载体，目标的完成需要通过具体工作内容和分步骤实施来完成。

组织应考虑为确保目标实现所涉及组织相关职能层次职责的明确，因为目标实现需要各职能的员工各司其职、各负其责，完成策划的内容。

组织应明确目标实现的时间期限，这是为了目标能有计划、有进度地实施并实现定期监控。

组织应考虑如何将实现职业健康安全目标的措施融入其业务过程，以便可以切实开展实现目标的相关活动。

可行时，每个目标应当与战略性的、战术性的或运行性的指标相关联。

3. 文件化信息要求

本条款的最后一点，保留文件化信息，是因为组织的管理目标是管理活动和管理体系必要和重要的内容，因此如何去实现这些目标的相关信息，也自然成为必要并重要的信息，并将作为后续第七章沟通的必要内容之一，以及第七章成文信息的要求之一。

➢ 应用要点

在制定如何实现目标的过程中，除了要考虑并安排好 6W2H 的内容，还需要注意以下几点：

1）组织的管理目标是自上而下的，因此组织的各层级应将上级制定的目标进行逐层逐级地分解，直至分解至操作层。在分解过程中，每个层级的 6W2H 都需要考虑到，否则目标就无法落地实现。

2）在将目标分解时，还需要注意，当目标实现涉及的范围越大，越是需要组织中各个层级能够按照自身的责权范围进行协作分工式的过程分解，并形成合理、科学的顺序和权重。每个被分解到具体过程活动的部门或个人都应明确自身在该目标实现过程中的地位、角色和贡献，从而避免推诿和扯皮。

3）在策划实现目标的过程中，需要同时基于组织现实环境和可能的风险而制定相应的监控环节、监控参数或指标，这些定性或定量的监控指标应该能够真实体现过程实施的状态和实现的结果。这不仅是确保过程能如预期实现，也避免了监控的形式化、表面化和违反基于事实决策的基本管理原则。

4）ISO 45001：2008 关注的是人员的职业健康和安全，因此对于大多数追求利益最大化的企业来说，ISO 45001：2008 仅仅是基础保障管理体系，因此其主业并不是保障职业健康和安全，所以需要将组织的职业健康安全管理目标融入组织的主营业务过程中，而不是策划单独的目标实现过程。否则最终不是喧宾夺主，就是被认为是多此一举。

➢ 本条款存在的管理价值

本条款不仅指出组织策划职业健康目标所需的步骤、权责和结果评价，更是让管理体系能够有效成为组织管理工具的关键内容，对于实现组织管理目标、体现管理体系价值有着重要的意义。同时，从策划高度将组织目标融入管理各要素和环节，是承上启下、紧密结合、落实落地的重要条款。

➢ OHSAS 18001：2007 对应条款

4.3.3 目标和方案

组织应建立、实施和保持实现其目标的方案。方案至少应包括：

a）为实现目标而对组织相关职能和层次的职责和权限的指定；

b）实现目标的方法和时间表。

应定期和按计划的时间间隔对方案进行评审，必要时进行调整，以确保目标得以实现。

➢ 新旧版本差异分析

OHSAS 18001：2007 更注重在战术目标和运行层面分层次设立目标实现的方案；ISO 45001：2018 则强调目标策划，利用 What/Who/When/How 等维度的确定以策划职业健康安全目标，还强调融入业务过程和员工参与。

➢ 转版注意事项

1）在评价中加入对用于监视参数的评价。

2）以职业健康安全目标为基础，制定其他业务目标与过程。

3）保留文件化信息。

➢ 制造业运用案例

【正面案例】

某机械加工企业在制定职业健康安全目标时，充分考虑结果的评价与可测量性。对增减型目标给定具体数字及实现目标日期，如到 2019 年 12 月，将所有车间粉尘浓度减少 10%；对引入/消除型目标指定完成日期，如到 2019 年 10 月将所有易燃、易爆场所中的防爆电器进行更换；对持续型目标指明基准，如保持作业现场监控设备完好率 100%。

【负面案例】

2013 年 8 月 31 日 10 时 50 分左右，位于宝山城市工业园区内的上海翁牌冷藏实业有限公司发生氨泄漏事故，造成 15 人死亡，7 人重伤，18 人轻伤，直接经济损失约 2510 万元。

8 月 31 日 8 时左右，翁牌公司员工陆续进入加工车间作业。至 10 时 40 分，约 24 人在单冻机生产线区域作业，38 人在水产加工整理车间作业。约 10 时 45 分，氨压缩机房操作工潘泽旭在氨调节站进行热氨融霜作业。10 时 48 分 20 秒起，单冻机生产线区域内的监控录像显示现场陆续发生约 7 次轻微震动，单次震动持续时间 1～6 秒不等。10 时 50 分 15 秒，正在进行融霜作业的单冻机回气集管北端管帽脱落，导致氨泄漏。

造成该事故的直接原因是生产中严重违规采用热氨融霜方式，导致发生液锤现象，压力瞬间升高，致使存有严重焊接缺陷的单冻机回气集管管帽脱落，造成氨泄漏。

1）违规设计、违规施工和违规生产。在主体建筑的南、西、北侧，建设违法构筑物，并将设备设施移至西侧构筑物内组织生产。

2）水融霜设备缺失，无法按规程进行水融霜作业；无单冻机热氨融霜的操作规程，违规进行热氨融霜。

3）安全生产责任制、安全生产规章制度及安全技术操作规程不健全；未按有关法规和国家标准对重大危险源进行辨识；未设置安全警示标识和配备必要的应急救援设备。

4）公司管理人员及特种作业人员未取证上岗，未对员工进行有针对性的安全教育和培训。

5）擅自安排临时用工，未对临时招用的工人进行安全三级教育，未告知作业场所存在的危险因素。

对于以上事故原因分析可以看出，该企业对于安全目标的设定成为一纸空文，对于完成目标的安全资金投入、人员投入、培训成本等投入都存在严重不足，最终导致事故发生。因此，我们强调，在目标策划时，应考虑 6.2.2 条款的要求。

➢ 服务业运用案例

【正面案例】

某企业为全面加强安全工作，促进安全目标的完成，使安全生产责任得到落实，安全生产管理人员每年年初签订安全目标责任书，责任书有效期为一年，内容如下：

1. 工作目标

1）安全教育培训完成率达 100%。

2）杜绝因工死亡、重伤事故。

3）设备、交通、火灾、失窃零事故。

4）隐患治理完成率达到 100%。

2. 工作内容

1）协助主要负责人领导本单位的安全生产工作，对分管的安全工作负直接领导责任，具体领导和支持安全、生产部门开展工作。

2）协助主要负责人做好召开安全生产例会的准备工作，对例会决定的事项，负责组织贯彻落实，主持召开生产会议，并同时部署安全生产的有关事项。

3）主持制定、定期修订本单位的安全生产规章制度、安全技术规程和编制安全技术措施计划，并认真组织实施。

4）组织定期安全检查，发现重大事故隐患，立即组织有关人员研究解决，或向主要负责人及上级有关部门提出报告，以确保隐患治理完成率达到 100%。在上报的同时，组织制订可靠的临时安全措施。

【负面案例】

目前不少企业在制定目标和方案的工作中，将死亡率、重伤率、轻伤率、火灾事故发生率等事故传统结果性安全管理责任目标直接应用于职业健康安全管理体系中的目标管理工作。此类目标需要不够具体，没有实质性内容，在实际工作中难于编制符合体系要求的管理方案。从而导致很多企业往往在制定管理方案过程中，把一些控制程序、作业指导文件和管理制度当成管理方案的实施方法，诸如出现了如“严格执行动火管理制度”“严格落实安全操作规程”等缺乏针对性和实质性的措施，甚至出现套话、口号式的表述，偏离了职业健康安全目标业务过程的要求。因此，此类目标需要以责任制、目标分解方案等形式进行具体化，以达到目标实现及监控。

➢ 生活中运用案例

【正面案例】

爱因斯坦一生所取得的成功是世界公认的，他被誉为 20 世纪最伟大的科学家之一。他之所以能够取得如此令人瞩目的成绩，和他一生具有明确的奋斗目标是分不开的。

爱因斯坦出生在德国一个贫苦的犹太家庭，家庭经济条件不好。他进行自我分析：自己虽然总成绩平平，但对物理和数学有兴趣，这两门学科的成绩较好。只有在物理和数学方面确立目标才能有出路，其他方面是不及别人的。因而他读大学时选读瑞士苏黎世联邦理工学院物理学专业。

由于奋斗目标选得准确，爱因斯坦的个人潜能得以充分发挥。他在 26 岁时就发表了科研论文“分子尺度的新测定”，以后几年他又相继发表了 4 篇重要科学论文，发展了普朗克的量子概念，提出光量子除了有波的性状外还具有粒子的特性，圆满地解释了光电效应，宣告狭义相对论的建立和人类对宇宙认识的重大变革，取得了前人未有的显著成就。

为了避免耗费人生有限的时光，爱因斯坦善于根据目标的需要进行学习，使有限的精力得到了充分利用。他创造了高效率的定向选学法，即在学习中找出能把自己的知识引导到深处的东西，抛弃使自己头脑负担过重和会使自己偏离要点的一切东西，从而使他集中力量和智慧攻克选定的目标。

为了阐明相对论，他专门选学了非欧几何知识，这样定向选学使他的立论工作得以顺利进行和正确完成。爱因斯坦正是在十多年时间内专心致志地攻读与自己的目标相关的知识并研究相关的目标，终于在光电效应、布朗运动和狭义相对论三个不同领域取得了重大突破。

【负面案例】

老板叫小王去买复印纸，小王马上就去买了 3 张复印纸回来，结果老板一看说，3 张复印纸怎么够，我要 100 张。小王又马上去买了 100 张，老板一看，又说，你怎么只买了 A4 纸，我要的是 A4 和 B5 都有。小王又去买了 B5 的纸，老板又说，你怎么买了两个小时才买好，我都来不及复印了……

小王的表现就是典型的目标不明确，虽然按指示执行，但却没有准确性和完整性，导致最后没办法按时完成目标。

➢ 组织运行时常见失效点及可能的应对措施

常见失效点	可能的应对措施
对所需的资源计算不清	以供给侧为导向，通过组织自身现有资源以及可以利用的外部资源，综合计算实现目标需要的资源和可以利用的资源有哪些
监控和评价结果选取参数及评价方法不符合组织实际	根据组织的规模和业务特点有针对性地选取相应的评价参数和评价依据
不能很好地将职业健康安全目标融入业务过程	以风险源辨识评价结果为依据，组织现有过程为基础，将 OHS 目标导入业务过程。如果组织在辨识危险源时用的 JHA（工作危害分析法），按步骤分解生产活动中的每个危险源，更利于 OHS 目标与业务流程的融合
目标实现过程无法有效实施，推诿、扯皮不断	应逐层、逐级分解，并将分解的过程进行目标贡献率或权重的设计，以及合理科学的顺序安排，并以绩效考核对目标实现程度进行激励

➢ 最佳实践

组织在策划职业健康安全目标时，首先应了解组织自身。一方面，是了解自己的安全管理水平和现有的管理制度、职责的划分、人员的素质和安全意识。另一方面才是确定实现其目标所需的资源（如财务、人员、设备、基础设施）。其次要有负责人和时间表，组织制定的目标必须符合 SMART 原则，以便由明确参数供定性或定量评价结果，评价方法与测量要求视组织规模、性质、复杂程度和其他可考虑的风险而定。最后通过从组织环境、领导作用与员工参与、策划、支持、绩效评价和改进的闭环，实现职业健康安全目标融入生产作业的全过程。

通常可以由最高管理者发布某期限的具体目标后，下属各层级根据最高管理者的目标进行逐层、逐级分解，并在必要时召开协调会或其他沟通形式，使得各层级人员了解来龙去脉，最终形成一个目标实现任务分解表并得以发布广而告之。该表中有为实现目标而分解的各项任务、还有每项任务的 6W2H 信息，从而使得所有人员不仅能随时自检、自查，还能相互协助、相互监督、相互协调，并当出现需要变更的事态时可尽快实施变更管理，从而保证这些过程实现的敏捷度和可操作性。

➢ 管理工具包

1）沙盘推演。

2）标杆管理。

3）平衡计分卡。

4）SMART 原则。

17

资　　源

➢ ISO 45001：2018 条款原文

7.1 资源

组织应确定并提供建立、实施、保持和持续改进职业健康安全管理体系所需的资源。

➢ 条款解析

资源是组织存续的基础，也是组织的职业健康管理体系运转的重要支撑。没有资源，组织无法正常运转，更不要说职业健康管理体系绩效的实现。

可以从以下几方面理解本条款：

1. 资源的确定

（1）资源从种类可以分为财务资源、人力资源、基础设施等有形资源，也包括领导力、技术、知识产权、信息、品牌、安全文化等无形资源。

（2）资源从来源可以分为内部资源和外部资源。组织在建立和保持职业健康安全管理体系时，一方面要重视内部资源在职业健康安全方面的投入是否是充分的、适宜的；另一方面要重视外部资源对内部资源的补充，尤其是在应急方面。

（3）确定资源要考虑以下方面：

1）内部问题。组织的环境管理体系范围、方针、战略目标、规模及其活动、产品和服务的特性以及组织的文化等内部因素。

2）外部问题。ISO 45001：2018 拓展了组织的情境，不仅包含上述内部问题，同时还包含组织所处的社会环境等外部因素。

3）合规义务。在安全问题红线要求日益重视的今天，组织在确定安全资源投入时一定要遵循组织的合规义务（包括法律法规的要求、相关方要求和组织自愿承诺），合规是体系运行的底线。以此为起步才可能提升至对内改善职业健康安全绩效、对外提升核心竞争力的战略高度。

2. 资源的提供

1）结合条款 5.1 d)，最高管理者应确保可获得职业健康安全管理体系所需的资源。

2）最高管理者的承诺对于组织有效运行职业健康安全管理体系至关重要。同时结合条款 5.3，最高管理者需要确保在组织内部分配并沟通涉及资源相关角色的职责和权限，包括岗位设置、职责分工、工作要求、审批权限等，保证环境管理体系的运行。

3）组织应明确哪些资源是组织自身应该具备的，哪些资源是可以通过外包获得的，如何策划过程并获得相关资源。

4）资源的投入要为组织需要面对的风险和机遇、危险源以及合规义务等服务，根据风险水平高低和对组织的重要程度分清主次和重点，重点问题加大资源投入，做好重点区域、人员、流程的安全管控。

3. 资源的适宜性、充分性、有效性

职业健康安全管理体系的预期结果是使组织能够提供健康安全的工作条件以预防与工作相关的伤害和健康损害，同时提升职业健康安全绩效。为了达到这一预期结果，资源的确定和投入同样要做到适宜性、充分性、有效性。

1）安全资源的强制性。《安全生产法》明确规定了企业安全投入要求，组织的安全投入带有强制性，是必须从财务资金中专项提取的，如安全设施“三同时”制度。组织如果对安全资源不投入或少投入，是无法完成项目验收，也无法投入生产的。

2）安全资源的持续性。组织在建立和实施职业健康安全管理体系之后，还需要持续改进。因此，资源的投入并非一蹴而就、一步到位的，资源的投入需要跟随组织持续改进的步伐。

3）适宜性、充分性以及有效性评价。合规是组织存在和发展的基础，即合规是组织的生存底线和红线。法律法规和其他要求的符合性是建立和实施职业健康安全管理体系必须达到的。组织在合规的基础上可以根据自身的内外部环境、重要环境因素、需要面对的风险和机遇等，以确定资源是否具备适宜性、充分性和有效性。

➢ 应用要点

1）在组织的业务过程运行时需要首先考虑组织资源的充分性，评审现有内外部资源的可利用性以及局限性。如果现有资源不能够满足过程运行需求，可考虑升级或补充资源。

2）一个组织可以获得的内部资源和外部资源均有一定的局限性，不可能是无穷无尽的。组织在建立和保持职业健康安全管理体系时，要特别注意资源的投入不是平均分配，而是要把好钢用在刀刃上。例如，那些组织不可接受的风险要重点投入人力物力去治理。

3）组织在建立和保持职业健康安全管理体系时，投入资源要考虑合规要求。我国职业健康安全的法律法规对组织的资源投入有明确的法律要求，比如对安全管理人员数量和资格的要求、对企业每年安全投入金额的要求等。因此，要结合条款 6. 2. 3 的要求考虑资源投入。

4）组织对职业健康安全管理体系的内外部资源投入比应根据组织的业务而定，内部资源投入不一定优先于或者多于外部资源投入。例如，一些项目类的企业在安全管理人员的人力资源需求上，由于需求时间短，没有必要雇用长期的安全管理人员，通过安全咨询公司雇用短期的安全管理人员是一个性价比较高的选择。

5）由于外部资源不受组织控制，组织应定期评估外部资源的有效性、充分性。例如，在应急演练中邀请外部医疗资源和消防资源参与演练，通过演练检验外部资源是否像设想的一样有效，从而决定是否需要更换或者补充外部资源。

6）除了有形资源的投入以外，组织应重视领导力、企业安全文化等无形资源的投入。职业健康安全离开了领导力、离开了安全文化，就变成了机械地遵守规则，不利于调动每

个在组织控制下的工作人员参与体系建设的积极性。

➢ 本条款存在的管理价值

从过程的管理方法来讲，资源是一个过程乌龟的一只脚。本条款的存在价值在于提供给组织一个过程方法管理的思维框架。本条款明确提示组织在建立和保持职业健康安全管理体系的过程中考虑所需资源，评审现有内部资源的充分性以及由外部资源支援的可行性，实现资源利用率最大化。资源与过程的关系可以通过下图表示。图中显示了资源对于体系运行的重要性，职业健康安全管理体系其他条款的实施均离不开资源的支持。

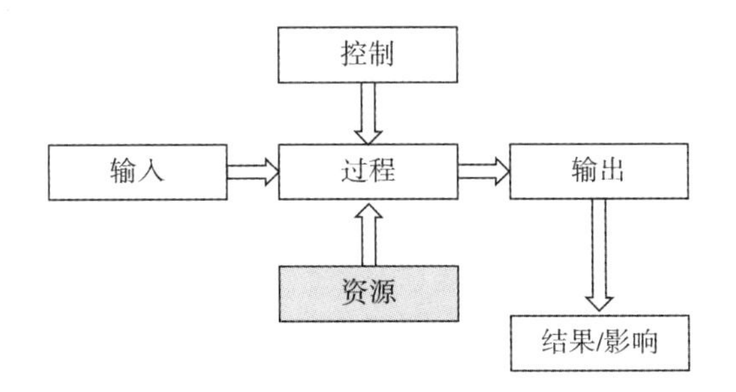

➢ OHSAS 18001：2007 对应条款

无对应条款。

➢ 新旧版本差异分析

此条款为 ISO 45001：2018 新增条款。

➢ 转版注意事项

虽然本条款未提及具体的资源要求，但是针对职业健康安全管理体系而言，所需资源一般包括人力资源（专业知识、技能）、基础设施（职业危害防治设施）、技术资源（设计研发能力）、财务资源（职业危害防治成本）等。组织在转版过程中虽不必要刻意增加文件，但应根据标准要求评估组织资源投入的充分性、有效性和适宜性。

➢ 制造业运用案例

【正面案例】

某实验室在危险源辨识中辨识出作业环境存在有毒、有害气体，且实验室气体有泄漏情况，造成实验人员中毒的风险。考虑到实验室人员的安全，实验室决定加大对设施设备资源的投入，在实验操作位置安装了专用负压通风橱，并为作业人员配置正压呼吸器，安装有毒气体探测器和报警装置，经物联网将监测信息传输到控制中心，有效地对实验室安全进行监控。

【负面案例】

2005 年 2 月 15~17 日佛山一家首饰厂因矽肺病问题引发了工人集体罢工，3000 多名工人集体上路，高速公路收费站一度瘫痪。当地出动几百名警察控制现场。

随后该厂将接触粉尘的 136 名员工送往佛山和广州两地职业病诊断机构进行体检，76 人异常，已确诊职业病尘肺 52 例。

该事件社会影响大。造成如此严重的人员健康伤害恰恰是因为该企业长期忽视对职业健康安全防护设施的投资，没有在车间配备除尘设备，也没有给接害员工配备劳动防护用具，更没有对接害员工定期进行职业健康体检。

➢ 服务业运用案例

【正面案例】

某鞋厂在制鞋过程中使用正己烷溶剂，该溶剂容易挥发，造成员工慢性中毒，形成职业病。针对这一职业健康安全风险，公司改变工艺技术，使用毒性更低、成本更高的异丙醇和异丁醇来替代正己烷，从而减轻对员工的职业健康危害。

【负面案例】

某食品公司一个胡萝卜包装车间发生火灾，18 人经抢救无效死亡，另有 13 人受重伤。经调查发现，该公司为了节省成本，车间屋顶使用了彩钢，两层钢板中间填充着泡沫塑料，极易燃烧，不是防火材料。

➢ 生活中运用案例

【正面案例】

家中购置了新车，妈妈听从建议购买了儿童安全座椅。外出时，将宝宝放在座椅中并系好安全带。开始时宝宝会有哭闹，几次过后，宝宝在座椅中安然入睡。此举不但使驾驶员可以安心开车，不用担心孩子乱开门，同时也避免了途中因紧急情况发生造成的刹车使宝宝受伤，保障了行车途中宝宝的安全。

【负面案例】

小王家住在别墅中，前后各有一个小院。许多业主都自行安装了新的护栏和监控报警设备，以防可疑人员进入，并将报警信息并网连入物业监控系统。小王觉得安装监控只是吓唬人的，小偷来了也挡不住，所以没有安装视频监控。一次小王全家去东南亚度假，家中无人达两周。在此期间，房子被洗劫一空。最终，靠物业的监控找到了疑犯，但因所盗财产已经被变卖，损失难以追回。

➢ 组织运行时常见失效点及可能的应对措施

常见失效点	可能的应对措施
在资源配置方面没有考虑合规要求	根据条款 6.2.3 识别和确定的合规要求，考虑资源配置
对外部资源利用不足，导致资源不足	通过对需求以及内部资源的评估，确定如何有效地利用外部资源。组织应建立广泛的外部资源网络，建立经常的联系
资源分配平均化	根据风险等级、对组织的重要程度等确定资源的分配，确保好钢用在刀刃上

➢ 最佳实践

组织是否能够有效提供所需资源体现了组织职业健康安全管理体系的运行水平。

组织在识别所需资源时可以从三个维度考虑：

1）从人力资源、基础设施、技术资源等各方面考虑；

2）从内部资源和外部资源两个方面来考虑。当组织内部资源缺失时，首先想到的是购置新资源来补充不足，这样从一定程度上增加了组织的成本和管理压力。这时我们可以考虑利用外部资源补充内部资源的不足，比如聘用外部专业人员、外聘应急资源等。尤其是对于一些微小企业，不但节约了成本投入还增加了企业运行管理的敏捷度。

3）从现在所需资源和未来所需资源两个方面来考虑，不但要考虑目前所需的资源，还应该考虑将来比如说项目变更升级等。

➢ 管理工具包

风险矩阵。

➢ 通过认证所需的最低资料要求

作为总则条款，认证本身无硬性要求。但鉴于合规要求，需要有“安全投入”管理办法作为支撑。

18

能　　力

➢ ISO 45001：2018 条款原文

7.2 能力

组织应：

a）确定影响和可能影响其职业健康安全绩效的员工的必要能力；

b）确保员工基于适当的教育、培训或经历能够胜任（包括辨识危险源的能力）；

c）适当时，采取措施以获得并保持所必需的能力，并评价所采取措施的有效性；

d）组织应保留适当的文件化信息作为能力证据。

注：适当措施可能包括，如向现有员工提供培训和指导，或重新委派其职务，或聘用、雇用能够胜任的人员。

➢ 条款解析

可以从以下几方面理解本条款：

1. 什么是能力？

这里的能力专指人员能力（Competence），而非组织能力（Capacity）。按照专业术语定义，人员能力是运用知识和技能实现预期结果的本领。因此人员能力的范围涉及个人的知识和技能，而知识和技能是通过学习、尝试、模仿、练习、运用、经历等行为而获得的。

2. 哪些岗位人员需要具备能力？

本条款中的“能力”是指影响或可能影响组织职业健康绩效的员工的能力。因此，组织应当依据岗位人员接触的职业健康安全风险和承担的职业健康安全职责，确定每个岗位人员所需的职业健康安全能力。

可能影响组织职业健康绩效的员工是哪些人呢？组织的每一个员工都可能影响组织的职业健康安全绩效，但是并不是每个员工对职业健康安全绩效的影响都是一样的，要按照影响大小予以分类。比如工艺设计人员、安全管理人员、最高管理者、基层员工、人力资源经理等，这些人对于健康安全绩效的影响肯定是不一样的，管理要求也不一样。

3. 需要哪些能力？

工作人员的能力应当包括能够识别危险源并处理与其工作和工作场所相关的职业健康安全风险所需的知识和技能，还应当具备科学合理应对严重或紧急危险情况的必要能力。

4. 如何确定岗位所需的能力?

工作人员可协助组织确定岗位所需的能力。在确定每个岗位的能力时，组织应当考虑如下事项：

1）从事该岗位所必需的教育、培训、资历和经验，以及保持能力所必需的再培训。

2）工作环境。

3）由风险评价过程所产生的预防措施和控制措施。

4）适用于职业健康安全管理体系的要求。

5）法律法规和其他要求。

6）职业健康安全方针。

7）符合和不符合的潜在后果，包括对工作人员健康安全的影响。

8）工作人员基于其知识和技能参与职业健康安全管理体系的价值。

9）与其岗位相关的义务和职责。

10）个人能力，包括经验、语言技能、文化水平和多样性。

11）因背景或工作变化而必须做出的能力的相应更新。

5. 如何获得能力?

基于危险源辨识、风险评价和策划措施，以及识别工作人员的职业健康安全风险控制的培训需求和开展对应的培训是很重要的。适当时，工作人员应当接受能够使他们有效地完成职业健康安全职能所需的培训。在很多国家，为工作人员提供免费培训是法律法规要求。

当一个岗位出现不胜任的现象，不仅可以通过培训现有人员来使其获得能力，也可以通过直接雇用胜任的人员直接使组织获得相关的能力，还可以通过换岗等方式，使每个人做自己胜任的事。

6. 如何评价和考察能力与岗位要求是否对应?

可以从人员的教育、培训或经历来考察人员能力。评估这些岗位人员的能力是否满足任职要求，方法有很多，如：能力考核、资格证书、工作经历等。能力证据包括但不限于培训记录。如员工参加应急演习记录、奖惩经历的证明等。

组织可以建立员工能力档案，可以通过员工岗位能力数据库，便于评审员工能力。

➢ 应用要点

1）重点评估国家法律法规要求的关键岗位、特殊岗位所要求的能力，特种作业人员、特种设备操作人员，如焊工需要有焊接证，电工需要有电工证，铲车工需厂内机动车证等。

2）安全管理人员专业培训，安全管理人员执业资格证。

3）当地法律法规的特殊要求：有些地方要求组织内需有义务消防人员持有义务消防证等。

4）当环境发生变化时，如新增设备、新工艺、变动岗位时，或长期休假后重新上岗，这些人员的能力需重新培训或评估，使其满足职业健康能力的要求。

➢ 本条款存在的管理价值

职业健康管理体系所要求的能力是体系支持系统的一部分，组织内员工的能力是组织战略目标和职业健康绩效是否实现的关键环节。员工的能力和意识越高，给组织带来的风险越低，组织目标和绩效越能提前实现。

➢ OHSAS 18001：2007 对应条款

4.4.2 能力、培训和意识

组织应确保在其控制下完成对职业健康安全有影响的任务的任何人员都具有相应的能力，该能力基于适当的教育、培训或经历。组织应保存相关的记录。

组织应确定与职业健康安全风险及职业健康安全管理体系相关的培训需求。应提供培训或采取其他措施来满足这些需求，评价培训或采取的措施的有效性，并保存相关记录。

组织应当建立、实施并保持程序，使在本组织控制下工作的人员意识到：

——他们的工作活动和行为的实际或潜在的职业健康安全后果，以及改进个人表现的职业健康安全益处。

——他们在实现符合职业健康安全方针、程序和职业健康安全管理体系要求，包括应急准备和响应要求（见 4.4.7）方面的作用、职责和重要性。

——偏离规定程序的潜在后果。

培训程序应当考虑不同层次的：

——职责、能力、语言技能和文化程度。

——风险。

➢ 新旧版本差异分析

1）在 2007 版标准中，能力、培训和意识是在一个条款之下的，2018 版标准中，能力和意识拆分为两个独立的条款，培训放到能力中没有单独体现，说明能力是第一位的，而且能力不一定要通过培训获得，还可以通过招聘、换岗等方式获得。

2）在 2007 版标准中，是对职业健康安全有影响的任何员工，2018 版标准中，对组织职业健康安全绩效有影响或可能有影响的员工所需的能力，对员工的定义更加明确。

3）2018 版标准中强调“获得所必需的能力”，根据时间、环境的变化，岗位要求的能力也是变化的，人员的能力需要定期进行评估和培训。

4）2018 版标准要求保留适当的文件化信息作为能力的证据，而不是强调培训记录。

➢ 转版注意事项

1）确定能力的需要是前提，采取措施以获得所必需的能力是重点，只有确认了能力的需要，才可能对岗位人员进行能力评估，这些能力包括危险源辨识与风险评价、合规义务、应急等所必需的能力。

2）评价所采取措施的有效性，保留适当的文件化信息作为能力的证据，这些记录可以是学习经历、工作经验、资格证书、绩效考核、能力考评、参加应急演习等，而不仅仅是培训记录。

➢ 制造业运用案例

【正面案例】

某汽车制造厂油漆车间白车身磷化液清洗槽属于危险限制区域，维修磷化清洗槽的人员需要经过特殊培训，并考核通过后方可上岗进行作业。作业监护人员需经过紧急救护知识的培训，并取得红十字会颁发的救护人员资格证。针对车间维修异常情况制定了专项应急预案，每年对应急预案进行演练，员工的紧急避险技能，救护技能都得到提高。

【负面案例】

某公司在处置危险废弃物的过程中发生中毒事故，造成 5 人死亡、12 人受伤，直接经济损失约 450 万元。其过程是该公司废弃物作业人员违章直接向投料坑倾倒含有硫化氢的危险品，辅助工侯某违章进入坑内捡拾坠落的危化品废物桶而中毒死亡，后续多名其他人员未采取安全防护措施直接入坑施救而中毒死亡或受伤。该事故发生的原因之一就是人员缺乏培训教育而不具有按章操作、应急处理和救生救援的能力。

➢ 服务业运用案例

【正面案例】

某汽车站，某天一旅客突然晕倒，站内服务人员李某每年都参加汽车站组织的急救培训，及时对该旅客进行心肺复苏，在等待 120 急救车到来的过程中，她正确和及时的救护为该旅客赢得了宝贵的抢救时间，如果没有当时的急救，后果难以预料，事后该旅客家属对李某表示了感谢。

【负面案例】

某商场员工为顾客提供剪裤角服务，在熨烫环节，由于临时有事外出，没有拔下熨斗的电源，导致温度过高，衣服着火。更加雪上加霜的是，商场员工没有经过消防培训，不会使用商场里配置的灭火器，没能在第一时间扑灭初期火灾，消防车到来时已错过最佳救火时间，造成商场大面积起火，商场损失惨重。

➢ 生活中运用案例

【正面案例】

小明放学回家，发现自己的母亲倒在卫生间，初步判断是由于家里使用的燃气热水器发生了煤气泄漏，造成一氧化碳中毒。小明通过在学校学到的急救知识，第一时间打开门窗，把母亲放到通风处，然后拨打 120 呼叫急救车，为急救赢得了宝贵的时间。

【负面案例】

某夏季海边发生一起事故，两个好朋友到海边去玩，其中一个掉入海中，另一个没有考虑自身的能力，在对游泳一知半解的情况下进入深水区域施救，造成两人同时溺水身亡。

➢ 组织运行时常见失效点及可能的应对措施

常见失效点	可能的应对措施
组织对一些关键、特殊岗任职资格能力没有识别出来，对员工没有进行专业培训，导致员工不能胜任工作	根据合规要求、危险源辨识和风险评价清单，组织梳理关键、特殊岗位的任职要求，对这些岗位人员定期进行能力测试或培训使其能胜任工作

续表

常见失效点	可能的应对措施
当环境发生变化后，如新增设备、新工艺等，员工原有的能力不能满足变化的要求	将重新评估能力纳入变更管理的应对措施之一，并给予资源，当变更发生时，如适用，需要对员工进行能力的重新评估
组织未定期评价人员能力	组织应建立和保持程序定期评价人员能力
忽略对承包商员工、短期雇工、合作方员工、访客等对组织职业健康安全绩效有影响的人的能力要求	在能力评估和培训程序中考虑对这些人员的能力要求
认为培训是获得能力的唯一渠道	组织应根据自身需求和资源，确定组织获得能力的主要渠道。尤其是小型企业不可照搬大型企业培训获得能力的套路，对于小型企业而言，识人比培训更重要
能力培训陷于形式主义，为了培训而培训，没有实际效果	能力培训应当注重实际效果，培训应有评估，无评估则无能力培训

➢ 最佳实践

某公司安全部对公司各个岗位的安全生产责任制进行了梳理，确定了每个岗位的安全生产职责。每年初，公司会向各岗位人员提出培训需求征询，每位员工可以根据自己的岗位安全能力要求，提出本年度的培训需求，如法律法规学习、特种设备培训、应急处置方案演练等。需求征询上来，安全部统一安排内部或外部讲师进行安全培训，做到既有针对性，又能提高人员能力的目的。

同时，当企业产生新工艺、新设备、新材料、新流程时，安全部会及时安排相关人员进行培训，以应对变更产生的安全问题。

➢ 管理工具包

1）员工的能力可以通过“LECD 方法”等方法进行识别。

2）国家法律法规的基本要求。

3）人员能力矩阵。

➢ 通过认证所需的最低资料要求

岗位任职资格要求、特种作业人员名单、应急演习记录、培训考核记录等。

19

意　　识

➢ ISO 45001：2018 条款原文

7.3 意识

员工应该意识到：

a）职业健康安全方针和目标；

b）他们对职业健康安全管理体系有效性的贡献，包括对改进职业健康安全绩效的益处；

c）不符合职业健康安全管理体系要求的影响和潜在后果；

d）与其相关的事件和调查结果；

e）与其相关的危险源、职业健康安全风险和所确定的措施；

f）当其认为出现了对自身生命和健康构成紧急和严重危险的工作状况时，摆脱危险的能力以及保护其免遭不当后果的安排。

➢ 条款解析

职业健康安全意识是指人员对组织职业健康安全风险和其控制要求的察觉、认知和关注度。可以从以下几个方面理解本条款：

1. 为什么要强调意识在体系中的作用?

因为意识能够指导人的行为，它是确保组织工作人员基于其能力有效履行职责和控制不安全行为的基础保障。

2. 哪些人应当具有职业健康安全意识?

本条款说明“员工”应当具备职业健康安全意识，包括在组织控制范围内工作的人员，如现有的员工、临时工、季节性劳务工等。

除工作人员（特别是临时工作人员）外，外部供方（如承包商和外包服务）以及协作方、访问者和其他相关方也都应当意识到他们所面临的职业健康安全风险。

3. 如何建立和提升人员的意识?

对于组织内部人员来说，意识来源于他们认识到自身的职责，以及他们为实现组织的目标而做出贡献。

员工职业健康安全意识的建立和提升可以依靠企业安全文化建设，在整个组织形成尊重生命的氛围，并给予员工精神和物质上的激励，使其知道他们对职业健康安全管理体系有效性的作用，包括改进绩效的益处、不符合职业健康安全管理体系要求的影响和潜在后果。

通过培训、事故案例警示教育、安全活动等方式，让员工了解、知悉、掌握与他们执业相关的危险源、职业健康安全风险和确定的措施。如果员工发现了可能造成伤害和健康损害的危险情况或危险环境时，他们应当能够自己消除并向组织报告该情况，不会有遭受惩罚的风险。同时，培养、提升员工识别危险源并做出正确处置的能力，让员工知悉与他们相关的事件和调查结果，做到举一反三，吸取教训，引以为戒。

意识要求应该考虑职业健康安全风险和个人能力，如文化和语言能力等。

➢ 应用要点

意识的提高是潜移默化的，同时也是一个较长的过程。只有持续关注员工职业健康安全意识的培养、树立正确安全的生产观，才能让员工真正认同组织的安全方针、安全目标、安全理念和安全管理做法。

可通过多种方式培养员工“我要安全”的良好习惯和能力。例如，通过管理看板、图片、照片或案例分析等方式，显示安全与不安全的差别做法，提供相应的培训来培养和提升安全意识。

可通过专题会议、安全例会、安全检查和管理评审等多种方式实现沟通协调和经验反馈，确保相关人知晓，进而变成自觉行动。

➢ 本条款存在的管理价值

意识是人员对所见事物认知后的内心判断，并且可以经过多次重复或强烈刺激而从短暂的明意识转化为长久的潜意识。有关健康安全的意识也可以如此建立和转化。

本条款的价值在于明确人员的健康安全意识内容所包含的最小范围，使管理者可以有的放矢地帮助员工或相关人员建立巩固和转化必要的健康安全意识。

本条款用以明确组织应确保其控制范围内的相关人员所具有的安全意识，如了解组织的职业健康安全管理方针和目标，明确自己在进行岗位职责要求的生产操作中可能接触到的危险源和可能带来的职业健康安全风险，熟知并践行应对这些风险的具体措施；同时知道员工个人对组织职业健康安全管理体系有效性以及因职业健康安全管理体系不符合要求所带来的后果。通过安全意识的培养，在工作中能够做到不伤害自己、不伤害别人和不被别人伤害。

➢ OHSAS 18001：2007 对应条款

4.4.2 能力、培训和意识

组织应当建立、实施并保持程序，使在本组织控制下工作的人员意识到：

——他们的工作活动和行为的实际或潜在的职业健康安全后果，以及改进个人表现的职业健康安全益处；

——他们在实现符合职业健康安全方针、程序和职业健康安全管理体系要求，包括应急准备和响应要求（见 4.4.7）方面的作用、职责和重要性；

——偏离规定程序的潜在后果。

➢ 新旧版本差异分析

ISO 45001：2018 专门设立了一个二级条款提出员工意识的要求，充分体现了“以人为本”和“安全管理人人有责”的安全管理原则，并用员工知晓一个“益处”、一个“后果”的提法，要求组织建立适宜的激励机制。

ISO 45001：2018 更强调自主意识的形成和培养，不仅关注组织内部员工的安全意识，而且关注承包商人员的安全意识。

➢ 转版注意事项

逐步建立系统、完整的安全理念体系，包括梳理提炼组织的安全理念。意识的培养不能仅靠培训完成，应采取形式多样的方式宣传贯彻安全理念，并使之成为每一名员工自觉贯彻执行的行为习惯。尤其应切实将安全意识内化于理念、外化于行为、固化为制度，不断促进和提升组织职业健康安全绩效。承包商安全意识是 ISO 45001：2018 更应该关注和思考的重点。

➢ 制造业运用案例

【正面案例】

某热轧宽板厂发生安全事故后进行事故通报，并组织开展为期三个月的“学制度、除隐患、促安全”的不停产安全整顿活动，教育广大员工时刻绷紧安全这根弦，充分认识“思其危则安，忘其危则险”的辩证关系，通过学习不断提高员工的安全意识；加强对作业长、班组长等基层管理人员的安全教育培训，搞好工段（站队）长和班组长队对各项安全生产法律法规、标准以及相关安全生产管理理论、安全技能及岗位危险源控制措施的掌握和应用，提升基层管理人员的安全意识和管理水平。

【负面案例】

某厂刚参加工作不久的谢某依照惯例进行夜间变电所例行检查。当谢某打开一台铜液泵电路控制柜时，发现控制电路的三相线中有一相的保险丝熔断了。谢某心想，问题不大，找一截保险丝换上就是了。在这个念头的驱动下，谢某竟然连最起码的常识都忘了，未断电就徒手找来一段保险丝准备把熔断的地方接上。就在谢某拿保险丝触到断点的瞬间，随着一束刺眼的电弧光闪过，谢某被重重地击倒在地，后被送往医院救治。经诊断，其面部和右手受到电弧不同程度的灼伤。

➢ 服务业运用案例

【正面案例】

2008 年 5 月 12 日汶川地区发生地震，桑枣中学全校 2300 多名师生在 1 分 36 秒的时间里全部转移，无一人伤亡，创造了一项奇迹。校长叶志平被称作“史上最牛校长”。

1995 年，叶志平开始担任桑枣中学校长。从 1997 年开始，叶志平连续几年对实验教学楼进行改造加固。第一次，他找正规的建筑公司，拆除了与实验教学楼相连的一栋质量很差的厕所楼，在一楼的安全处重新建起了厕所。第二次，将楼板缝中的水泥纸袋去掉，实实在在地灌注了混凝土，使楼板的承重力大大提高。第三次，将整栋楼的 22 根承重柱子，从 37cm 直径的“三七柱”，重新浇灌水泥，加粗为 50cm 直径的“五零柱”。

从 2005 年开始，叶校长每学期都要在全校组织一次紧急疏散的演习，规定好每个班固定的疏散路线，就连每个班在教室里怎么疏散都作了规定。在紧急疏散时，对老师的站位也有要求，要求老师站在各层的楼梯拐弯处。

由于平时的多次演习，在地震发生后全校 2300 多名师生加固后的实验教学楼也安然无恙。从不同的教学楼和不同的教室全部冲到操场，以班级为单位站好，用时 1 分 36 秒。叶校长的安全意识和持之以恒的改进措施拯救了学校，也拯救了学校的所有人员。

【负面案例】

某旅行社组织开展涉水场所特种旅游，与旅客签订旅游合同，包括活动安排、注意事项等。发团前旅游地突降暴雨、江水泛滥，旅行公司安全预警意识薄弱，联动机制失效，没有及时通知导游停止水下项目。接待水下项目的部门也没有在江边设置警示牌及相关障碍物。游客下水自由活动时造成人员淹溺。

➢ 生活中运用案例

【正面案例】

1 月 5 日上午，某街道办事处邀请消协的教官开展安全知识培训，预防和减少火灾事故发生，辖区企业、宾馆、酒店、茶楼和小区物业以及居民群众 100 余人参加学习。教官现场讲解灭火器使用方法，播放近期全国各地的火灾事故等幻灯片，通过一个个真实的案例，深入浅出地讲解消防安全工作的重要性及火险的识别、初期火灾处置、灭火器的构造和使用方法等消防常识。培训中，居民还就日常怎样安全用电、用气向教官请教。此次活动增强了居民安全用火、用电意识。大家纷纷表示，今后一定注意消除安全隐患，防止火灾发生。

【负面案例】

某日一车辆在加油站加油，父母降下车窗与加油员聊天，此时孩子还在车内玩手机。加油机上明显贴有禁止使用手机及明火标志，但加油员及其父母视而不见，没有制止孩子。加油过程中因孩子接打手机导致车辆起火爆炸。

➢ 组织运行时常见失效点及可能的应对措施

常见失效点	可能的应对措施
组织培训计划中侧重安全技术操作规程的培训，而忽视了对安全意识、安全理念、安全法规和道德的培训	安全培训策划时增加安全意识、安全理念、安全法规和道德的培训，培训人员范围包括现有的员工、临时工、季节性劳务工和外部供方（如承包商和外包服务）以及协作方等
对安全意识的教育尚未融入组织的企业文化建设，没有纳入安全文化范畴加以推广并固定下来	按照“企业安全文化建设导则”“企业安全文化评价准则”创建安全文化建设示范企业，从意识形态领域强化职业健康安全管理
将意识的培养简单理解为培训或者各种宣传活动，造成意识与员工实践割裂，无法将意识有效转化为行为	除了培训和各种宣传活动之外，意识的培养应当融合在生产运行的过程中，如组织员工参与危险源素辨识、现场安全检查等；将意识培养融合在工作实践中，逐步形成好的安全习惯和行为

➢ 最佳实践

建立完整的安全理念体系。提炼切合组织实际、通俗易懂、具有感召力、体现“以人为本”“安全发展”“风险预控”等积极向上的安全理念、安全愿景、安全使命和安全价值观。广泛传播安全理念，所有从业人员包括外部供方（如承包商和外包服务）以及协作方都参与安全理念的学习与宣贯，并能够理解、认同。

建立安全观察和安全报告制度，对员工识别的安全隐患给予及时的处理和反馈。

➢ 管理工具包

安全文化示范企业建设、案例说法、安全大讲堂、安全论坛、虚拟现实（VR）体验。

➢ 通过认证所需的最低资料要求

覆盖到有关安全意识和安全理念的教育培训计划，培训实施、培训效果验证记录。

20

沟　　通

➢ ISO 45001：2018 条款原文

7.4 沟通

7.4.1 总则

组织应建立、实施并保持与职业健康安全管理体系有关的内外部沟通所需的过程，包括确定：

a）沟通什么。

b）何时沟通。

c）与谁沟通：

1）组织内不同层次和职能之间；

2）与进入工作场所的承包方和访问者之间；

3）与其他相关方之间。

d）如何沟通。

在考虑沟通需求时，组织必须考虑差异因素（如性别、语言、文化、文化水平、残疾）。

在建立沟通过程时，组织应确保外部相关方的观点得到考虑。

在建立沟通过程时，组织应：

——必须考虑法律法规和其他要求；

——确保所沟通的职业健康安全信息与职业健康安全管理体系所产生的信息保持一致且可靠。

组织应回应关于其职业健康安全管理体系的相关沟通。适当时，组织应保留文件化信息作为沟通的证据。

➢ 条款解析

组织应将其职业健康安全危险源和职业健康安全管理体系信息有效地沟通到在管理体系中或受管理体系影响的人员，以使他们在适当时，积极参与或支持防止伤害或健康损害。

1. 策划沟通应考虑的因素

（1）策划沟通的过程应考虑如下因素：

1）信息接收对象和他们的需求。

2）适当的方法和媒介。

3）当地文化、偏爱的方式和可提供的技术。

4）组织的复杂性、结构和规模。

5）工作场所有效沟通的障碍，如语言上的。

6）法律法规要求。

7）贯穿于组织全部职能和层次的沟通方式和渠道的有效性。

8）沟通有效性的评价。

（2）除了以上因素，标准特别提出了以下几点：

1）在考虑沟通需求时，组织必须将差异因素考虑进去。这些差异包括性别，如男士往往理性，女士往往感性，在沟通中尽量考虑对方的可接受度；包括语言，如果在工作场所同时存在多种语言，提示性标语、安全警示标识、作业指导书应兼顾多种语言，以便使用的人可以接收到沟通信息；包括文化，如外国人喜欢将安全帽的颜色制作成白色和绿色，而中国人却十分不喜欢这两个颜色的帽子；包括文化水平，如果工人文化水平不高，那么作业指导书应尽量用图片和简短易懂的文字表述，最好没有太多太难的技术参数或深奥的理论，方便员工理解和操作；包括残障，如果有的工作岗位存在一些因公致残或工伤员工，沟通的方式及内容应尽量考虑其生理和心理需求。

2）法律法规要求和其他要求。组织在策划沟通过程时应首先考虑合规义务，包括法律法规和相关方对信息交流的要求，比如行业规定、客户的要求、组织的承诺、职业健康安全管理体系标准的要求等相关的信息。如组织未能就合规义务的相关信息进行交流，可能导致组织未能遵守这些合规义务，出现的事故和事件将会有损害组织的声誉，或导致法律诉讼的风险。

3）确保所沟通的信息是真实可信的，与职业健康安全管理体系形成的信息一致。这样的要求在安全法规中也有同样要求，即不得瞒报、谎报、迟报事故情况及人员伤亡和财产损失。

2. 沟通的对象

按照沟通的对象不同，可将沟通分为内部沟通和外部沟通。

1）内部沟通指组织各职能和层次间，甚至个人与个人间就职业健康安全管理体系的相关信息进行的交流。

2）外部沟通指组织通过信息交流过程，并考虑法律法规和其他要求，而建立的与职业健康安全管理体系相关的信息进行的外部信息交流。包括进入组织工作场所的人员，如承包商和访问者，这些都是更容易因组织的原因造成职业伤害和事故的人。另外就是一些其他相关方，如受到组织影响的人。

3. 沟通的内容

无论是与员工还是与相关方，沟通的内容与程度应适合于他们所从事的工作相关的职业健康安全危险源和风险。

沟通还应包括组织的绩效要求，以及与职业健康安全要求不符合的结果。

沟通应包括与要完成的具体任务相关的运行控制措施或将开展工作的区域信息。此类信息应在承包方来到现场前予以沟通，适当时，可以在工作开始时用附加或其他信息（如现场巡查信息）加以补充。组织还应制定存在影响承包方职业健康安全的变化时，与其协商的程序。

4. 沟通的形式

组织所建立的沟通过程应当规定信息的收集、更新和传播流程，确保向所有相关的员工和相关方提供相关信息，并确保他们能收到且能理解这些信息。

沟通的形式包括面对面谈话、交流、电话、邮件、培训、会议、安全指示、安全交底、微信群、建议箱、网站、公告板等形式（详见最佳实践）。

入职时的沟通被视为重要沟通之一。通过简况介绍、培训、会议、入职谈话等方式，告知新入职者职业健康风险与要求，通常让人记忆深刻。

合同经常用于沟通职业健康安全绩效要求。为确保工作场所保护每个人员安全的适当措施得以实施，合同可能需要其他现场的安排加以补充，如预先召开项目的职业健康安全策划会议。

5. 沟通的双向性

组织应对职业健康安全管理体系相关的信息交流做出反馈和响应。

根据信息的来源，组织应考虑适当的响应或处理机制。当信息来源于内部时，组织应先评价信息的重要程度、响应层级等，然后考虑是否需要升级信息响应和处理对象、启动应急预案，通知相应职责的人员/部门去处理；当信息来源于外部时，组织应先对信息进行识别和评审，然后根据信息的重要程度再采取应对措施。同时，当内外部人员投诉违章指挥、强令冒险作业时，组织应及时就违法违规行为做出反馈。

6. 对于访问者、承包商的沟通

（1）对于访问者（包括交付人员、顾客、公众成员、服务提供者等），沟通可以包括警告标志、安全屏障、口头和书面沟通。应沟通的信息包括：

1）与他们访问相关的职业健康安全要求。

2）疏散程序和报警的响应。

3）交通控制措施。

4）进入的控制措施和陪同的要求。

5）需要穿戴的个体防护设备（如安全眼镜）。

（2）在策划与承包方沟通过程时，除了现场开展活动的具体职业健康安全要求外，下列事项也可能与组织相关：

1）关于承包方的职业健康安全管理体系信息（如针对相关的职业健康安全危险源已建立的方针和程序）。

2）影响沟通的方法和范围的法律法规或规章要求。

3）以前的职业健康安全经历（如职业健康安全绩效数据记录）。

4）在工作现场多个承包方的存在。

5）为完成职业健康安全活动（如职业暴露监测、设备检查）配备人员。

6）应急响应措施或计划。

7）在工作现场承包方与组织及其他承包方的职业健康安全方针和惯例结合的需求。

8）对于高风险的任务，附加协商和合同规定的需求。

9）评价约定的职业健康安全绩效准则的符合性需求。

10）事件调查过程，不符合和纠正措施的报告。

11）每日信息沟通的安排。

➢ 应用要点

1）在进行沟通时既要因人而异、讲究与组织内外部不同人群的沟通方式方法，也要保证沟通信息的一致性。

2）沟通可以是双向过程，也可以是单向或多向过程，因此除了要考虑在发布信息时对于信息接收方的接收效果，也要考虑信息接收方的意见建议，以此实现沟通效果的良性循环。

3）沟通的目的是使信息接收方充分、准确并深刻理解信息发布方的意图，因此无论采用何种形式或形态的沟通，最高目标是沟通效果的达成程度，所以信息接收方的反馈或互动是需要作为沟通过程变更或改进的重要因素。

4）作为追求利益最大化的企业来说，沟通的效率是不得不考虑的，所以沟通的绩效是沟通过程在设计和实施时务必要考虑，甚至是事故调查或绩效考核的重要考虑因素。

5）在注重痕迹管理的今天，应注意保留沟通的文件化信息。

6）在管理体系的后台实际存在着 DIKW 模型（数据、信息、知识、智慧金字塔层次体系）的融会贯通和融合引导，同时随着知识管理体系在现代企业的逐渐推广和实践应用，沟通已经成为组织能力倍增的关键活动。因此，沟通管理的设计应为组织的其他业务和能力的发展打好坚实的基础，包括职业健康安全管理。

➢ 本条款存在的管理价值

沟通是组织与相关方之间、组织与员工之间，以及员工与员工之间信息传递和反馈的过程，以求对事物的理解、认识是真实、一致的。有效的沟通可提升企业的管理效率。

本条款指出组织在内外部沟通时，需要确定沟通事项、时间、目标人群和沟通的方式与渠道，明确组织在向上、向下以及向外沟通时需要考虑的差异因素、法律法规、一致性因素，强调了反馈在沟通中的重要性。

➢ OHSAS 18001：2007 对应条款

4.4.3.1 沟通

组织应建立、实施并保持一个或多个程序，用于有关其职业健康安全危险源和职业健康安全管理体系的：

a）组织内部各层次和职能间的信息交流；

b）与合同方和其他工作场所的访问者的沟通；

c）与外部相关方联络的接收、形成文件和回应。

➢ 新旧版本差异分析

OHSAS 18001：2007 只强调了和谁沟通一个方面，ISO 45001：2018 将沟通过程彻底展开，加入沟通什么、何时沟通、如何沟通的部分，更强调怎样去沟通。

➢ 转版注意事项

1）考虑不同人群的差异；

2）将职业安全信息与法律法规要求相结合；

3）沟通信息与管理信息的一致性；

4）保留文件化信息。

➢ 制造业运用案例

【正面案例】

看板最初是丰田汽车公司于20世纪50年代从超级市场的运行机制中得到启示，作为一种生产、运送指令的传递工具而被创造出来的。以看板管理为代表的目视化管理是与员工沟通的一种简单有效的方式。现场管理人员组织指挥安全生产，实质是在发布各种信息。操作人员进行生产作业，就是接收信息后采取行动的过程。生产系统高速运转，要求信息传递和处理既快又准。如果与每个操作人员有关的信息都要由管理人员来直接传达，不知要配备多少管理人员。目视管理就是通过现场的图片、图形、色标、文字等视觉信号迅速而准确地传递信息，将复杂的信息如安全规章、生产要求等具体化和形象化，并能实现安全管理规章、生产要求等与现场、岗位的有机结合，从而实现各岗位人员的规范操作，减少人的不安全行为。

【负面案例】

安全员在检查某建筑公司项目部时看到技术交底检验记录填写的笔体非常相似，于是询问项目经理："技术交底和检验记录是由谁填写的？"项目经理说："是资料员填写的。"安全员问："资料员有技术员和检验员的上岗证吗？"项目经理说："由于工地人手少，只好由资料员代劳了，好在质检站对此也没有提出异议。"当地政府主管部门规定："技术交底应由具有资质的技术员或技术队长负责，检验工作应由具有资质的检验员负责。"

这种事情在建筑施工企业中常有发生。技术交底应由技术员或技术队长交到施工的班组长，检验记录应该是检验员在施工现场实际检测的结果，而不是事后由别人补填记录。案例中的做法违反了与谁沟通的要求，导致沟通不到位，最终形成事故隐患。

➢ 服务业运用案例

【正面案例】

某提供物业、后勤服务的企业，在建立双控机制的过程中，针对清扫作业风险高发的情况，在清扫作业的管控措施制定完毕后，立即将管控措施作成课件，对全体清扫人员进行培训告知，并下发简易的告知卡片。这是充分考虑了不同员工间的文化和年龄差异，采用更简洁的沟通方式，这样才能做到入脑入心，提升员工职业安全素养。

【负面案例】

某物业公司安全员去现场进行项目安全检查，发现新招用的保安人员虽然已经接受岗前培训，却对自己岗位风险并不清楚。这一结果是由两方面造成的：一来保安人员都是外招的，培训也都是劳务承包方做的；二来在沟通内容上没有考虑保安人员普遍文化水平不高的实际，讲的都是安全理论和法律法规条款，没有针对性地修改培训内容，用更直白的话语让员工明白该做的事情。该案例就是没有考虑与进入工作场所的承包方和访问者之间进行有效的沟通，以及在考虑沟通需求时，组织必须考虑差异因素的要求。

➢ 生活中运用案例

【正面案例】

外面传来了下雨的声音，两个正要出门的人开始讨论。第一个人迅速得出结论，是下雨了，于是沟通主题在于“伞在哪里”“伞够不够”“不够的话还要不要出门”“不出门的话会有什么后果”等；而第二个人的主题还在到底是风吹树叶的声音还是空调滴水的声音。二人讨论了半天什么结论也没有得出来。意识到问题之后，他们确定沟通的目标是“是否还要出门、如何出门”，简单几个回合便确定了开车、带伞出门。

理解是沟通的基础，两者的对话能否顺利进展下去，依赖于对方对你所表达内容的理解程度。因此，如何精准地把自己的意思表达出去也是沟通中十分重要的一环。

【负面案例】

美国《文学摘要》通过抽样调查准确地预测了连续五届美国总统大选的结果。1936 年的总统选举，《文学摘要》又以铺天盖地之势发出了 1000 万份问卷，统计结果后《文学摘要》宣布，兰登将以 57% 对 43% 的比例当选总统！

万万没想到，实际的选举结果与预测大相径庭：罗斯福以 62% 对 38% 的巨大优势当选！从此《文学摘要》杂志社一蹶不振，不久只得关门停刊。

《文学摘要》为何会阴沟翻船？如此大样本的调查为何会失败？原因就是沟通的对象选择不正确。《文学摘要》为了寄送调查问卷，随机抽取了电话黄页和车辆注册系统的地址。可是在 1936 年的美国，富裕的家庭才有私人电话和汽车。为了挽救大萧条造成的经济打击，当时的罗斯福政府强行干预市场经济，在富人中普遍缺乏好感。而最终的选举中，中产阶级及广大民众的力量导致罗斯福获得了胜利。这是典型的沟通未考虑样本对象、以偏概全获得结论的案例。

➢ 组织运行时常见失效点及可能的应对措施

常见失效点	可能的应对措施
未考虑差异因素，沟通效果差，甚至成为形式主义和官僚主义的一种体现形式	应根据不同人群、不同场景、不同目的、不同意图而采取不同沟通方法、内容和效率
沟通的渠道、途径和方法单一、单调	要充分利用时机和人类感受信息的各种感官和习惯，尤其是视觉，包括新媒体等手段
关于同一问题多次沟通的信息不一致	统一信息发布标注或发布人，减少信息传递环节，必要时可经领导审阅
因有着大量的管理体系相关信息，随着组织的规模越大，沟通的效率可能越低下	应对需沟通的信息就信息接收方的实际情况进行必要的精简和转化，控制沟通的效率

➢ 最佳实践

为了减少人为因素造成的信息交流的差异，大部分组织对于信息交流都建立了作业标准。除此之外，为了确保沟通效果，各企业的沟通方式也越来越多样化：

1）对内信息交流方式有电话、内部邮箱、公司网页、会议、看板、内部报刊/杂志、微信群、微信公众号、培训、标语、看板等。

2）对外信息交流方式有公司网页、会议、看板、媒体/报刊/杂志、微信群、电话、微信公众号、培训、签订相关协议、安全交底、定期走访、标杆学习交流等。

3）确保交流信息求同存异，在确保沟通数据一致的前提下，对不同的沟通对象采取不同的方法。

➢ 管理工具包

法律法规识别、新媒体、标准化沟通流程。

内部沟通

➢ ISO 45001：2018 条款原文

7.4.2 内部沟通

组织应：

a）与其各层次和职能就职业健康安全管理体系相关信息进行内部沟通，适当时，还包括就职业健康安全管理体系的变更进行沟通；

b）确保其沟通过程能促使员工致力于持续改进。

➢ 条款解析

（1）本条款说明内部沟通的内容与职业健康安全管理体系有关，而不是泛泛而谈的安全与健康常识。本条款强调了对职业健康安全管理体系的变更信息的交流。变更是安全隐患的一大来源。为了避免变更所带来的风险，组织应及时、准确地交流与变更有关的信息，并且就变更采取相应的措施。

内部沟通应包括如下信息：

1）与管理者对职业健康安全管理体系的承诺相关的信息，如为改进职业健康安全绩效所采取的方案和承诺的资源。

2）涉及危险源辨识和风险评价的信息，如过程流量、材料使用设备规范和工作实践状况。

3）关于职业健康安全目标和持续改进活动的信息。

4）与事件调查相关的信息，如发生的事件类型、导致事件发生的因素、事件调查的结果。

5）关于消除职业健康安全危险源和风险程度的信息，如表明已经完成和正在开展的项目进展的状况报告。

6）关于可能影响职业健康安全管理体系变化的信息。

（2）内部沟通强调在各个职能和层次上进行信息交流。首先，从层级上讲，可从纵向、横向两个维度进行划分。纵向交流主要分为三个层级：最高管理层、中层管理者和基层；横向交流主要分为两个层级：本部门人员的平级信息交流、跨部门人员的平级信息交流。其次，内部沟通也应关注不同职能上与职业健康安全管理体系有关的信息。如 EHS 职能与设计研发、生产、建造、市场营销、销售等不同职能之间的信息交流。

（3）本条款同时说明了内部沟通的目的，是使在组织控制下工作的人员能够为持续改进做出贡献。因此，组织在内部沟通时切不可忘记初心，仅仅为了交流而交流。

➢ 应用要点

1. 内部沟通的内容

内部沟通时，应当确保职业健康安全管理体系的相关信息在组织的各个层级和岗位人员间都得到有效交流，尤其是职业健康安全管理体系的变更信息应及时有效地交流。

变更往往是职业健康安全风险的来源，因此，有关变更的信息交流机制就显得非常重要。变更信息交流在变更前、变更过程中以及变更后均应当进行。在这三个阶段，信息交流的范围是不同的：变更前，信息交流是为了集思广益、预测和了解变更会产生哪些影响，包括正面和负面影响、会影响到哪些职能和工作、被影响的工作人员对变更有什么意见和建议、就是否变更作出决策；变更中的内部沟通则更多地是为了防范变更过程中可能产生的安全和健康风险，避免事件的发生；变更后的内部沟通则是将变更后的程序或者准则宣贯下去，使每一个被变更影响的工作人员能够按照变更后的程序或者准则行事，避免事件的发生。变更信息应当包括变更内容、变更目的、潜在风险、所需资源、影响范围、职责变化、应当采取的防范措施等。

2. 内部沟通的方式

内部沟通的方式包括一对一的沟通、会议、培训、海报、视频、宣传单、意见箱、安全热线等。职业安全健康体系尤其要依赖群众的智慧。例如，隐患识别报告制度，看似每个人识别出的只是一个很小的隐患，但是日积月累，安全意识得到了极大地提高，安全绩效得到有效的改善。

内部沟通的方式既可以是由上向下的宣贯，也可以是由下向上的汇集智慧。但要注意交流必须是双向的、切不可有来无回，尤其是意见箱、安全热线、隐患报告卡这类由下至上的交流方式，一定要有反馈。

职业健康安全内部沟通的方式方法要强调有效性，切忌照搬其他企业的成功经验。组织应根据人员素质、接受能力、文化水平、场地特点等因地制宜地设计。当人员文化素质普遍不高时（比如某些施工企业），内部沟通的方式不可一味阳春白雪、丝竹之声，要抓住痛点、“话糙理不糙”。如果信息交流方式与信息交流对象不匹配，信息无法被有效接收，等于没有信息交流，甚至作用是负面的。

3. 内部沟通的目的

内部沟通是为在组织控制下工作的人员赋能、为持续改进贡献能量。这一点在组织确定内部沟通的内容、方式方面时要时刻牢记。不要为了交流而交流，忘记了自己的初心和目的。

➢ 本条款存在的管理价值

内部沟通系统是企业的循环系统之一。有效的内部沟通过程对职业健康安全管理体系的健康运行非常重要。相反，职业健康安全管理体系运行中出现的问题，大多数情况都是由于信息交流不畅。良好的内部沟通可以使组织内的每个职能、每个人都为安全管理体系的健康运行贡献力量。良好的内部沟通能够让每一个在组织控制下工作的人员明确安全绩效不是一个人、一个部门的事，不是唱高调、搞宣传，而是和每个人的切身利益紧密联系，因此他们会主动地去为体系的改善贡献自己的力量，主动地遵守安全规则和程序。

➢ OHSAS 18001：2007 对应条款

4.4.3.1

针对其职业健康安全危险源和职业健康安全管理体系，组织应建立、实施和保持程序，用于：

——在组织内不同层次和职能进行内部沟通；

——与进入工作场所的承包方和其他访问者进行沟通；

——接收、记录和回应来自外部相关方的相关沟通。

➢ 新旧版本差异分析

1）本条款在 OHSAS 18001：2007 的基础上，将内部沟通的要求细化，便于组织对标操作，也便于各方对组织进行评价。

2）OHSAS 18001：2007 仅明确了组织应建立内部沟通程序，而 ISO 45001：2018 弱化程序化要求，更关注开展交流这一活动本身。

3）ISO 45001：2018 在 OHSAS 18001：2007 的基础上加入了适时对职业健康安全体自身变更进行交流的要求，强调在组织控制下工作的人员，而不限于承包商和访问者。

4）ISO 45001：2018 更加强调沟通的效果，通过内部沟通达到持续改进职业健康安全管理体系水平的目的。

➢ 转版注意事项

转版不需要做文件或记录的追加工作，保持原体系状态即可。注意应确保所有的信息清晰、易于理解，并能够使相关人员容易获得。

➢ 制造业运用案例

【正面案例】

为了提升全员的安全意识，某面粉生产厂制定了隐患报告卡制度，每个人都可以提交自己在工作场所发现的安全隐患。该工厂每个月还根据报告隐患的风险等级评价出“最佳隐患报告奖”。随着制度不断深入实施，面粉厂的安全隐患识别和管理工作获得了长足的进步，消除了不少事故隐患，提升了全员的安全意识。通过建立内部有效的沟通渠道，让员工在参与中提升安全知识和安全意识。

【负面案例】

某钢铁厂内部一段运送煤炭、铁矿石的火车运输轨道曾因停产停运过两年。最近钢铁价格攀升，钢铁厂准备复产，该段铁轨也开始重新承担运输工作。但该工厂未在厂内发布铁轨复运的安全预警通知，也没有在铁轨附近设立安全警示标示。某日，员工驾车照常横穿铁轨，恰逢一列运送燃料的火车呼啸而过，导致员工避让不及被火车撞伤，一人当场死亡。该企业未能实施有效的变更沟通，因此造成人员伤亡事故。

➢ 服务业运用案例

【正面案例】

某公交集团公司在开展员工谈心后发现，部分司机在日常服务提供过程中会产生负面情绪，在一定程度上会对司机的心理健康和车辆驾驶产生影响。为确保公交车驾驶员心理健康，集团建立了员工心理健康关爱计划，通过专业的心理沟通和辅导，对服务提供过程中员工产生的负面情绪施加影响，降低或消除因心理问题导致事故发生的可能性。

【负面案例】

某公司客户电话回访中心为座席代表统一配备了与其 CRM 系统匹配的耳机。该耳机有五档音量调节，但在上岗前中心未对员工进行培训和告知，员工不会调节音量，加之耳机自动匹配的是最大音量，导致部分员工在连续工作后出现头昏、耳鸣等情况。

➢ 生活中运用案例

【正面案例】

某家庭中父母在国内，大女儿定居于加拿大，二女儿定居于澳大利亚，小儿子在日本留学。家人为了保持良好的信息沟通建立了微信群，实现了及时报平安、沟通家庭事宜等功能。

【负面案例】

小芳是私立幼儿园的老师。她不愿意回老家过年，因为几个姐姐都特别有钱，她回到老家见到姐姐们时，姐姐就说她老土、怎么过成这样！她觉得姐姐看不起他，其实姐姐们想表达的意思是这个小妹妹挣钱没有她们多，吃、穿，戴没有她们好，以为妹妹过得不好，想对妹妹表达心疼和关爱。可她们说话的方式却让妹妹觉得自己怎么这么没用，会产生很低的价值感。

这是典型的沟通中词不达意、让接收方误解的案例。

➢ 组织运行时常见失效点及可能的应对措施

常见失效点	可能的应对措施
内部沟通对象不对等，导致沟通下去的事情没人做，或者没达到理想的效果	对信息进行分类分层，建立信息处理机制和流程升级机制
内部沟通不到位，信息未及时传递到位，尤其是对变更点的信息交流不及时，导致信息处理不及时，或未被处理	建立双向信息交流、响应和反馈机制
沟通要表述的信息不清晰、不易于理解	可以结合不同岗位的业务将信息分类、分层，将信息要求转化为具体业务相关的内容

➢ 最佳实践

对于信息交流建立流程或作业标准。除此之外，为了确保沟通效果，各企业的沟通方式也越来越多样化，一般内部沟通方式有电话、内部邮箱、公司网页、会议、看板、内部报刊/杂志、微信群、微信公众号、培训、标语、团建活动等。

充分考虑组织工作人员的特点，因地制宜地设计内部交流方式。比如“90 后”较多的企业可采用青年人喜爱的抖音短视频、微信公众号等方式进行内部信息沟通。

➢ 管理工具包

内部沟通程序、沟通技巧培训、打造执行力、开展团队建设活动、意见箱、隐患报告卡制度。

➢ 通过认证所需的最低资料要求

提供能够证明沟通效果的用于改善职业健康安全管理的沟通记录。

22

外部沟通

➢ ISO 45001：2018 条款原文

7.4.3 外部沟通

组织应就职业健康安全管理体系相关信息进行外部沟通。外部沟通由组织通过其沟通过程建立，并考虑到法律法规和其他要求。

➢ 条款解析

本条款规定了组织在进行职业健康安全管理体系相关信息外部沟通的要求，包括组织自身建立的信息交流过程和组织在条款 6.1.3 确定的相关合规义务要求。

组织应依据其职业健康安全方针适用的法律法规和其他要求建立过程，用于接受、记录和回应外部相关方的相关信息。这些外部沟通包括组织的正常运行和潜在紧急情况的信息，如组织法律法规的获取、安全事故信息的报告、外部应急救援、相关方职业健康危险源防控信息等。

可以从以下三个方面理解本条款：

第一，组织的外部信息交流要求来自组织合规义务的要求。例如，《危险化学品重大危险源监督管理暂行规定》第十九条规定，“危险化学品单位应当将重大危险源可能发生的事故后果和应急措施等信息，以适当方式告知可能受影响的单位、区域及人员。”这一点与条款 7.4.1 中组织在建立沟通过程时，必须考虑法律法规和其他要求相呼应。组织在梳理组织有哪些外部信息交流要求时，应当结合条款 6.1.3 和 6.1.4 的输出。

第二，组织应当建立自身的信息交流过程（条款 7.4.1），包括外部信息交流过程，说明外部信息交流的内容、时机、对象和方式。

第三，外部沟通过程通常包括确定沟通渠道、委派联络人员，无论通过何种途径都应当确保信息的一致性。这对于可能需要规范的信息及紧急情况应答显得特别重要，一般会在应急准备与响应的过程中进行详细的规定。这里应与条款 8.2 联动管理。比如，关心安全事故影响的相关方，如股东、政府、媒体，和受安全事故影响的相关方，如周围居民，邻近的工厂、单位，承包商等。

➢ 应用要点

组织向外部交流其职业健康安全绩效时，应依照法律法规以及组织自身战略所确定的职业健康安全信息与外部进行沟通交流。应满足条款 7.4.1 的要求。

向外部交流的数据和信息时：

1）应源于职业健康安全管理体系和组织的职业健康安全绩效内部评估信息；

2）完整、准确、可核查；

3）满足法律法规和其他要求的规定和相关方的期望。

策划外部沟通过程时，组织应：

1）考虑其合规义务的要求；

2）确保所交流的职业健康安全信息与职业健康安全管理体系所形成的信息一致且真实可信。这点尤其在对外交流负面信息时要引起注意；

3）组织应对相关方做出的与其职业健康安全管理体系相关的信息交流作出响应，尤其是对其职业健康安全绩效的负面反馈；

4）适当时，组织应保留文件化信息，作为其外部沟通的证据。

与外部相关方沟通，组织应该建立并保持和外部相关方的信息交流方式，当发生紧急情况时可以对它们施加影响。

➢ 本条款存在的管理价值

外部沟通是一个非常重要和有效的职业健康安全管理工具，它可以使组织能够提供并获得与其职业健康安全管理体系相关的信息。

由于外部沟通的要求来自于法律法规的要求、相关方的要求，因此，外部沟通对于组织满足合规义务要求非常重要。同时，充分、适宜、有效的外部沟通还能帮助组织发现体系存在的问题、收集外部建议，进而持续改进。

➢ OHSAS 18001：2007 对应条款

4.4.3.1

针对其职业健康安全危险源和职业健康安全管理体系，组织应建立、实施和保持程序，用于：

——在组织内不同层次和职能进行内部沟通；

——与进入工作场所的承包方和其他访问者进行沟通；

——接收、记录和回应来自外部相关方的相关沟通。

➢ 新旧版本差异分析

1）在 OHSAS 18001：2007 中，内部沟通和外部沟通在同一个条款（条款 4.4.3.1）里，对内、外两个方向的沟通都没有进行足够的要求和阐述。

2）在对待外部相关方的沟通时，OHSAS 18001：2007 仅要求组织应建立接收、记录和回应外部相关方信息的程序，而 ISO 45001：2018 则强调组织建立的外部信息沟通程序要以满足法律法规和其他要求为前提。

➢ 转版注意事项

本条款在转版时应着重考虑外部沟通与法律法规和其他要求之间的符合性，确保组织建立的对外信息交流程序符合法律法规和其他要求。同时，应确保交流的信息完整、准确、可核查。

➢ 制造业运用案例

【正面案例】

华润置地“2016 年度社会责任报告”第六章“英才之品”对“员工安全与健康”进行了阐述，同时将该报告挂在企业官方网站向社会公众予以公布。具体内容如下图所示。

员工安全与健康

安全生产管理

EHS管理理念

华润置地坚持对EHS工作的高境界、高标准要求，提出“责任驱动进步，绿色改变生活”的EHS理念，建立覆盖全员、全业务的EHS责任体系，以负责任的姿态促进员工与公司的可持续发展。

健全EHS管理制度

为构建建筑全寿命周期的EHS管理体系，华润置地先后发布《华润置地EHS管理体系建设指引》和《华润置地大区EHS管理体系文件编制指引》，明确规定了华润置地EHS管理体系层级、结构和内容，实现华润置地各级单位体系文件编制的标准化。

2016年，华润置地新增及修订了《华润置地已开业酒店EHS管理工作指引》《华润置地安全生产目标及责任管理规范》《华润置地EHS信息报告与传递管理细则》等11个EHS管理体系文件。

此外，为建立健全EHS诚信体系，华润置地还制定颁布了《华润置地有限公司EHS诚信承诺书》。

华润置地有限公司EHS诚信承诺书

华润置地EHS诚信承诺书

2016 可持续发展报告

促进职业健康

华润置地倡导“快乐工作、健康生活”的健康理念，重点围绕全员健康和职业健康两个方面开展健康管理工作。

2016年，华润置地下发了《关于开展华润置地全员健康活动的通知》，转发集团《关于贯彻落实国务院<全民健身计划（2016－2020年）>暨加强全员健康活动的通知》等。

数据

1014 公司全年投入员工健康管理方面资金1,014万元

100% 全员健康体检、职业健康体检及健康档案覆盖率100%

5.81% 员工BMI值在正常范围内所占比例同比2015年增加5.81%

13.88% 参与健康运动的员工数量同比增加13.88%

0 千人职业病发生率为0

【负面案例】

2017 年 10 月 30 日，武安市矿山镇矿山村东家沟铁矿井下着火，企业隐瞒不报且采取压风等不当措施，至 11 月 6 日 14 时 30 分左右，大量有毒有害气体涌入相邻的五矿邯郸矿业有限公司西石门铁矿中采区-40m 水平区，造成 8 人死亡、1 人受伤，直接经济损失约 996 万元。

事后，对 4 名责任人分别做以下处理：矿长李某某、副矿长张某某组织领导非法越界采矿、火灾发生后隐瞒不报且采取压风等不当措施，破坏现场，销毁证据，涉嫌重大责任事故罪、非法采矿罪，移送司法机关处理；总承包人张某某、生产总管闫某某在火灾发生后未及时组织应急处置且隐瞒不报、销毁证据，涉嫌重大责任事故罪、非法采矿罪，已移送司法机关处理。

这是一起典型的外部沟通违反法律法规的案例，事故发生后谎报、瞒报、破坏现场、销毁证据，将依法受到刑事处罚。

➢ 服务业运用案例

【正面案例】

招商银行在其官网上公布了“2017 年度社会责任报告”，第七章为“携手员工成长，同创幸福未来”，向社会公众公布了其员工家属关爱金计划“晴天计划”及组织的多次健康跑活动，并公布取得的成果。具体如下图所示。

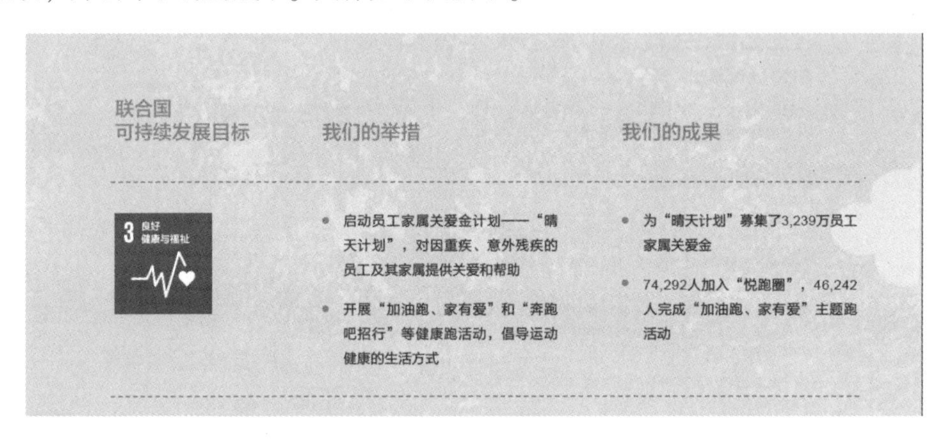

【负面案例】

某物业公司夏季在小区内喷洒农药、杀灭蚊虫，但未及时通知业主，导致小区业主的宠物因误饮小区池塘内的水而中毒身亡，引起索赔。

➢ 生活中运用案例

【正面案例】

某幼儿园在统计新生入园情况时，对幼儿的饮食过敏史进行登记，请家长填写已知的会导致自家孩子过敏的食物。在后期的幼儿饮食管理中，幼儿园根据家长所填写的情况有效避免了幼儿因食物过敏导致的问题。

【负面案例】

某家长在明知自家孩子重感冒的前提下，为解决白天家中无人看管孩子的问题，将孩子送到幼儿园。幼儿园老师仅对幼儿进行体温测试，如果孩子发烧将不予入园，但不会以孩子是否感冒作为拒绝孩子入园的依据。患儿家长未告知老师孩子感冒，老师不知道该信息，没有将其与其他小朋友隔离，导致同班的三名幼童被传染。

➢ 组织运行时常见失效点及可能的应对措施

常见失效点	可能的应对措施
组织在对外进行信息公布时缺少职业健康安全的相关信息	适当时，组织应根据可持续发展报告编制准则、上市公司信息披露准则等制定外部沟通程序，增加对职业健康安全信息的披露
组织在对外进行信息公布时披露或公布方式不规范	制定外部沟通程序，规范外部沟通过程，尤其是事故报告流程
组织在对外进行信息公布时提供的信息不完整	制定信息披露的完整性、准确性和一致性的标准，确保其可执行性

➢ 最佳实践

某公司对外项目类业务繁多，同时其业务还需要会同其他专业公司协作，共同实施执行，因此其按照历年项目中所遇到的各种情况，制定了对外沟通标准流程和标准文本，同时利用公司的信息平台推送，不仅确保沟通渠道畅通，专人专责，信息互动良好，口碑信誉提升，还确保公司合规合法，快捷高效、准确实用地对外沟通。同时该公司还设立关系管理部，除了主导对外沟通事务，还对内部员工进行不定期的培训和指导，不仅提高了对外沟通的员工与陌生人沟通的能力，还建立和提升公司的专业形象。有关健康安全管理的信息由 HSE 部门提交至关系管理部门进行处理加工，再分发给具体负责对外沟通的员工，使得有关健康安全信息的沟通更加精准高效，既有利于对外互动的良性循环，又扩大了公司对外的影响力。

➢ 管理工具包

对外沟通程序，对外沟通标准文件模板。

➢ 通过认证所需的最低资料要求

建立事件报告程序。

23

文件化信息

➢ ISO 45001：2018 条款原文

7.5 文件化信息

7.5.1 总则

组织的职业健康安全管理体系应包括：

a）本标准要求的文件化信息；

b）组织确定的实现职业健康安全管理体系有效性所必需的文件化信息。

注：不同组织的职业健康安全管理体系文件化信息的复杂程度可能不同，取决于：

——组织的规模及其活动、过程、产品和服务的类型；

——证明履行法律法规和其他要求的需要；

——过程的复杂性及其相互作用；

——员工能力。

➢ 条款解析

文件化信息是组织需要控制并保持的信息，及其承载信息的载体。文件化信息可以使组织职业健康安全管理体系的相关活动在统一意图和行动下开展，并便于追溯相关结果。

职业健康安全管理体系文件包括两个层次：本标准要求建立的文件或记录，和组织根据自身管理需要编制的文件。

标准要求的文件化信息是文件化的最低要求。ISO 45001：2018 对需要文件化的信息做出了明确的说明，标准中提到的“保留文件化信息作为……的证据”来表示记录，“保持文件化信息”来表示记录以外的文件，也就是这一管理过程必须建立文件化信息。

除此之外，标准没有明确要求保留或保持文件化信息的，则由组织根据自身情境来决定，存在较大的自由度。在这里应考虑企业危险源辨识及风险评价结果，对于组织重要风险进行一致性管控，并留存记录作为管控有效的可追溯证据。

文件化信息可能以任何形式和载体存在，并可能来自任何来源。文件化信息可能涉及：

1）管理体系（条款 3.10），包括相关过程（条款 3.25）；

2）为组织运行而创建的信息（文件）；

3）实现结果的证据（记录）。

在可能保证文件化信息简单、有效和高效率的同时，最低程度地保持文件化信息的复杂性是重要的。为有效管理职业健康安全风险，组织应当建立适当详尽的程序，描述实施每一过程的具体方法。若组织决定对某一程序不形成文件，则须通过信息交流或培训使有关员工了解应当达到的要求。

对于程序是否形成文件，应当从下列方面考虑：

1）不形成文件可能产生的后果，包括职业健康安全方面的后果。例如，不编制作业指导书只进行入职培训，由于员工受教育程度不同、接受程度不同、执行力度不同，往往执行效果也不同。这样就有可能在操作机器或进入场地时对安全培训要求的安全措施有执行偏差，形成事故隐患，造成伤害。

2）用来证实遵守法律法规和其他要求的需要。一些合规性要求，如无文件化信息进行表述则无法证明组织合规，如组织应急预案的编制、演练、评审、修订记录，组织安全培训信息，组织职业健康安全档案等。尤其是需要到安监部门和行业监管部门备案的文件、记录，应当形成文件化信息并符合本条款要求。

3）保证活动一致性的需要。组织的职业健康安全文件，特别是规定相应安全职责、安全工作的文件化信息，可以保障组织在进行安全管理时各司其职、不互相推诿，做到安全问题有人管、安全工作有人做。

4）形成文件的益处。例如，易于交流和培训，从而加以实施；易于维护和修订，避免含混和偏离；提供证实功能；有直观性；等等。

➢ 应用要点

由于不同组织在其规模、活动、过程、产品和服务类型、需要履行的法律法规和其他要求、过程的复杂性及其相互作用以及员工能力的要求不同，因此职业健康安全管理体系文件化信息的复杂程度可能会有差异。

没有要求以某种特定的文件形式来满足 ISO 45001：2018 的要求，也没有必要替换充分描述现有管理安排的现存的文件。如果组织已经建立了职业健康安全管理体系并形成文件，能够证明其满足标准要求且便利和有效，充分利用现有文件就可以了。

没有对编制手册的强制要求，但组织可以考虑将有关信息编制成手册，在其中对职业健康安全管理体系进行概括描述，并提供查询相关文件的途径。职业健康安全管理体系手册的结构不强求采取 ISO 45001：2018 或其他标准的条款结构。

如果职业健康安全管理体系的过程与其他管理体系的过程一致，组织可将职业健康安全文件与其他管理体系的有关文件进行整合。以下是一些典型的文件示例：

1）对方针、目标和指标的描述。

2）对职业健康安全管理体系范围的描述。

3）对职责的描述。

4）危险源辨识、风险评价和策划措施方法。

5）程序。

6）过程信息。

7）组织结构图。

8）内部和外部标准。

9）现场应急计划。

10）记录。

不是为职业健康安全管理体系所制定的文件，也可用于本体系，但应当指明其出处。具体要求、实现结果的证据见下表。

ISO 45001：2018 条款	本标准的要求	可能涉及的文件	可能涉及的记录	OHSAS 18001：2007 条款
4.3	范围应形成文件化信息	健康安全管理体系手册（包括适用范围）		4.4.4 b)
5.2	职业健康安全方针应作为文件化信息可获取	职业健康安全方针	最高管理层签署的方针（定期更新） 公开的方针文件 职业健康安全方针沟通记录	4.4.4 a)
5.3	最高管理者应确保职业健康安全管理体系内相关岗位的职责和权限被指派且在组织所有层级内沟通，并保持文件化信息	职业健康安全职责，包括最高管理者、一线管理者、环境健康安全管理者、一线员工等每一个层级的员工	岗位职责（包含职业健康安全职责内容） 岗位任命书 安全生产责任制	4.4.1
6.1.1	组织应保持文件化信息 ——风险和机遇 ——确定和应对风险和机遇所需的过程和措施，其详尽程度应使人确信这些过程能按策划得到实施	职业健康安全风险管控程序（风险和机遇分析与控制措施）	工作风险分析与控制清单 风险和机遇分析与对策	4.3.1
6.1.2.2	组织用于评价职业健康安全风险的方法和准则应就其范围、性质和时机予以确定，以确保其主动而非被动的，并以系统的方式应用。对于方法和准则，应保持和保留文件化信息	危险源识别程序 职业健康安全风险管控程序（风险分析与控制措施）	危险源清单 风险分析与控制程序清单	4.3.1
6.1.3	组织应保持和保留有关法律法规和其他要求文件化信息，并确保及时更新以反映任何变化	法律法规以及其他要求的管理程序（包括合规性评价的频次要求） 文件管理程序	法律法规清单（保持更新） 文件变更记录	4.3.2
6.2.2	组织应保持和保留职业健康安全目标及其实现的策划的文件化信息	职业健康安全目标编制程序 职业健康安全项目管理程序	组织的年度目标 职业健康安全项目清单与状态跟踪报告	4.3.3
7.2	组织应保留适当的文件化信息作为能力证据	员工培训与意识管理程序 员工资格证件管理程序	员工技能清单 培训需求分析 员工资质清单（法律法规要求） 员工资质证明 培训计划、记录	4.4.2

续表

ISO 45001：2018 条款	本标准的要求	可能涉及的文件	可能涉及的记录	OHSAS 18001：2007 条款
7.4.1	适当时，组织应保留文件化信息作为沟通的证据	职业健康安全沟通管理程序 参与职业健康安全活动的管理程序 职业健康安全问题的咨询管理	方针目标沟通记录 危险源、风险分析与控制的沟通记录（包括内部与外部） 事件、不符合项与纠正预防措施状态的沟通记录	4.4.3
7.5.1	本标准要求的文件化信息	职业健康安全文件管理程序	文件清单 文件发布、更新记录 文件签收记录	4 4.4 a）~d）
	组织确定的实现职业健康安全管理体系有效性所必需的文件化信息	组织专属的职业健康安全管理程序	组织专属的职业健康安全管理程序的记录	4.4.4 e）
7.5.3	组织应该识别其确定的职业健康安全管理体系策划和运行所需的来自外部的文件化信息，适当时，应对其予以控制	职业健康安全沟通管理程序	访问权限 访问权限变更申请 上级文件接收传达相关方沟通信息	4.4.5
8.1.1	保持和保留证实过程已按策划得到实施的成文信息	职业健康安全手册 职业健康安全程序作业指导书 安全操作规程	职业健康安全程序、工作相关的记录	4.6
8.2	组织应保持和保留关于过程和潜在紧急情况的响应计划的文件化信息	紧急情况下应急准备和响应程序（应急预案）	应急响应组织架构 应急响应流程 应急响应联络清单 应急逃生图 应急演练计划与评估 相关人员资质证件	4.4.7
9.1.1	组织应保留适当的文件化信息 ——作为监视、测量、分析和绩效评价结果的证据 ——测量设备的维护、校准或检定	绩效监控与测量程序（含检查） 测量设备的维护、校准/检定程序	绩效监控与测量项目清单 监控、测量计划与检查报告 测量设备清单 测量设备维护记录 测量设备校准/检定报告	4.5.1
9.1.2	保留合规性评价结果的文件化信息	法律法规以及其他要求的管理程序 不符合和纠正预防措施管理程序	法律法规清单 合规性评价结果报告 不符合和纠正预防措施项目状态清单	4.5.2

续表

ISO 45001：2018 条款	本标准的要求	可能涉及的文件	可能涉及的记录	OHSAS 18001：2007 条款
9. 2. 2	组织应保留文件化信息，作为审核方案实施和审核结果的证据	内部审核程序	内部审核计划 内部审核检查表 现场审核记录 内部审核报告	4. 5. 5
9. 3	组织应保留文件化信息，作为管理评审结果的证据	管理评审程序	管理评审报告 管理评审会议纪要	4. 6
10. 2	组织应保留文件化信息作为下列事项的证据： ——事件或不符合的性质和所采用的任何后续措施 ——任何措施和纠正措施的结果，包括其有效性	事件报告与调查程序	事件报告 事件根源分析 纠正预防措施及改进的监测 针对事件与员工沟通交流的记录 事故调查报告	4. 5. 3
10. 3	保持和保留作为持续改进证据的文件化信息	职业健康安全方针制定时必须包含持续改进的要求	管理评审报告中持续改进项目报告	4. 2

➢ 本条款存在的管理价值

文件化信息是组织体系管理的教科书，也是管理的抓手之一。文件和记录数量的设计应该“基于情境适宜性”，切不可极端地烦琐，也不可极端地简约。

本条款作为条款 7. 5 的总则，说明了职业健康安全管理体系究竟需要包含哪些文件化信息，明确了职业健康安全管理体系文件的复杂程度受到哪些因素的影响，组织需要依据自身情境需要来选择文件化信息的繁简、难易程度。

➢ OHSAS 18001：2007 对应条款

4. 4. 4 文件

职业健康安全管理体系应包括：

a）职业健康安全方针和目标；

b）对职业健康安全管理体系覆盖范围的描述；

c）对职业健康安全管理体系的主要要素及其相互作用的描述，以及相关文件的查询途径；

d）本标准要求的文件，包括记录；

e）组织为确保对涉及其职业健康安全风险管理过程进行有效策划、运行和控制所需要的文件，包括记录。

注：重要的是，文件要与组织的复杂程度、相关的危险源和风险相匹配，按有效性和效率的要求使文件的数量尽可能少。

➢ 新旧版本差异分析

1）ISO 45001：2018 将 OHSAS 18001：2007 “文件” 和 “记录” 统一成为 “文件化信

息”，以符合 ISO 管理体系标准中通用术语的要求。

2）条款以“a）本标准要求的文件化信息”替代了 OHSAS 18001：2007 中条款 a）~ d）中具体要求的文件，如方针、目标、覆盖范围、要素及相互作用、查询途径。

3）条款 b）中以“实现职业健康安全管理体系有效性”替代了 OHSAS 18001：2007 中的“确保对涉及其职业健康安全风险管理过程进行有效策划、运行和控制”，即要求包括任何实现体系有效性的活动，不局限于“策划、运行和控制”。

4）“备注”强调了体系文件化信息需要依据组织的规模、类型、法律法规和其他要求、员工能力而定，删除了“使文件的数量尽可能少”的内容。

➢ 转版注意事项

1. 本条款需要新增哪些文件化信息?

条款 7.5.1 不再简单要求方针、目标、覆盖范围、要素及相互作用、查询途径的文件化信息，直接说明需要提供 ISO 45001：2018 中所有涉及的文件化信息，具体请参考“应用要点”中的列表。

2. 组织在转版时应当进行哪些活动?

1）依据 ISO 45001：2018 条款，列出每一条需要文件化信息的要求；

2）建立与组织活动相应的、符合 ISO 45001：2018 要求的具体文件和记录；

3）组织按照体系文件要求进行策划、运行和控制，留存相应证据；

4）对照标准条款文件化信息的要求进行体系内部审核，审核文件的充分性、适宜性和有效性；

5）在内审的基础上查漏补缺，完善体系文件和记录要求，并更新组织的体系文件，特别是组织的职业健康安全手册需要依据 ISO 45001：2018 的条款变化进行相应的调整和匹配；

6）按照新的文件化信息要求策划、运行和控制，检测执行情况，组织持续改进。

3. 其他在转版时注意的问题

文件和记录数量的设计应该“基于情境适宜性”。虽然 ISO 45001：2018 条款中删除了“使文件的数量尽可能少”的内容，但并不是说“文件化信息”越多越好。组织在执行时还是应该遵循有效性和效率的原则。因为 ISO 要求的是“讲你所做+做你所讲（承诺的）”，文件是用来指导组织运行，记录是体现体系有效运作的证据，但还需要讲求实用性。

组织应该在符合 ISO 45001：2018 要求的框架下将原有的管理体系文件化信息进行整理和规划。原本已实行 EHSMS（环境健康安全管理系统）的组织不一定需要整体修改文件控制编号，关键是编制一张关系对照表将组织现有体系文件化信息与 ISO 45001：2018 要求进行匹配。这样在进行 ISO 45001：2018 内审或外部审核时方便审核员查证符合性。

合理运用数字化技术进行存储、更新、发布和授权查询将有利于组织保持体系文件化信息持续、有效。

➢ 制造业运用案例

【正面案例】

某工厂为每一台设备编制了作业指导书，体现了执行条款 8.1.1 的要求 c）应保持和保留必要程度的文件化信息，以确信过程已按策划得到实施。

【负面案例】

某车间操作工在使用轧机处理钢板时左手轧伤。事故调查发现操作轧机的联动按钮有一个因损坏被临时短接，操作工使用单手操作轧机，用左手放置原料钢板时未及时脱离危险区域。外包的维护人员对轧机进行了规定的每月两次保养，最近一次保养检查在一周前，检查记录显示正常，车间没有设备使用前检查程序，开关在三天前损坏后被操作工本人短接临时使用，直到事故发生。该操作工参加了岗前培训，有操作轧机的培训记录，轧机操作指导书中明确指出了使用双手操作双按钮以避免手部挤压危害。车间主任在事故发生前两天进行了安全检查，记录中“设备状态”一栏显示“未见异常”。

该事故体现了组织在以下方面的缺失：

1）对存在高风险的作业环节未设立使用前检查程序，导致了开机前没有进行检查。同时，工人没有按照轧机操作指导书使用双手操作，导致手被轧伤。安全检查中没有查出工人擅自改造机器，造成隐患漏检；

2）未能在执行条款 7.4 时让操作工充分理解双手操作双按钮的意图；

3）未能在执行条款 7.2 时就员工对培训内容的理解进行评估；

4）未能在执行条款 9.1.1 时通过例行的内部检查确保设备的正常工作状态，安全检查表需要针对已识别出的风险进行查证监测。

➢ 服务业运用案例

【正面案例】

组织运用云技术使用员工配备的手机分享事件信息、风险分析手册、可视化作业指导书、MSDS 手册、在线登录的学习与测试系统，确保信息交流的及时性和可查证。云数据、电子数据、APP 运用等是文件化信息在科技信息高速发展的今天与时俱进的典例。

【负面案例】

内部审核中发现服务员工随身携带的润滑油没有对应的 SDS，也没有佩戴塑胶手套。该检查发现组织在执行条款 8.1.2 时针对化学品危害的管理缺失，缺少关键的指导书，同时没有对重要危险源的管控措施执行到位。

➢ 生活中运用案例

【正面案例】

学校门前有一条宽马路，是学生们上下学的必经之路。学校在开学前专门派老师进行实地考察和测量，并写了《致学生和家长的一封信》，信中写道：通过学校门前的马路需要 10s 时间，应先观察现场情况，注意来往车辆。优先选择人行天桥或地道，其次选择有斑马线、红绿灯的位置，最次当附近没有相关安全设施时“先查看右边，然后查看左边”，确认两个方向来往车辆在 200m 以外时快步通过。

学校的告知，以文件的形式将过马路的风险、控制风险的方法告诉了学生和家长，起到了风险告知的作用。

【负面案例】

幼儿园中班的小朋友在自行打水时被饮水机热水烫伤。饮水机上有“小心灼烫”的文字标识，但是小朋友不认识字，同时也不知道怎样打水是正确的方式。

存在的系统缺失：

1）未在饮水机旁边以图画的形式（7.5.1）将如何打水告知小朋友；

2）未能在执行条款 6.1.2.2 时识别出饮水机热水会引发的风险，并设定相关防护（如固定良好的围栏防止小朋友进入，设定热水温度为 40℃）；

3）未能在执行条款 7.2 时就小朋友自行打水的行为能力进行评估；

4）未能在执行条款 7.4 时让小朋友充分了解自行打水的危害（需要结合 7.2）；

5）未能在执行条款 8.1.4 时在合同中定义水温可设定为 40℃的要求；

6）未能在执行条款 9.1.1 时定义如何检查饮水机的安全（如固定防倾覆、水温设定、防护栏）。

➢ 组织运行时常见失效点及可能的应对措施

常见失效点	可能的应对措施
关键流程缺少文件化信息	先识别关键流程和需要建立文件的流程，然后逐一文件化
文件多而复杂，没有相互联系性	建立文件体系化管理，从流程需求、岗位需求出发制定文件，定期整合、汇总相关文件，避免一个流程多个文件
记录缺乏完整性，关键记录缺失	企业应首先定义关键记录的留存，特别是相关合规性的记录，包括策划、执行、保存等都要进行规定，以确保企业在各项安全检查中合规
识别的法律法规版本时效未及时更新	1）法律法规以及其他要求的管理程序 2）明确自查频次要求，如按季度自查 3）明确咨询的途径，如外包咨询公司的法律法规更新提醒服务
组织内部审核发现无记录显示整改行动的跟踪与关闭	1）内部审核程序 2）明确根源分析，整改行动方案制定与更改跟踪的途径方法 3）职业健康安全委员会会议设立标准流程包括回顾审核和跟踪整改状态
组织关键岗位、关键人员的能力不能达到岗位要求	1）岗位责任书、作业指导书、培训等形式提升人员能力 2）培训管理程序 3）建立员工能力要求矩阵 4）构建在线培训评估平台
组织计划的需要交流的信息未能完成交流 组织的程序文件的更新，事件的培训，危险源管控措施等重要信息，由于没有统一的固定的文件化，造成沟通失效	1）设立信息共享平台实时更新信息 2）设立沟通目标人员清单跟踪沟通执行情况 3）建立便捷的信息交流注册登记方案，例如在线扫码登录/登出系统
员工仍然在使用过期的文件化信息 因为文件化信息保存时限没有明确规定，大量文件化信息无足够存储位置而杂论无章难以检索	1）文件化信息管理程序 2）文件信息实现无纸化 7×24 在线 3）内部审查，检查中加入对体系文件化信息使用的检查项目

➢ 最佳实践

1）每周工具箱会议计划，共享工具箱会议计划清单（链接）避免使用失效文件化信息。

2）文件信息无纸化——职业健康安全文件化信息清单（链接）。管理在线文件化信息，确保更新持续、有效。利用网络共享在线发布、更新文件化信息。授权相关人员查阅和打印，提示打印出的文件化信息非受控。利用记录的信息化进行自动统计分析，有利于监测、评价和改进。

➢ 管理工具包

参见章节最佳实践。

➢ 通过认证所需的最低资料要求

参见“应用要点”中的列表内容。

24

创建和更新

➢ ISO 45001：2018 条款原文

7.5.2 创建和更新

创建和更新文件化信息时，组织应确保适当的：

a）标识和说明（如标题、日期、作者或参考文献编号）；

b）形式（如语言文字、软件版本、图表）和载体（如纸质、电子）；

c）评审和批准，以确保适宜性和充分性。

➢ 条款解析

本条款说明了文件化信息创建和更新的要求。组织在创建和更新文件化信息时，应根据自身情况采用适当的形式与载体，做出适当的识别和描述，通过评审和批准，确保适宜性和充分性。创建和更新健康和安全体系文件时应当考虑以下三个要素：

1. 标识和说明

文件化信息在创建时就应该考虑标识和说明，设立统一的标准和要求，确保一致性和可追溯性。同时要清晰标识出文件化信息是不是受控版本、最新版本，避免误用、过期等情况。

2. 形式和载体

文件化信息的形式有语言文字、表格、图片等，组织可采用各种实用的、清晰的、易于理解并可获得的媒介（如纸张、电子、照片、张贴物等）。在不同的场景下应选用适合的形式，如生产或施工现场优先采用图片等可视化的形式。随着科技的发展，形式和载体也多种多样，如电子化文件。保持电子文件有多种好处，如便于网络传输和更新、易于控制其存取，以及确保使用文件的有效版本。

3. 评审和批准

评审可以包括外部评审和内部评审，取决于评审人员的能力、评审的维度和法律法规的要求。根据体系文件的级别（健康管理体系手册和作业指导书），评审人和评审级别是不同的。

批准，需要相关部门负责人确认并留有痕迹。要确保批准环节的严谨性、适宜性和充分性，为文件的严肃性和执行性打下基础。

体系文件建立之后，应根据实际运营情况、法规变化等情况定期更新，动态管理。

➢ 应用要点

在创建文件化信息时要标识其身份信息（标识和说明），同时注意其载体的有效性。

一个文件更新，要考虑相关文件的适时更新。

评审和批准的过程和人员要与文件的重要程度相适应。

➢ 本条款存在的管理价值

本条款规定了文件化信息的统一形式和评审批准发布的要求，同时传递出一个信息：体系文件在制定时就应当秉承严谨的态度，不可含糊其辞、不可模棱两可，否则健康和安全管理体系文件的严肃性和权威性无从谈起。

➢ OHSAS 18001：2007 对应条款

4.4.5 文件控制

应对本标准和职业健康安全管理体系所要求的文件进行控制。记录是一种特殊类型的文件，应依据 4.5.4 的要求进行控制。

组织应建立、实施并保持程序，以规定：

a）在文件发布前进行审批，确保其充分性和适宜性；

b）必要时对文件进行评审和更新，并重新审批；

c）确保对文件的更改和现行修订状态作出标识；

d）确保在使用处能得到使用文件的有关版本；

e）确保文字字迹清楚，易于识别；

f）确保对策划和运行职业健康安全管理体系所需的外来文件作出标识，并对其发放予以控制；

g）防止对过期文件的非预期使用。若须保留，则应作出适当的标识。

➢ 新旧版本差异分析

OHSAS 18001：2007 和 ISO 45001：2018 两个标准的本条款没有本质上的差异。区别在于 ISO 45001：2018 中没有强制限定载体为纸质的和文字清晰，多样化的载体更能适应互联网状态下组织的活动；同时更加强调文件化信息的有效性，而不是为了写文件而写文件。

➢ 转版注意事项

转版时不需要对现有文件进行修改。

➢ 制造业运用案例

【正面案例】

某汽车配件制造企业生产装配车间 80% 的员工属于一线操作的蓝领，纸质文件不便于大家学习，公示张贴工人也没有时间一条条去看。为更好地宣贯安全意识，生产部门将文件化信息采用照片、漫画等可视化方式表达，让工人直观、明确地知道哪些是正确示范，哪些错误操作，从而在生产中严格遵守操作规程，正确操作。

【负面案例】

生产部门采购了新的叉车，因生产繁忙，部门既没有进行危险源辨识，也没有创建完善的设备操作规程，更没有做“四新”培训，仅通过口头转述安全注意事项，员工全凭脑子记。投入使用三周时，一名叉车司机驾驶新叉车，因拐弯超速直接撞上货架，造成货架坍塌，叉车倾翻，叉车司机重伤。没有文件化的规程和流程，不便于重点岗位对风险的掌控。

➢ 服务业运用案例

【正面案例】

为了让顾客清楚地知道所在区域的应急出口和疏散路线，服务行业一般都会在显要位置张贴图示版“应急疏散指示卡”，如酒店房间门背后的应急疏散通道示意图、飞机上的应急操作提示卡等。这些文件化信息以最简单明了的方式向相关方说明了应急响应的操作方法。

【负面案例】

某地社会保障服务中心出台新规定，要求老年人领取养老金时需要在社会保险网上服务平台注册登记，登记前需下载手机 app 阅读流程和填写相关注册信息。退休老人许多年事已高，对于使用 app 操作、阅读流程和填写注册信息都非常吃力，通常是到服务窗口问很多问题还没有操作成功。这种文件化信息以不适宜的方式提供给接收者，根本达不到传达信息的效果。

➢ 生活中运用案例

【正面案例】

为了让孩子明白逃生、安全设施的使用，制定家庭紧急逃生的流程，采买相关的急救包、应急包、灭火器，采用漫画、视频的形式教导相关急救器材的使用，让每个家庭成员理解和掌握基本的逃生技能。

【负面案例】

小明的妈妈为清除小区楼道里的小广告购买了一瓶稀料，清除以后用一个雪碧塑料瓶把剩下的稀料装盛起来，没有在瓶子上做明确标识就放在了厨房。小明打球后口渴，见到厨房的“雪碧”直接拿起来就喝，几大口下去才发现不对，造成误食用，还要到医院去洗胃。这就是缺乏文件化信息（标识）造成的事故。

➢ 组织运行时常见失效点及可能的应对措施

常见失效点	可能的应对措施
创建文件时不标识参考文件编号，未来更新文件时无法及时更新参考文件，或者无法在参考文件发生变化时及时更新本文件	将全部参考文件清单作为附件，使将来文件更新可追溯
更新文件化信息审批、发布流程不清晰，造成文件未审核及发布	建立明确的流程，规定文件撰写、评审、发布的要求，确保项目齐全，审批和发布受控
文件化信息在创建时无明显标识，不能确认现行有效版本，造成误用	建立明确要求，对创建的文件和更新的文件进行管控，确保有效版本、最新版本可获得
相互引用的文件没有建立关联性，被引用文件更新时其他相关文件没有及时更新	为确保系统的完整性和连续性，对单一文件修订更新时要考虑相关文件一起评审修订

➢ 最佳实践

建立文件管理系统（如 OA 系统），对于文件的撰写、修订、评审、发布能以流程化、电子化形式进行，某一环节完成才能进入下一环节，解决了未经相关部门审核、未批先发等问题，且能保证受控的最新版本呈送给文件使用者。如果企业有知识管理体系，可以将文件管理和信息管理并入知识管理体系。如果有更高层次的信息系统，可以设计开发使之符合知识管理体系。

对于现场文件，选择最适当的形式。从接收者的角度讲，图画优于表格、表格优于文字。无论用哪种形式，应与流程的复杂程度、关键程度、危险源控制方式、接收者能力等匹配。当然，具体文件化信息的载体形式取决于组织的规模，小微企业可以使用纸质媒介，大中型企业建议使用数字化信息。

➢ 管理工具包

文档管理系统、电子签名、公文系统等。

➢ 通过认证所需的最低资料要求

文件管理程序。

25

文件化信息的控制

➢ ISO 45001：2018 条款原文

7.5.3 文件化信息的控制

职业健康安全管理体系及本标准要求的文件化信息应予以控制，以确保其：

a）在需要的时间和场所均可获得并适用；

b）得到充分的保护（如防止失密、不当使用或完整性受损）。

为了控制文件化信息，组织应进行以下适用的活动：

——分发、访问、检索和使用；

——存储和保护，包括保持易读性；

——变更的控制（如版本控制）；

——保留和处理。

组织应识别其确定的职业健康安全管理体系策划和运行所需的来自外部的文件化信息。适当时，应对其予以控制。

注1：“访问”可能指仅允许查阅文件化信息的决定，或可能指允许并授权查阅和更改文件化信息的决定。

注2：对相关文件化信息的访问，包括员工及他们的员工代表（如有）的访问。

➢ 条款解析

文件化信息可以用来传递信息、提供符合性证据，或传承经验、共享知识。文件化信息的形式通常是书面和电子两种。书面的形式较为常见，即所谓的“白纸黑字”，不受设施的限制。随着管理的进步，无纸化办公、文件化信息、网络化管理是必然趋势。除了作为符合要求的证据之外，文件化信息（记录）有助于进行问题的原因分析或进行趋势分析。组织应对所保留的作为符合性证据的形成文件的信息予以保护，防止非预期的更改。

控制文件化信息有两个目的：

1）确保文件化信息在正确的时机和场合被使用，使文件化信息真正地、正确地发挥作用，达成职业健康安全管理体系策划的预期结果，即充分、适宜的可获得性，以及不被滥用。组织可采取的措施包括分发、访问、检索和使用。

2）确保文件化信息被妥善地保护，满足保密性、保留符合性记录等组织在信息交流方面的需求，即完整性、不灭失、不泄密。组织可采取的措施包括存储和保护、变更的控制、保留和处置等。

➢ 应用要点

组织最常见的文件化信息是文件和记录。对于文件和记录的管控可从以下几个方面考虑：

（1）为组织运行而创建的文件化信息可以称为“文件”，对其控制的关键是要做好如下工作：

1）发放。应按其应用范围和保密等级事先确定发放范围，按相应的组织、部门、职能、活动或联系人来标识文件，并在发布前由授权人员审批。文件化信息要有诸如编号、版本、发行标识章等标记。组织可采用在线电子文件分发系统，保证员工只要在有互联网的电脑或智能手机上就可以访问相应的文件化信息。

2）修订。为确保文件化信息的持续适宜性，应定期对其进行评审；经评审如存在不适用的情况，应予以修订，并重新审批。对于变更的文件，确保对文件的更改和现行修订状态做出标识。比如，文件化信息在修改当中，在电子文件版本中插入“草案”的水印，避免其他人错误地使用。

3）有效、失效文件控制。对有效发挥体系功能起重要作用的运行场所都得到相应文件的现行版本；及时从所有发放和使用场所撤回失效的文件。在某些情况下，如出于法律和（或）保留知识的目的，失效的文件可以保留，但应标识清楚、防止误用。

（2）表明证据的文件化信息可以称为“记录”，其载体上承载的信息是追溯性的客观事实。记录为职业健康安全管理体系的连续运行和结果提供证据。记录的主要特点是它的永久性，而且一般是不可修改的。组织应当有效管理其职业健康安全事务所需的记录，同时还要考虑对职业健康安全管理体系及标准要求的符合性。这些记录包括：

1）法律法规和其他要求的符合性评价记录。

2）危险源辨识、风险评价和风险控制记录。

3）职业健康安全绩效监测记录。

4）用于监测职业健康安全绩效的设备校准和维护记录。

5）纠正措施和预防措施记录。

6）职业健康安全监察报告。

7）培训记录。

8）职业健康安全管理体系审核报告。

9）参与和协商报告。

10）事件报告。

11）事件跟踪报告。

12）职业健康安全会议纪要。

13）健康监护报告。

14）个体防护设备维护记录。

15）应急响应演练报告。

16）管理评审记录。

职业健康安全记录的信息应具备对所描述客观事实的完整的可追溯性，包括对时间、地点、人物、场景等的完整标识。记录控制的关键包括对记录的标识、收集、编目、归档、存放、维护、检索和留存。在确定合适的记录控制措施时，组织应考虑任何适用的法律法规要求，如职业健康安全档案的永久留存，保密要求（特别是与人员相关的），保管、获取、处置、备份要求，以及电子记录的使用。对于电子记录，要考虑杀毒系统的使用和现场外备份存放。

➢ 本条款存在的管理价值

文件化信息控制的意义在于确保正确的文件在正确的场合和时机被正确使用，从而确保了关键业务流程被正确执行。如果文件化信息失控，就可能被非预期使用，导致关键业务流程失控，会给组织带来严重的后果。

本条款给出了适用于各种文件化信息的控制方法。组织可依据这些方法和要求落实实际工作，发挥文件化信息应有的作用。

➢ OHSAS 18001：2007 对应条款

应对本标准和职业健康安全管理体系所要求的文件进行控制。记录是一种特殊类型的文件，应依据 4.5.4 的要求进行控制。

组织应建立、实施并保持程序，以规定：

a）在文件发布前进行审批，确保其充分性和适宜性；

b）必要时对文件进行评审和更新，并重新审批；

c）确保对文件的更改和现行修订状态做出标识；

d）确保在适用处能得到适用文件的有关版本；

e）确保文件自己清楚，易于识别；

f）确保对策划和运行职业健康安全管理体系所需的外来文件做出标识，并对其发放予以控制；

g）防止对过期文件的非预期使用。若须保留，则应做出适当的标识。

➢ 新旧版本差异分析

OHSAS 18001：2007 对文件化信息的控制包括两方面：一是文件化信息本身的控制（适宜性和充分性），二是文件化信息适用的控制（保管、分发、回收、销毁）。ISO 45001：2018 把这二者分开了，控制要求更加细化、严格。

ISO 45001：2018 新增了对文件化信息“访问”的控制要求。这个访问，包括获得文件化信息的权限和文件化信息的保密要求。其中，文件化信息的保密要求是新增要求。密级文件化信息的访问、复制、修订，都应有一整套严格的控制措施。

➢ 转版注意事项

转版时不需要做较大变动，保持原运行状态即可。注意，需要对文件化信息的保密要求加以明确，尤其是电子文件的安全防护问题，防止文件流失、泄密。

➢ 制造业运用案例

【正面案例】

某制造型企业，每辆叉车用铁板制作安全操作规程及载重信息等重要注意事项焊接在叉车侧面，方便操作司机和维修人员学习。同时有效防止日晒雨淋导致字迹模糊或整体脱落。

【负面案例】

2018 年 1 月 24 日 11 时 20 分左右，新疆吐鲁番市某公司在对改质沥青高位槽油气回收管道进行检维修作业时发生闪爆，事故造成 3 人死亡、1 人重伤。

1 月 24 日 10 时，施工队负责人靳某等 5 人对焦油加工项目一系 1#改质沥青 1#高位槽（以下简称高位槽）烟气（尾气）管道进行改造。2 名工人拆卸槽顶部尾气管法兰螺丝时发现法兰螺丝被沥青凝固，使用手动铁制扳手无法拆除，需用火烘烤，将凝固在法兰螺丝表面的沥青融化。

随后，靳某找到焦油加工项目总经理柴某开具动火票，柴某说动火票在公司的安环部办理。之后，2 人一同来到距作业现场约 700m 的公司行政办公楼协调办理动火票事宜。公司安环部部长出差，动火证无法办理。

11 时，靳某 2 人到机修库领取氧气瓶和乙炔瓶等工具，库管员在未见动火票的情况下将氧气瓶、乙炔瓶等工具发放给他们。在未办理动火票、未进行动火前检测等准备工作的情况下，工人冒然开始用火烘烤高位槽顶部连接烟气（尾气）管道的法兰螺丝。11 时 20 分，高位槽发生闪爆，造成现场作业的 3 人死亡、1 人重伤。

事故直接原因：有关作业人员严重违规操作，在没有取得动火许可证、没有采取安全措施和监管人员未到位情况下擅自违章使用明火烘烤法兰螺丝，引发沥青高位槽内部的挥发性可燃气体闪爆。

这是一起典型的职业健康安全文件化信息管理不当造成的事故。该企业动火作业许可证管理混乱、动火作业流程不规范，最终造成恶性安全事故。

➢ 服务业运用案例

【正面案例】

近年来我国网购量大幅增长，带动快递行业迅猛增长。早期，每个快递单上都有详细的收货人姓名、地址、电话等信息。一些别有用心的人通过废弃的快递外包装获取人员信息后转卖出去，造成个人信息泄露，给信息被泄露者带来许多困扰。

经过一系列改进，现在的快递单据上，收件人姓名、电话都被部分隐去，有的快递（如京东、天猫等）采用二维码方式，只有快递员扫码才能看到收件人信息，有效保护了信息的机密性。

【负面案例】

某企业食堂的“食堂设备安全操作规程”最新版本生效日期是 2013 年 9 月 1 日，描述柴油灶等安全操作规程。后期食堂进行改造，使用天然气作为燃料，但操作规程和危险源信息均未及时更新，造成使用不当引起的燃气泄漏，险些引发火灾爆炸。

➢ 生活中运用案例

【正面案例】

爸爸告诉孩子，在使用家用电器前一定要认真仔细地阅读说明书，了解电器的使用方法和注意事项，绝不能拿来就用。同时，把家中所有电器的使用说明书都放在一个抽屉里，这样可以在电器使用出现问题时，能够最短时间查阅到相关信息和报修电话。

【负面案例】

某人网购一个日式硅胶热水袋，收到后发现使用说明上写明“注水后放入微波炉加热，免去烧水麻烦”，于是他将热水袋注满水放入微波炉，调至高火 2min，结果热水袋膨胀呈气球状，疑似要爆炸。他马上联系客服，客服回复注水时不能太满，同时说会补偿且在说明书上加入“注水不能太满”字样。

➢ 组织运行时常见失效点及可能的应对措施

常见失效点	可能的应对措施
文件化信息没有得到妥善保护	对于书面文件实行专人专地保管，建立目录索引；对于电子文件，应做好备份；建立密级管理，防止泄密
在需要使用文件之时和之处不能获得适用的文件	应按其应用范围和保密等级事先确定发放范围，并建立文件补发流程
外来文件化信息管理失控	梳理组织外部信息，明确获取、使用、保存等管理要求，重视外部信息的及时更新与内部传导

➢ 最佳实践

使用电子化的文档管理系统，对文件化信息进行输入、审批、存档、处置等文件全生命周期的管控，规避人为方面的疏忽概率。参照 ISO 15489、GB/T 26162、ISO 20000、ISO 27001、ISO 22301 建立完整的电子化文件化信息管理，并利用信息平台进行监测、自动统计、分析、评价和再应用。

➢ 管理工具包

文档管理系统、OA 办公自动化系统。

➢ 通过认证所需的最低资料要求

文件清单、记录清单、外来文件清单。

26

运　　行

➢ ISO 45001：2018 条款原文

8.1.1 总则

组织应通过下列方式，策划、实施、控制和保持满足职业健康安全管理体系要求所需的过程和实施第6章所确定的措施：

a）建立过程准则；

b）按准则实施过程控制；

c）保持和保留证实过程已按策划得到实施的成文信息；

d）使工作适合员工。

在多雇主的工作场所，组织应与其他组织协调职业健康安全管理体系的相关部分。

➢ 条款解析

运行控制是职业健康与安全管理体系的重要核心要素，是有效控制职业健康与安全风险的重要保障。运行控制的对象是组织内与所认定的风险有关的需要采取控制措施的运行活动。运行控制的目标是为员工提供健康安全的工作条件以预防与工作相关的伤害和健康损害，改进职业健康安全绩效，最终实现职业健康的方针及目标。

首先，本条款明确了需要建立、实施、控制并保持的过程，确定了需要哪些过程：一是满足职业健康安全管理体系要求所需要的过程，包括运行过程（如危险源辨识过程）、支持过程（如人力资源管理程序）和管理过程（如管理评审过程）；二是为应对风险和机遇实施条款6.1.4确定的措施所需要的过程，包括实施应对环境、员工及其他相关方的需求和期望，危险源，法律法规要求和其他要求，紧急情况这四个方面的风险和机遇的措施所需要的过程；三是明确对存在多个雇主的工作场所，实施一个（些）过程以协调职业健康安全管理体系相关各方与其他组织。在实践中发现，很多企业自己直接管控的那部分活动的职业健康安全已经比较成熟，但是一旦需要第三方来到企业现场服务时就会有很多隐患和事故发生，特别是不止一个第三方在现场工作的时候，由于分属不同的雇主，相互之间的沟通障碍较多，更容易发生安全事故。还有一种情形是企业的员工要到第三方的现场去工作，而现场同时存在多家第三方同时开展工作，如果沟通协调不畅也很容易发生安全事故。因此不论是组织的员工到第三方去工作，还是第三方的人员到组织的现场来工作，一定要建立清晰明确的过程准则来严格控制该过程。

其次，本条款明确了应建立运行上述过程的准则。什么是准则？可以理解为统一的标准，通常在组织运行中最常见的表现形式就是文件化的各项管理制度或安全操作规程。有时候这些准则并非完全以文件化的形式表现，也可能是工作中已经达成的默契。有了统一的标准，“怎么干”“如何干”的问题就解决了。但是对于那些容易出现偏差的控制点、关键点，还是应该建立清晰的文件化的准则，以便于更好地控制过程。

再次，本条款明确了组织应按照准则的要求实施过程。制定了准则，只是解决了准则“有”和“无”的问题，关键是应用和执行。本条款要求所有过程均应按照制定的准则实施，要求“凡事按照标准执行”“做所写”。在职业健康安全管理上，一旦发生执行力差的问题，很有可能就会发生血淋淋的安全事故，而不单单是经济损失。因此严格按照准则对过程实施控制是非常重要的。

然后，本条款明确了企业在过程实施中应保留必要的文件化信息，以证实过程已按策划得到实施。明确了需要控制的过程、制定了过程的标准，组织也声称按照标准实施了过程，可是组织如何证明呢？本条款对此进行了明确，过程的实施必须保留必要的“痕迹”——文件化信息，以证明组织已经遵循标准按照策划得到实施。

最后，本条款明确策划、实施、控制和保持过程的目标是“使工作适合于员工”，就是说工作满足职业健康与安全的需要。什么是“适合于员工”？比如，在企业的生产线中，员工总是要反复弯腰搬运货物到传输线上，时间长了就导致腰肌劳损，这样的工作就不是适合员工的。企业可以通过改进设备、设置货物自动提升装置，避免人员弯腰的情况。还有些人具有一些职业禁忌证（如恐高症），那么安排这样的员工做架子工的工作就是不适合的。

➢ 应用要点

运行控制是职业健康与安全管理体系实施与运行中最重要的工作之一。其控制对象与职业健康安全目标、指标、重要影响因素、合规义务和应对风险和机遇相关，包括产品和服务的设计和开发、制造工艺的选择、原材料的采购、生产过程、设备维护、产品的运输和使用，以及回收处置等各种过程，目的是使这些过程可控。所以，组织需要对这些过程进行策划，制定运行标准、规定控制要求，按照职业健康安全要求实施过程控制。

1）根据体系要求和第 6 章的输出建立必要并充分的工作过程。

2）所有工作过程应有准则，而准则的制定要符合组织宗旨和组织环境。

3）过程已经按照策划的控制程序得到实施，并且这一切可以通过保留的文件化信息来验证。

4）要特别关注存在多个雇主的工作场所的情景，对此应有一个（些）过程来协调职业健康与安全管理体系相关各方与其他组织，确保工作场所存在的职业健康与安全风险和机遇及其应对措施等得到有效和充分的沟通。

5）实施控制过程的目的是改善职业健康与安全绩效，通过消除危险源，或在无法消除危险源时将在工作场所和活动中的职业健康与安全风险等级降低到可接受的水平，确保工作满足职业健康与安全的需要。

➢ 本条款存在的管理价值

本条款是“PDCA”中的“D”。建立的职业健康安全体系以及第 6 章策划的措施只有通过运行、执行才能使保障员工的职业健康安全，实现组织的职业健康安全方针和目标。本条款告诉组织，运行需要满足职业健康安全体系要求以及实施第 6 章所策划的措施的过程，通过制定过程准则来实施过程控制，通过保留必要的文件化信息来证明过程已经按照策划得到实施。同时提出需要与工作场所内其他相关方沟通协调、合作兼容，工作场所存在的职业健康与安全风险和机遇及其应对措施等得到有效和充分的沟通以实现共赢，或至少达到互不伤害的目标。

如果说第 6 章是体系运行的重要前序工作，那么本章将是组织将安全体系落实下去的具体指导和要求。再好的体系策划，缺少了具体的落实工作仍然形同虚设。

➢ OHSAS 18001：2007 对应条款

4.4.6 运行控制

组织应确定与所识别的、需要采取控制措施以管理职业健康安全风险的危险源有关的运行和活动，包括对变化的管理（见 4.3.1）。

针对这些运行和活动，组织应实施和保持：

a）适合于组织及其活动的运行控制；组织应将这些运行控制与其总体的职业健康安全管理体系相结合；

b）与购买的货物、设备和服务有关的控制；

c）与合同方和其他工作场所的访问者有关的控制；

d）形成文件的程序，以控制因缺乏程序文件而可能导致偏离职业健康安全方针和目标的情况；

e）规定的运行准则，以免因缺乏运行准则而可能导致偏离职业健康安全方针和目标的情况。

➢ 新旧版本差异分析

1）OHSAS 18001：2007 中运行控制只是一个条款，但 ISO 45001：2018 采用了 Annex SL 中规定的高级结构作为框架，将运行独立成章，并分成若干条款进行详细阐述。ISO 45001：2018 在运行控制环节提出更多细化的指导，这更有利于安全管控落地生效。

2）OHSAS 18001：2007 的条款 4.4.6 b）和 c）在 ISO 45001：2018 的条款 8.1.4 分成三个小条款进行详细阐述。对于采购部分，ISO 45001：2018 进行了充分的补充，要求更为具体明确。

3）OHSAS 18001：2007 条款 4.4.6 d）强调程序文件化，而在 ISO 45001：2018 中变化了角度，并未突出所有的过程都需要文件化要求，而是强调只要能证明过程按准则实施就可以。在这一点上，ISO 45001：2018 与 ISO 9001：2015、ISO 14001：2015 保持了一致性的要求，避免组织陷入为文件而编文件的做法。

4）ISO 45001：2018 中明确提出“使工作适合于员工”，突出了对员工保护，既体现了本标准第 1 章中描述的关注焦点是人，又体现了“以人为本”的理念。

5）本条款是“运行”章节的总则，明确了几个基本原则，即制定准则、执行准则、保持保留证据、要对员工安全有利。

➢ 转版注意事项

1）应关注相关方或在第三方场所工作的情况。对存在多个雇主的工作场所，组织应实施一个（些）过程以协调职业健康与安全管理体系相关各方与其他组织；

2）在建立过程运行准则的时候，应考虑到是否适合于员工，包括员工能力、资源是否能达到准则的要求，这样才能确保准则有效落地。

➢ 制造业运用案例

【正面案例】

某选煤厂针对生产环境中的粉尘以及噪声污染采取了严密可行的措施，有效应对了职业健康风险。

1）改造生产设备，并改进生产工艺。破碎车间安装了降尘喷雾装置，包括湿式打眼、净化水幕、转载点喷雾等；对高噪声设备采取了消声、吸声、隔声、减振等常规治理措施，使噪声符合了国家有关规定，并且为员工配备了护耳器、口罩等。

2）防护设施建设与维护及时。对产尘点实施了综合防尘措施，并由专职安监员每班监督检查防尘设施的使用情况，以及时发现和处理问题。开展粉尘监测，实时监督重点部位的粉尘浓度；在醒目位置设置公告栏，公布职工职业病防治的规章制度、操作规程、职业危害事故应急救援措施和工作场所职业危害因素监测结果；对产生严重职业危害的作业岗位在其醒目位置按照 GBZ 158—2003 的要求设置警示标识。

3）加大职业危害预防培训的力度。该选煤厂对新入职员工、破碎车间作业的职工及其他经常接触粉尘的职工进行职业危害预防培训，确保职工体会到职业危害预防的重要性，掌握职业危害预防措施。

4）注重职工健康监护。对新入厂职工进行职业健康体检，凡未按要求进行职业健康检查的员工不予办理上岗手续；按照国家相关法律要求的检查范围、检查周期、检查项目对在岗、离岗职工进行职业病体检，建立职工健康档案，并对体检结果异常者作出妥善安排。

该企业在使工作适合于员工方面做出了很多努力，而且还规定每日粉尘监测的运行准则，实时监控，确保作业场所的环境达到可以接受的程度。

【负面案例】

2005 年 4 月 12 日 9 时 42 分，110kV 团山变无人值班站值守人员报告站内设备有大的电弧火花，维操二队安排维操队员雷某、侯某到该站查看设备情况并测温。雷某到现场后超越职责范围，在未分工又无人监护的情况下，无视爬梯上的“禁止攀登、高压危险”警告禁止牌，盲目攀登爬上 110kV 团箕线 508 断路器出线穿墙套管检修平台，靠近带电的高压设备进行红外线测温，以致被电弧严重烧伤。

雷某违反国家电网公司“红外线测温作业指导书”规定：“监护人应做好监护工作，及时提醒和纠正测温操作人的违章动作，不得移开和越过遮栏，测温人员及所用仪器与带电部位保持足够的安全距离”“监护人应切实作好监护工作，保证测温操作人员及所用仪器与带电部位保持足够的安全距离。防止测温操作人员站立或半蹲位不稳跌倒，使操作人和仪器及测量线摆动接近带电设备或误触带电设备，造成人身触电事故。”因此，违反红外线测温作业指导书规定是事故的原因之一。

雷某违反《安全生产法》正确着装的规定。在测温现场，雷某外穿非全棉质西服，中间穿羊毛衫，内穿化纤 T 恤衫，在弧光下内衣被烧熔化，加剧了身体的电弧烧伤。

从这起事故中可以看出，“红外线测温作业指导书”是工作人员的工作运行准则，建立运行准则并按准则实施控制对安全是一个重要的保障。

➢ 服务业运用案例

【正面案例】

瑞典高速公路限速 110km/h；酒驾标准为每百毫升血液酒精含量为 0.02mg；新手要有两年实习期；驾校学员通过率不到 75%的，政府可以关闭；瑞典规定汽车白天也要开灯行驶，生产的汽车前灯都安装了雨刷；骑自行车的人绝大多数都佩戴自行车头盔（可以随时租用）；儿童安全座椅的使用率由 20 世纪 80 年代的 20%达到了目前的 95%；瑞典的公路、桥梁、隧道等设施的规范标准非常细致，修改更新的频率也很高，决定某公路段是否由高速公路来取代，首要的依据不是该段公路的运量，而是该段公路的事故率统计和如何减少交通事故发生。

瑞典全国仅有 883 万人，却拥有 470 万辆汽车，平均不到 2 人就有一辆车。车虽多，公路上却秩序井然，万人死亡率更是低到 0.79。近 50 年来，瑞典死亡人数达 10 人以上的交通安全事故平均每年不足 1 次。之所以瑞典能成为全球交通最安全的国家，和他们国家建立的这些详细的司机、乘客、道路、车辆等交通安全的运行准则，并且人们也都严格按这些准则去做有着密切的关系。

【负面案例】

1998 年 5 月 21 日，某公司施工班按照工作安排，拆除已经报废的 6kV 苏东线 45~48 号杆，其中 45、46 号杆间导线跨越铁路。吴某登上 45 号杆进行作业。拆完第一根导线后，一辆火车头从东向西驶来，火车头挂住松弛尚未拆除的导线，将 45 号杆拉断、倒杆，造成吴某右手臂和右小腿擦伤，构成轻伤事故。

对此，Q/GDW1799.2《国网电网公司电力安全工作规程　线路部分》规定，“交叉跨越各种线路、铁路、公路、河流等放、拆线时，应先取得主管部门同意，做好安全措施，如搭好可靠的跨越架、封航、封路、在路口设专人持信号旗看守塔。”未按照规定搭好可靠的跨越架或采取封路措施，是本起事故发生的直接原因。

由此可见，按准则实施过程控制是安全的重要保障。

➢ 生活中运用案例

【正面案例】

外出旅游入住酒店后，首先要看懂客房门后或楼道里张贴的“逃生路线图”。这是一张印有本楼层平面结构的图纸，房间位置和房号均有标志，同时有一个箭头（通常为红色），自房间的位置沿走廊指向最近的疏散部位。其次还应留意疏散指示标志的位置。当火灾发生时，正常的照明用电被切断，这些疏散指示标志会显得格外明亮。按照疏散指示标志的引导，逃生者能以最便捷的路线找到出口。而疏散门和楼梯间门都是向逃生疏散方向开启的，只要稍微用力就能方便打开。做好这些准备，万一有火灾发生，就能够有条不紊地脱离危险。

对于旅馆业自身来说，每一位住客就是其重要的相关方，住宿期间每个住客的安全保障是每个旅馆的责任。通常来说，在每个房间大门内侧张贴一张紧急疏散图方便住客阅读，这也是一种常见的旅馆安全管理的运行准则。

【负面案例】

西安东郊浐河、灞河的河床因挖沙遭到破坏，虽然经过修缮，但河床偏软，存在多个沙坑。同时，河底杂草丛生，河水中还有大量的泥沙。在浐河、灞河中游泳是非常不安全的。但仍然有不少人无视浐河、灞河河床的恶劣情况以及河岸上禁止游泳的标志，下河游泳，导致每年都有溺水死伤故事发生。

这就是不按照运行准则、违反安全规定带来的不良后果。

➢ 组织运行时常见失效点及可能的应对措施

常见失效点	可能的应对措施
没有实现过程全覆盖	应识别、梳理满足职业健康安全管理体系要求以及实施第 6 章所制定措施需要的全部过程，而且应制定过程的控制程序
缺少能够证明过程已经按照策划的控制程序得到实施的文件化信息	应保持可以证明过程已经按照策划的控制程序得到实施的文件化信息
缺少能够证明过程实施已经取得预期效果的文件化信息	应提供必要的文件化信息证明过程实施已经取得预期效果

➢ 最佳实践

按照《安全生产标准化》的要求，结合企业实际建立了比较全面的安全运行准则，并将其重点过程准则通过文件制度和安全操作规程的形式进行固化，指导员工的实践。

➢ 管理工具包

标准化管理。

➢ 通过认证所需的最低资料要求

1）必要的程序控制文件、安全操作规程等；

2）能够证明过程已经按照策划得到实施的文件化信息。

27

消除危险源和降低职业健康安全风险

➢ ISO 45001：2018 条款原文

8.1.2 消除危险源和降低职业健康安全风险

组织应建立、实施和保持过程，通过采用如下控制层级，以消除危险源和降低职业健康安全风险：

a）消除危险源；

b）用低危险的过程、运行、材料或设备替代；

c）使用工程控制措施和工作重组；

d）使用管理控制，包括培训；

e）使用适当的个体防护装备。

注：在许多国家，法律法规和其他要求包括免费为员工提供个体防护装备。

➢ 条款解析

无论采用什么方式方法，组织都要通过过程的管理实现消除危险源和降低职业健康安全风险。这里面提到"消除危险源和降低职业健康安全风险"，其实已经体现了危险源管控措施的两个层级，即首先考虑消除危险源，实在消除不了的再考虑其他方法将安全风险尽可能降低。

1. 消除危险源

消除危险源从根本上避免了安全事故或职业伤害的发生，是最优推荐的管控方法。最简单的消除危险源的形式就是取消原有的危险作业活动。比如，外墙清洗有高处坠落的风险，那可以不做外墙清洗，就消除了因外墙清洗导致高空坠落这一危险源。

2. 用低危险的过程、运行、材料或设备替代

用低危害物质替代或降低系统能量（如较低的动力、电流、压力、温度等）。例如，通过改变设计，使用机械提升装置替代人力手举或提重物这些行为，避免对人的伤害；又如，节日使用的彩灯串使用 12V 的低电压替代 220V 的电压，即便有漏电或绝缘破损也不会对人员造成致命的伤害。

3. 使用工程控制措施和工作重组

可以运用安装通风系统、机械防护、联锁装置、隔声罩等工程控制措施来降低安全风险。比如，给砂轮机安装防护罩；在贴片机的推拉门上设置打开门就会自动停止的联锁装

置；将高噪声或易爆的设备放置在专门的隔噪间、防爆间。

什么是工作重组？比如一个员工原来要进入防爆间采集运行数据，那是不是可以考虑将相关的数据采集工作挪到防爆间以外进行，减少人员暴露在危险环境中的程度；或者很多项工作是否可以在一次数据采集中同时进行，避免反复进入危险区域。这就是工作的重组和优化。人员长时间暴露在危险环境中会造成职业病，一个典型的例子就是从事放射性医疗检查设备操作的医生。为了尽可能降低这样的危害，这些医生的休息时间分配和其他医生是不一样的，通常会缩短他们每班次的时间，并延长休息时间以恢复身体健康。这也是结合医院业务特点的工作重组。

4. 使用管理控制，包括培训

管理控制最常见的两种形式就是建立安全管理制度、操作规程，以及针对安全管理的各项培训，包括了针对制度、操作规程的培训。

除此以外，还可以运用安全标志、危险区域标识、发光标志、人行道标识、警告器或警告灯、报警器、安全规程、设备预防性检修、门禁控制、操作牌和作业许可等管理控制措施。

5. 使用适当的个人防护装备

提供充分的安全防护眼镜、听力保护器具、面罩、口罩和手套等个人防护装备。个人防护用品的配备是安全风险管控的最后控制层级，也是最基本的要求，更是《安全生产法》对每个生产经营单位的基本要求。

➢ 应用要点

组织应根据本条款的层级顺序来策划和设计控制措施。追求安全绩效最大化的组织可以先考虑对高风险等级活动、关键活动、高频次活动及应急活动的控制措施，或者能显著降低风险等级的控制措施。

针对某个危险源的具体控制措施制定的层级考虑 a)~e) 的优先次序，也就是说，应先从“消除”方式考虑措施制定。越是前面的层级，对于消除危险源、降低危险的有效性越高，对保护从业者职业健康安全越有利。同时，按照该顺序，组织所需要付出的成本可能是从高到低，但考虑到其可能的收益，这个顺序恰恰是性价比最高的。

组织可同时考虑多个控制措施并用，因为多个措施同时防护，危险源因不受控而发生事故的可能性就会因层层防护而降低，从而达到最大限度降低风险的目的。

➢ 本条款存在的管理价值

本条款从消除危险源和降低风险的管控措施的制定层面上给出明确的指导，依照这个层面能够让组织发现有多个维度都可以实现安全风险管控，而这些不同的管控维度对安全风险降低的效率和效果是不一样的。按照本条款的指导方法去选择和制定管控措施能帮助企业在安全管控措施的制定方面实现效率效果的最佳组合。

➢ OHSAS 18001：2007 对应条款

4.3.1 危险源识别、风险评估和决定控制措施（部分内容）

在确定控制措施或考虑改变现行控制措施时，应考虑依顺序降低风险：

a）消除；

b）替代；

c）工程控制措施；

d）标志、警告和（或）管理控制；

e）个体防护设备。

组织应将危险源辨识、风险评价和确定的控制措施形成文件并保持最新。

组织应确保在建立、实施和保持职业健康安全管理体系时考虑职业健康安全风险和确定的控制措施。

关于危险源辨识、风险评价和风险控制方面的进一步指南见 GB/T 28002。

➢ 新旧版本差异分析

本条款在原有条款基础上进行细化，加入了注解部分，其他内容在本质上差异不大。

➢ 转版注意事项

建议建立相应的程序文件，以确定控制措施制定的规则、层级、方法以及组织适宜措施采用方式。虽然标准中没有直接说要建立这样的程序文件，但是标准中要求“建立、实施和保持过程”。为了更有效地管理这个过程，将管控措施的制定规则及控制措施的层级、方法用文件的形式固化下来非常必要，有利于监控和分析管控措施的有效性。

➢ 制造业运用案例

【正面案例】

对某喷涂车间、仓库的工具为铁制品，如果在操作过程中发生摩擦或碰击打火可能存在燃爆风险。将漆料和溶剂开桶工具全部换成铜铝合金制成的防爆型工具，采取替代控制措施，可起到降低燃爆危险系数的效果。这种替代的控制措施明显要优于仅仅告诉员工注意避免使用时的摩擦和碰击有效地多。

【负面案例】

某天上午，某厂进行吊装作业，检修人员将发电机平台附近的起吊孔（12.6m 高）打开后未设置临时围栏（缺少工程管控措施），仅设一人看护（管理控制措施）。距起吊孔约 0.5m 处临时设置一铁棚工作间。一位工作人员从铁棚内出来没有注意到开口，直接踏入起吊孔。幸好该工作人员反应敏捷，手臂抓住起吊孔中间的工字钢梁，悬在空中，捡回一条命。该案例是典型的工程管控失效且管控措施未能有效发挥作用导致的事件。

➢ 服务业运用案例

【正面案例】

物流服务行业的仓库安全管理有很多细节的要求。仓库防火管理规定要求严禁使用高热的碘钨灯照明，照明灯具额定功率不超过 60W，必须使用防爆灯，货物堆放高度应距离照明灯具 0.5m 以上。

将碘钨灯更换为防爆灯是先从“替代”方式考虑措施制定的，对于消除危险源和降低危险的有效性相对较高。同时考虑距离照明灯具 0.5m 内不得摆放物品属于管理措施。多个控制措施并用，使危险源因不受控而发生事故的可能性就会降低，从而达到降低风险的目的。

【负面案例】

某铁运公司原料站调度员张某指挥某机车时，机车以 10km/h 的速度行进。张某右手拿对讲机，左手抓住车把手，右脚登车梯时左脚下滑，致使右脚蹬空，不慎摔到车下，被转动的车轮轧断双腿。该作业环节没有进行危险源辨识，也没有制定相应的危险源管控措施，最终导致事故发生。

➢ 生活中运用案例

【正面案例】

圆角比较平滑，把桌角加工成圆角，可以减少碰撞的伤害。此措施是从“替代”方式考虑措施制定的，对于消除和降低危险的有效性较高。还可以同时采用在桌角增加橡胶护角的工程控制措施，又将发生碰撞后的后果严重度降低，进一步降低安全风险。

【负面案例】

张某在进行房屋装修时使用的人字梯未采取防滑措施，作业时梯子滑动，造成张某摔倒导致骨折。此过程由于未充分识别使用梯子作业过程中的危险源，未采取相应的预防措施最终导致事故发生。

➢ 组织运行时常见失效点及可能的应对措施

常见失效点	可能的应对措施
未建立针对管控措施的管理过程，对管控措施谁来制定、从哪些角度制定大家都不清楚	采取防护措施或制定作业指导书
虽然制定了管控措施，但管控措施比较单一或有效性、适宜性差，不能有效起到降低风险的作用；管控措施没有落实到具体的细节，导致无法实施	管控措施制定一定要从消除、替代、工程控制、管理控制、个体防护等多个维度全面考虑，多举措并举，并对管控措施的有效性要进行评估，确保措施的合理有效。针对每一项管控措施，都应按照 6W2H 的方法进行细化，便于落实
实施控制措施后的风险依旧未达到组织可接受水平	考虑采取合并使用多个控制措施，或取消不可接受活动的安排。要持续的改进，直到达到可接受的风险水平
组织常采取的措施选项顺序倒置 1）人员不了解方法 2）企业考虑采取措施的成本，避重就轻，简单提供一些个人防护用品了事	组织全员学习措施制定的方法，了解安全管控措施的制定的优先等级，并在制定管控措施的过程中实施这些方法或准则 企业管理者应从企业经营的整体成本上做通盘考虑，虽然有时使用某些先进的安全设备设施会花费一些资金，但应从一旦发生安全事故给企业带来的直接经济损失以及经营、声誉的影响等方面平衡考虑

➢ 最佳实践

很多世界五百强企业，对于员工出差到战争地区、疫情地区都有严格的管控要求。公司的管理部门会随时在公司网络、邮件上发布这些信息，让员工第一时间知道哪些地区可能存在什么样的危险。一般来说，如果员工需要到这些可能危及员工安全的地区出差是不能被批准的。取消出差活动，就是对员工的最好保护。而对于维和部队的官兵或者援助医生来说，到战争地区维护秩序、实施人道救援工作就是必须的了。这种情况下，维和官兵驻地或救援医院驻地就会特意安排当地的武装力量协助保护驻地的安全，通常还会建立非常严格的人员外出管理规定，没有官兵保护不得外出。这些管控措施都有效保护了维和士兵和援助医生的安全。

➢ 管理工具包

6W2H、5M1E1I。

➢ 通过认证所需的最低资料要求

危险源及管控措施清单。

28

变更管理

➢ ISO 45001：2018 条款原文

8.1.3 变更管理

组织应建立过程来实施和控制已策划的、影响职业健康安全绩效的临时和永久变更。这些变更包括：

a）采用新的产品、服务和过程，或改变现有产品、服务和过程，包括：

——工作场所的地点和环境；

——工作组织；

——工作条件；

——设备；

——劳动力。

b）法律法规和其他要求的变化。

c）关于危险源和相关职业健康安全风险的知识和信息的变化。

d）知识和技术的开发。

组织应评审非预期变更的后果，必要时采取措施消除任何有害影响。

注：变更能导致风险和机遇。

➢ 条款解析

本条款说明了需要通过建立变更管理的过程来实施变更并控制变更。那具体哪些变更需要通过建立变更管理过程来实施和管控的呢？从大的原则上说，那些影响职业健康安全绩效的变更是一定要通过建立变更管理的过程来进行控制。比如，原材料的采购成本上涨，废品率增高，这些变化不会对任何人员安全造成伤害，也不会影响安全绩效，那么就不是职业健康安全管理体系需要关注的变更。但是，如果引入一台新设备或一套新工艺，如果员工不熟悉很容易发生操作安全事故，那么这样的变更就应该建立过程并实施管控。这些变更从时间的维度上说，可能是临时性的更改，也可能是永久性的更改。

本条款对“变更”的内涵范围给出了细化的解释，指出有策划的变更包括：

（1）采用新的产品、服务和过程，或现有的产品、服务和过程的变更。

1）工作场所及周边。工作场所的变化非常常见。比如，工作场所从 A 车间变更到 B 车间，甚至从一个城市或地区变换到另一个地区，这些地理位置及其周边环境的变化都可能带来一些新的安全风险。比如 B 车间可能地面不平、存在孔洞，来到这个新的工作环境就很有可能造成一些不安全的事故发生。还有一种工作场所的变化，是场所自身随时间的推移发生的变化。比如，在同一车间，为了引入电镀工艺，计划在原有的车间区域内加挖几个电镀液槽。这就是发生在工作场所的策划的变更。

2）工作组织。主要指工艺技术等发生变更，包括生产能力、原/辅材料（添加剂、催化剂、介质、成分比例）、工艺路线、流程/操作条件、工艺操作规程/方法、工艺控制参数、仪表控制系统等的改变。

3）工作条件。这里在英文原文中是“work condition”，即工作条件的改变。比如，因为引入新机器带来高噪声，造成工人工作条件的恶化；或者将原有的高噪声设备放到专门的隔噪间，来改善工人的工作条件。

4）设备。设备、设施的改变主要包括：设备设施的更新改造，非同类型的替换（型号、材质），安全设施的变更，布局改变，备件材料、监控、测量仪表、计算机及软件的变更，增加临时的电器设备等改变。

5）劳动力。人员的变更。比如，100 个训练有素的熟练工辞职，变成 100 个新员工的上岗，新员工的上岗会引起职业安全健康方面一系列的风险，这些变更一定需要进行控制。

（2）法律法规要求和其他要求的变更。法律法规发生变化时，可能会对组织提出一些新的要求。为了实现守法持续经营，组织应主动了解这些变更要求并在组织内部采取联动措施。当然除了法律法规的要求会发生变化以外，还有“其他要求”也会发生变更。“其他要求”包含了条款 4. 1 提及的内外部环境，条款 4. 2 提及的相关方的需求，条款 4. 3 提及的范围，以及条款 4. 4 提及的本管理体系自身。比如，管理标准的换版升级也是一种变更。

（3）有关危险源和相关的职业健康安全风险的知识和信息的变更。比如，漓江赛龙舟时变更航道，水库向航道流经处注水。练习船队接到通知后没有重视，也没有变更计划或制定防范措施，龙舟因水下暗流漩涡造成侧翻事故。

（4）知识和技术的发展。当有助于消除危险源或降低安全风险的新的知识和技术出现的时候，要对这些新的知识和技术加以应用，来提高安全绩效。比如，使用无人驾驶技术替代司机、飞行员在恶劣环境下的工作，降低他们工作中的风险，减少职业伤害。

除了对可预见的有策划的变更要施加管理以外，还有一些变更的出现是不能预知但是仍然会发生的。比如，进入春天以后天气变暖，人们将厚外衣洗净收起来，然而半个月后一股寒流导致气温突降，这就是非预期的变更出现了。要评审这些非预期的变更可能对安全绩效的影响和不良后果。人们感受到寒流，通过评审，想到寒流会将人冻病，特别是老人和孩子们，于是人们就会采取措施，拿出收起的厚衣物穿上。再比如，SARS 病毒的出现也是人们始料不及的，当对 SARS 造成的严重影响和后果进行评审之后，国家就果断地采取了一系列控制措施，在海关出入口增加体温监测和隔离安排，在某些城市道路的主要进出口增加消毒、检疫、检查等措施，对已经有人发病接触过的物品、区域、人员进行观察性的隔离，防止事态扩大。

➢ 应用要点

组织运行的方方面面都处在无时无刻发生变化的环境中。因为变化而带来一些新的风险或者原有风险增大，这些都不利于组织安全绩效的达成。因此，对本条款的应用过程中，一定要充分考虑在组织的内外有哪些变化点可能对安全绩效带来影响，不要遗漏。在不熟悉的时候，可以对着本条款的每一条内容进行思考，找到所有的变更，这样才能更好地对变更加以控制。

本条款并没有强制要求组织必须建立变更管理的制度文件。有的时候，不同的变更管控可能在其他文件中已经阐述清楚了。比如，危险源的变更管理，某些企业可能已经在危险源的辨识、评价的相关文件中做了详细的要求。

➢ 本条款存在的管理价值

变更管理是风险思维的应用，是动态管理的核心，其目标是使组织及其成员能主动管理，以提高实现管理体系预期结果的可能，并提高管理体系对变化进行应对的敏捷性，使组织及其管理体系能随时适应组织环境的变化，从而确保管理体系落地而有效实施。

对于非预期变更，组织评审其后果，减少其不利影响，以得到经验教训、总结分享，并最终降低未来可能遇到的同类风险。

➢ OHSAS 18001：2007 对应条款

4.3.1 危险源辨识、风险评价和控制措施的确定

组织应建立、实施并保持程序，以便持续进行危险源辨识、风险评价和必要控制措施的确定。

危险源辨识和风险评价的程序应考虑：

——组织及其活动、材料的变更，或计划的变更；

——职业健康安全管理体系的更改包括临时性变更等，及其对运行、过程和活动的影响。

对于变更管理，组织应在变更前识别在组织内、职业健康安全管理体系中或组织活动中与该变更相关的职业健康安全危险源和职业健康安全风险。

组织应确保在确定控制措施时考虑这些评价的结果。

➢ 新旧版本差异分析

OHSAS 18001：2007 的条款 4.3.1 已经指出在进行危险源辨识、风险评价和制定措施的过程中要对变更加以考虑。ISO 45001：2018 对这些要求进行细化和扩展，并独立成为一个条款，即条款 8.1.3。ISO 45001：2018 明确了不只是在辨识危险源、评估风险和制定措施这三个环节对变更进行考虑，而且从变更的内容和种类上进行细化。在 ISO 45001：2018 中并没有限定变更管理的环节，变更管理涉及职业健康安全体系的所有环节。只要有变更发生，只要是会影响职业健康安全绩效和体系运行的，都要进行相应的管控。

➢ 转版注意事项

变更管理涉及职业健康安全管理体系运行的方方面面，因此组织在进行策划的时候就应该考虑变更的可能，并建立过程对变更加以管理。

标准并未强制要求建立变更管理的文件制度，但结合组织实际建立变更管理的文件制度在 ISO 45001：2018 应用的初期，有利于全员了解什么是变更管理以及如何做好变更

管理。

➢ 制造业运用案例

【正面案例】

某化工企业按照化工过程管理要求，建立健全并严格执行变更管理制度，全面辨识管控各类变更带来的风险。在工艺、设备、材料、化学品、公用工程、生产组织方式、人员和承包商等方面发生变化时，都纳入变更管理，并分析可能带来的新的安全风险，采取消除和控制安全风险的措施，及时修改有关操作规程或施工方案。实施变更前，企业要组织专业人员进行审核和确认检查，确保变更具备安全条件。作为有策划的变更的一种情形，对特殊作业（如登高作业、受限空间作业、动力作业等）严格执行审批制度。因此，十多年来该化工企业一直保持安全生产无事故的良好安全绩效。

【负面案例】

1974年6月1日，英国Flixborough小镇某工厂环己烷氧化装置发生泄漏，泄漏物料形成蒸汽云发生爆炸，引发火灾。大火燃烧了10天才被扑灭，导致工厂28人死亡、36人受伤，社区数百人受伤。经调查，该工厂要对生产过程中的一个反应器进行维修，决定采用临时性的管道进行连接。执行这一变更的时候，机械设计工程师恰好辞职离开，接替的工程师还没有上岗，负责设计、安装临时管道的维修人员只是在地上用粉笔简单勾画个草图，并没有进行详细审查。参与维修工作的人员也没有意识到这已经超出他们的工作专业能力，在设计和安装中没有考虑到管道膨胀后的受力、管道中的振动等专业技术问题。由于缺乏对变更的严格管理，最终导致事故发生和惨重后果。

➢ 服务业运用案例

【正面案例】

世界著名的航空发动机制造公司Rolls-Royce通过更新的IT技术和公司的监控中心时刻监控正在天空飞行的飞机发动机。这种技术能帮助发动机制造公司在飞机发动机出现异常的时候，第一时间获取信息并能立即启动紧急应对流程，在很大程度上遏制了飞行事故的发生。这就是组织能够及时关注和采用新的技术和知识在安全管理上发挥作用。

人脸识别技术的出现，替代了原有人工识别的手段，在刑侦领域、治安管理方面都能更好地发挥管控和追查的作用，使人们生活和工作中的安全水平进一步提升。

【负面案例】

某超市为了提升形象、加强超市环境管理水平，将原来人工清洁地板的工作换成用洗地机清洁，让员工阅读说明书、简单试操作后就开始使用。但因为人员操作不熟练，撞到来购物的顾客而造成顾客轻伤。这属于设备变更而未进行变更管理。

➢ 生活中运用案例

【正面案例】

北京的中小学校在学生的安全管理方面，已经识别出冬季可能发生雾霾的情况，对学生的身体健康可能造成不利。针对学生上课和户外活动的环境可能发生变化这一情况，学校策划了对应措施，包括为孩子购买口罩、在教室配置新风系统、停止户外活动等，必要的情况下学校还会采取停课的措施等。

【负面案例】

某年上海外滩的跨年踩踏事故，就是因为人流急剧增加，而管理部门原有的应对措施并不能有效管控这一超出预期的变化，也没有对新发生的情况进行后果预判，因此也没有采取强制的限流措施，最终导致多人被踩踏致死的事故。

➢ 组织运行时常见失效点及可能的应对措施

常见失效点	可能的应对措施
变更管控过程不够全面，有些变更情况没有纳入变更管理过程中来，导致变更引发的一些安全风险失控	做变更管理策划的时候，应按照本条款的要求逐条分析，找出所有相关的变更活动，制定对应的管控措施
建立了变更管控过程，但在实际执行过程中没有有效按照要求去做。比如，上新的设备，按组织的变更管理过程的要求应首先进行危险源分析、评价和管控措施的制定，但由于生产时间压力，没有进行分析直接投产，导致新的设备在生产中的一些安全事故发生	1）强化企业的执行力 2）界定各岗位对变更管理的职责，对违反公司变更管理规定的行为进行追责和惩处
员工未意识到变更，认为这种变更不重要，因此未触发变更管理	对员工进行变更管理的培训，提高员工变更领域、内容和其他可能形式的意识，并辅以风险分析技术的培训，使员工及时识别变更的发生而触发变更管理
组织因业务的特点变更太多太快，如环境变化（工作位置和气象条件），又没有专业人员随时随刻随行，因此无法高效合理利用变更管理	建立表格（或其他）形式的 MOPO（允许施工手册），以便员工快捷检索并指导应用于工作

➢ 最佳实践

企业建立健全并严格执行变更管理制度，全面辨识管控各类变更带来的风险。在工艺、设备、材料、化学品、公用工程、生产组织方式、人员和承包商等方面发生变化时，都纳入变更管理，并分析可能带来的新的安全风险，采取消除和控制安全风险的措施，及时修改有关操作规程或施工方案。实施变更前，企业组织专业人员进行审核和确认检查，确保变更受控。

29

采　　购

➢ ISO 45001：2018 条款原文

8.1.4.1 总则

组织应建立、实施和保持过程，控制产品和服务的采购，以确保采购符合其职业健康安全管理体系。

➢ 条款解析

本条款是条款 8.1.4“采购”中的总则，从整体上要求组织要有采购控制过程（注意是过程而不是过程文件，过程可能不是文件化的）。这个采购控制过程的控制对象有两个：一个是采购的产品，如原材料、设备设施等；另一个则是采购的服务，如外包、承包活动等。采购控制的最终目的就是要确保采购活动符合职责健康安全管理体系的要求。

对产品的采购，这里其实针对的是那些可能会对人员安全产生影响的产品的采购。比如，购买安全帽，如果没有很好的采购控制，有可能买回来的就是没有资质的生产厂家生产的质量低劣的产品或者是过期的产品。这样的个人防护用品无法在遇到危险时对员工起到很好的保护作用。为了避免这样的情形，对供应商的选择、采购标准的制定、采购过程、采购验收进行详细约定就非常有必要了。

再如，买一台生产设备要具备基本的安全防护装置，包括防护罩、防护网、绝缘等。如何确保所采购的设备能满足安全的要求，就需要在采购控制过程中加以约束。

有些组织的活动可能涉及一些化学品、危险品的采购，这些物品本身就是危险源，需要严格的控制。而且，国家也有更多的管控规定和要求。对于这些采购要建立采购管控过程，从供货资质、购买资质、购买中、购买以后的保存都必须明确控制方法。

关于采购的内容，在 ISO 45001：2018 的很多条款中都有提及。比如，在条款 5.4 中提出确定外包、采购和承包商的适用的控制方法时应有非管理人员协商；在条款 6.1.2.1 中提出进行危险源辨识需要考虑组织工作地点内人员（包括外包人员和承包方）和外部工作地点的人员（比如承包商的加工地点中组织自身的人员）；在条款 7.4.1 中要求信息交流要涵盖承包商和外来人员；在条款 8.2 中提到要与承包商等进行应急准备和响应的沟通。

综上，条款 8.1.4.1 作为总则，其含义是对采购这个过程进行控制，才能获得预期的产品和服务。

➢ 应用要点

采购过程可能是一个过程，也可能是多个过程，这要根据组织的实际情况去制定。比如，既有原材料的采购过程，又有OEM或ODM的采购过程，还有食堂、班车服务的采购过程。因其采购的对象不同，其控制准则、控制过程也会不同。

对于采购过程的控制，既要考虑产品的采购，也要考虑服务的采购，哪一样都不能缺少。一旦缺失可能就会出现采购过程的风险失控。

无论是否将采购过程文件化，采购控制的准则或原则、标准都应该在组织内部建立，让组织内部和被采购方明确双方在安全方面所应承担的责任和义务。按照法律法规的要求，这些责任和义务应该在安全管理协议中明确。安全管理协议直接写在合同主体中也是可以的。不论是作为合同主体来进行表述，还是作为合同一部分的独立的安全管理协议，在采购过程中都是必选项。

按照基于风险思维的过程控制理念，对采购过程进行有效控制，为了获得符合组织管理体系要求的产品和服务，对采购过程可能产生的各个风险因素进行风险管理并融入采购过程的每个环节。

➢ 本条款存在的管理价值

本条款存在的意义，即通过采购过程的管控有效控制采购过程中的风险。我国的法律法规也对涉及承包、外包的活动提出明确要求，甲乙双方必须签订安全管理协议。这进一步说明，建立采购控制过程，不仅是安全风险管控的需要，也是组织守法经营的需要。

➢ OHSAS 18001：2007 对应条款

4.4.6 运行控制

组织应确定那些与已辨识的、需实施必要控制措施的危险源相关的运行和活动，以管理职业健康安全风险。这应包括变更管理（参见4.3.1）。

对于这些运行和活动，组织应实施并保持：

b）与采购的货物、设备和服务相关的控制措施；

c）与进入工作场所的承包方和访问者相关的控制措施；

e）规定的运行准则，以避免因其缺乏而可能偏离职业健康安全方针和目标。

➢ 新旧版本差异分析

ISO 45001：2018明确提出了需要对采购实施控制，而且建立了条款8.1.4，又下分了三个小条款，分别细化了总则、承包商和外包的要求。可见在ISO 45001：2018中，标准对采购的控制要求比OHSAS 18001：2007中的要求大大提高了，体现了采购管控的重要性。实际上，这一重要的变化也是来自于管理实践，大量承包、分包等采购过程的失控造成的血淋淋的教训让我们不得不更加重视采购过程的控制。

➢ 转版注意事项

建立采购程序或准则时应考虑职业健康安全管理的要求。组织应首先充分识别自己的运行过程中有哪些采购的产品、有哪些采购的服务，对这些分别逐一分析，建立适用的采购控制过程。应避免只关注组织自己直接负责的活动，忽视外包、承包的安全风险，将外包、承包的活动安全责任推给外包方或承包方的行为。

➢ 制造业运用案例

【正面案例】

某企业在生产过程中需要生产人员穿戴反光背心，避免作业中的伤害。在进行采购时除了考虑应符合基本要求之外，还需要满足危险源辨识中提及的夜间使用要求，应满足自发光的要求（加装警报灯或自带频闪灯）。该企业已经建立了针对个人防护用品的采购过程，明确了采购人员必须与需求人员及安全科的专业技术人员确认个人劳动防护用品的规格、型号、性能等产品的专业要求，从而确保了采购的个人防护用品能有效保护企业员工。

【负面案例】

2010 年 6 月 29 日，某知名石化企业原油储罐发生爆燃事故，造成 5 人死亡、5 人受伤。事故主要原因是清罐作业时原油罐中的烃类可燃物达到爆炸极限，遇到接入原油储罐的非防爆普通照明灯产生的电火花，发生爆燃事故。采购产品时没有充分考虑组织的职业健康安全风险，需要采购防爆工具，实际采购了普通工具。这就是一起典型的因为采购过程控制失效带来的事故。

➢ 服务业运用案例

【正面案例】

某旅游公司通过与专业的客车运输公司签订服务合同的形式，为游客提供当地的旅游客车运输服务。为确保所选取的客车公司能够提供安全的高质量服务，该旅游公司制定了一系列采购控制要求。比如，在签订的服务合同中明确要求客车运输公司的资质、车辆状况条件、司机资质和健康状况，并且禁止发生过不安全事故的司机为该公司提供服务。在实际服务过程中，该旅游公司不定期跟车抽查，确保驾驶人员、车辆处于适合的工作状态。由于对运输服务采购过程周全的考虑和控制，多年来该旅游公司提供的给客户的旅游运输服务达到安全无事故的良好绩效。

【负面案例】

近几年多次发生火锅店使用劣质固体酒精，在正常就餐过程中火苗突然窜出，烫伤员工或顾客的情况。通过调查发现劣质固体酒精与合格固体酒精存在高额价差，这是商家不顾安全风险而施行低成本采购政策的根本原因。

据专家介绍，国家允许使用的正规厂家生产的固体酒精中添加了阻燃物质，即使酒精遇明火也不会剧烈燃烧。劣质或“三无”酒精缺少这些阻燃物质，使用时极易发生蹿出火苗现象，引发烧伤事故。同时，劣质或“三无”酒精含有杂质，甚至有害物质，燃烧中会释放有害气体，可能引发其他的健康损害。

➢ 生活中运用案例

【正面案例】

济南张女士一家于 2018 年 7 月从一个家政公司请来一位育儿嫂照料不到 6 个月的婴儿。在育儿嫂照料婴儿的过程中，张女士发现育儿嫂为了测试奶的温度居然对着嘴喝了起来，然后直接喂给孩子喝。育儿嫂这种不注意卫生的行为引起了张女士一家的注意。考虑到雇用育儿嫂的时候并没有查看健康证，家人赶紧带着育儿嫂去医院体检。这一查可把张女士一家吓坏了，该名育儿嫂竟然是一名乙肝患者。所以，张女士总结，下次选育儿嫂的时候一定要先查看健康证。

【负面案例】

2009 年 9 月 12 日，广州某大学新建女生宿舍楼 3 楼 211 室发生火灾，起火原因是从小商小贩处购得的“三无”劣质电池充电器自燃引发火灾。可见，并不是所有东西都适合从小商小贩那里采购。具体哪些可以、哪些不适合要多考虑，建立自己的安全采购过程。

➢ 组织运行时常见失效点及可能的应对措施

常见失效点	可能的应对措施
PPE 采购的规格要求并没有体现在采购信息中，组织对谁提供准确的标准未明确责任。采购人员往往受采购价格指标的约束，实施低成本采购，最终采购的 PPE 不能起到安全防护作用	细化 PPE 采购流程，明确流程中每一步的责任部门，可以考虑建立完善的采购制度

➢ 最佳实践

根据采购的对象不同，建立不同的采购过程，根据每个采购过程的特点有针对性的制定采购控制过程。比如，采购劳动保护用品时应注意“三证一标志”；采购特种设备时应注意“特种设备生产制造资质、产品出厂合格检验证”等；采购人力资源时，应注意人员从事岗位的资质，特别是特种作业人员和特种设备作业人员的资质。

企业在采购服务或外包时需签订安全协议，规定双方的安全职责和应落实的安全工作，以确保其符合组织职业健康安全的方针和宗旨。

30

承包方

➢ ISO 45001：2018 条款原文

8.1.4.2 承包方

组织应与承包方协调其采购过程，以便识别危险源，并评价和控制由以下方面引发的职业健康安全风险：

a）对组织有影响的承包方活动和运行；

b）对承包方员工有影响的组织活动和运行；

c）对工作场所内其他相关方有影响的承包方活动和运行。

组织应确保承包方及其员工满足本组织的职业健康安全管理体系要求。组织的采购过程应规定和应用进行承包方选择的职业健康安全准则。

注：在合同文件中包含进行承包方选择的职业健康安全准则，是非常有帮助的。

➢ 条款解析

承包商是指按照约定的规格、条款和条件为本组织提供服务的外部组织。承包商提供的服务种类很多，如建筑施工、食堂餐饮、电器维护、消防电器检查、班车服务等。这些活动本身就容易存在一些风险，不加以管控很容易出现安全事故。就承包商自身的活动来说，往往承包商更清楚自己的作业过程，也更了解作业过程中存在的安全风险，有时候承包商掌握了比组织更多的有关作业活动的技术、知识、方法和手段。因此组织有必要和承包商就服务过程进行沟通协调，其目的就是分析承包商服务过程存在哪些危险源、风险如何，并且就如何控制达成一致的方案。组织在与承包商进行协调的过程中应特别注意以下三种情况。

1）对组织有影响的承包方活动和运行。比如，商场进行局部装修改造，进入商场进行装修施工的工人就是商场改造活动的承包商。当施工工人进入商场作业施工时，可能出现高处坠物砸伤旁边路过的顾客，或者违规进行焊接引发火灾等事故。这就是承包商的活动对商场里的其他人造成伤害，对组织的安全运行造成影响。

2）对承包方员工有影响的组织活动和运行。比如，负责天车维护的第三方承包商的员工进入组织实施现场检修活动，恰好该组织当天进行消防疏散演习。如果没有提前沟通协调，当消防警铃响起，正在高处进行维修的承包方员工有可能因为紧张或急于逃生从高处坠落。这就是组织的活动给承包商的员工可能带来的影响。

3）对工作场所内其他相关方有影响的承包方活动和运行。比如，在发电厂的建设施工现场会同时存在很多个不同的承包商同时开展不同的工作活动。这个时候组织的活动、不同承包商之间的活动可能会存在相互影响，如果不加以控制也很容易出现事故。

以上三点反复强调“影响”一词。“影响”本身其实包含了两层含义：一层是说消极、负面的影响，另一层是积极的、正面的影响。而在本条款中主要想强调的是承包商服务过程中带来的安全风险的增加，更偏重于负面的影响。

本条款还强调“组织应确保承包方及其员工满足本组织的职业健康安全管理体系要求”，也就是说尽管承包方的员工并不是组织自己的员工，但是在安全管理方面，只要承包方是为组织服务，那么他们也要遵守组织的职业健康安全管理体系的相关的要求。

本条款最后特别明确要求组织应规定进行承包商选择的时候应该怎么选，也就是应该有相应的职业健康安全准则。不具备安全生产条件的不能选用。不仅要有这样的准则，还要很好地应用这个准则，使其发挥作用，真正达到对采购的承包商活动控制的目的。

承包商及其员工应符合组织的职业健康安全管理体系要求，在一些组织内，特定的承包活动可能连承包商员工的身体健康状况都需要组织和承包商共同认可接受。也就是要求承包商要与组织统一要求和认知，可以利用筛选、培训、协议、检查监督、共同制定作业和控制计划、试用等形式。特别是在组织场地内工作的承包商，这些承包商员工的能力、意识和绩效等必须要符合管理体系的要求，需遵循组织职业健康体系要求，切忌以包代管。

要想成为合格的承包商，在职业健康安全方面必须做到什么，也就是一个组织选择承包商的准则之一。这些要求在采购合同中文件化、明确化，有利于承包方清楚了解并重视组织提出的安全管理要求，而且也有利于组织对承包商的安全管控，以及规避发生事故后组织受法律惩处的风险。这与安全生产相关的法律法规中要求生产经营单位必须与承包方签订安全管理协议、明确双方的安全管理职责，是一样的目的。

➢ 应用要点

组织往往会很关注自己的员工在工作中可能受到了什么伤害，而忽略了承包商活动带来的安全风险。因此在与承包商的合作过程中，要对承包商的所有活动进行充分考虑，辨识其活动中的危险源，评价其风险，制定管控措施，并要将这些内容通过协调工作让承包商能够按组织的安全要求去做。在做承包商危险源辨识的过程中，不仅要考虑承包商活动对组织的影响，还要考虑承包商活动和组织的活动对承包商员工自己的影响、以及在工作场所不同承包商活动之间的影响。

在选择供应商时应考虑组织的职业健康要求，对供应商的资质进行筛选，选择符合组织要求、有能力提供合格服务的供应商。因此确保承包商及其员工满足本组织的职业健康安全管理体系要求是组织自身的责任，更是法律法规对组织的要求。

在采购实践中，与承包商一起讨论协商，一起识别危险源及其风险，并一起制定相应的风控措施和计划。在此过程中双方员工得以建立互相理解和信任关系，非常有助于各项安全管控措施的有效实施。

本条款中多次提到“影响”，除了深度和广度的影响以外，其影响效果的正面或负面效应也需要注意。所谓“和臭棋篓子下棋，水平只会越来越臭”，与优秀的承包商合作，组织可以从承包商那里学习更多的安全管理方法，有利于提高组织人员的安全意识和在职业健康安全管理水平。

➢ 本条款存在的管理价值

本条款要求通过与承包商的协调实现对承包商的活动过程的危险源辨识、评价和管控。这是安全管理体系针对承包商活动的重要管控内容，是在承包商还未开展活动之前就要开展的重要策划和防控活动。

本条款对组织运行中涉及的承包商活动这一安全管理的高风险点通过系统化的管理进行有效控制，降低组织管理风险，同时也规避组织的法律责任，为在采购过程中如何以风险思维的方式对外部服务过程进行风险管控提供了具体指导。

➢ OHSAS 18001：2007 对应条款

4.4.6 运行控制

组织应确定那些与已辨识的、需实施必要控制措施的危险源相关的运行和活动，以管理职业健康安全风险。这应包括变更管理（参见 4.3.1）。

对于这些运行和活动，组织应实施并保持：

b）与采购的货物、设备和服务相关的控制措施；

c）与进入工作场所的承包方和访问者相关的控制措施；

e）规定的运行准则，以避免因其缺乏而可能偏离职业健康安全方针和目标。

4.3.1 危险源辨识、风险评价和控制措施的确定

组织应建立、实施并保持程序，以便持续进行危险源辨识、风险评价和必要控制措施的确定。

危险源辨识和风险评价的程序应考虑：

——由本组织或外界所提供的工作场所的基础设施、设备和材料；

——所有进入工作场所的人员（包括承包方人员和访问者）的活动。

➢ 新旧版本差异分析

本条款是新增条款，OHSAS 18001：2007 中只是在相关条款有所提及。ISO 45001：2018 对承包商的管控单独建立了一个章节条款，细化了关于承包商的管理和控制要求，而且从影响的施加方和承受方分成三条来具体说明，具有明确的指导意义。

➢ 转版注意事项

需要建立承包商管理控制程序。标准并未要求建立承包商的管控文件，但在实践过程中，对于大多数组织来说，建立书面化的承包商管控文件有助于更好地落实各项管控措施，规避组织的管理风险。

危险源辨识、评价、管控记录中应能体现出对承包商的考虑。

➢ 制造业运用案例

【正面案例】

某组织的产品涉及厂房内喷漆环节。组织内喷漆员工的危险源辨识识别出：在喷漆工作的范围内如有承包商进行维修工作，可能产生火花发生引爆或火灾。因此对承包方防火、防爆需要提出具体要求。

因此，该组织在进行承包商选择时将工艺、工具等具体防爆要求在合同中明确，使其

符合组织的危险源管理要求。

【负面案例】

2018 年 3 月，上海 A 公司发现编号为 75-TK-0201 苯罐（内浮顶罐）呼吸阀排放 VOC 超标，检修后 VOC 仍然超标，判断浮盘密封泄漏，并安排清空检修。经浮盘浮箱厂家初步检修发现约 1/4 浮盘浮箱存在积液，需要拆除更换。5 月 12 日 13 时 15 分，该承包商公司安排 8 名作业人员继续拆除作业（其中 6 人在罐内，1 人在罐外进行接受浮箱的传出作业，1 人在罐外监护），另有 1 名上海 A 公司操作人员在罐外对作业实施监护。15 时 33 分左右罐内发生闪爆。经事故调查发现施工方案规定使用防爆器具和铜质工具，但现场作业人员使用钢制扳手和非防爆电钻，导致工作过程中产生火花引爆罐内的易燃易爆气体，造成闪爆。

事故暴露出的主要问题为事故企业对承包商安全风险管理缺失，“以包代管”现象严重，对于承包商的特殊作业管理不到位。比如，受限空间作业中对可燃气体含量仅在人孔处进行了检测不具有代表性；事故企业没有严格审核承包商施工方案，在发现浮箱存在苯残液后，未及时告知承包商罐内存在的燃爆风险，也未及时采取相应的安全措施；现场配备的监护人员专业素质不能满足监护要求。案例中承包商使用的工具不符合组织要求，组织未能管控，从而形成事故。

➢ 服务业运用案例

【正面案例】

冬奥场馆建设单位意识到该项目在国内外都有很重要的影响，因此对整个建设施工过程进行了严密管控。从施工单位的选择上，就要多家竞标评选。其中一个重要的选用原则就是 5 年内发生过重大伤亡事故的施工单位一律不用。施工承包单位自身安全管理素质过硬，从而保障场馆建设过程中的安全。

【负面案例】

2018 年 4 月 6 日下午 6 时许，深圳市宝安区一搅拌站发生一起脚手架坍塌事故，事故造成 2 人死亡、3 人受伤。事故发生时，位于整个铁皮棚西北侧的钢支撑结构发生了弯曲、随后出现了折断并造成整个结构部分坍塌，致使在铁皮棚上方作业未采取有效保护措施的施工工人坠落受伤。

经初步调查，造成本起事故的主要原因有：

1）施工单位无钢结构施工资质；

2）涉事铁皮棚搭建无施工图纸、施工方案等，不满足国标要求；

3）涉事铁皮棚的檩条与横梁的连接方式大部分为点焊，未焊满、未焊透，导致承受力不足；

4）约 3t 的铁皮压在钢结构架子上，严重超载，使得横梁变形，最终拉弯 H 型钢立柱导致铁皮棚倒塌。

案例中由于建设方对承包商的施工管理出现偏差给组织带来损失。

➢ 生活中运用案例

【正面案例】

家庭装修应选择正规的具备一定装修水准的装饰公司，在装修合同中明确科学合理的施工工艺标准。比如，墙体内走电路时要采取直上直下的规范工艺要求，便于锁定危险区域，可以降低后期墙面打孔、钉钉等操作时带来的触电风险。

【负面案例】

很多餐饮企业都为顾客提供送餐上门的服务，快递送餐公司就是餐饮企业重要的承包方。但是很多企业都忽略了对快递送餐承包人员的管理，只是单纯要求快递人员必须以最快的速度将饭菜送到顾客手里，而没有对快递人员的电动车驾驶能力进行管控，也没有对快递送餐过程中的安全风险进行分析，更没有对快递人员进行相关的安全教育，导致很多因送餐急切的交通事故发生。

➢ 组织运行时常见失效点及可能的应对措施

常见失效点	可能的应对措施
未能对承包商的作业活动进行全面的危险源辨识，也没有制定管控措施，造成承包商作业活动中的安全隐患失控，形成事故	建立承包商管控过程，按本标准对承包商作业活动做全面辨识、评价和管控
组织在选择承包商时只关注承包商的技术能力和价格优势，未能进行安全相关的资质审核	建立承包商管理流程，明确审核项目和标准
“以包代管”严重，或者貌似有对承包商的管理要求，但实际中根本不按这个要求去监督、管理承包商的行为	建立安全管理协议，明确双方的安全管理职责

➢ 最佳实践

双方直接参与工作场所内工作的人员召开专项风险讨论会议，用双方认可认同的语言、标准和方法进行讨论，出于保障各自利益的诉求制定风险控制措施，并最终形成讨论文件。可以采用项目启动会等会议形式，形成会议记录、工程风险管理计划等文件，从而形成必要的契约或契约的支持文件。

➢ 管理工具包

危险源辨识、评价、管控措施制定技术。

➢ 通过认证所需的最低资料要求

承包商作业活动的危险源辨识、评价、管控的相关证据文件。

31

外　　包

➢ ISO 45001：2018 条款原文

8.1.4.3 外包

组织应确保外包的职能和过程得到控制。组织应确保其外包安排符合法律法规和其他要求，并与实现职业健康安全管理体系预期结果相一致。组织应在职业健康安全管理体系内规定用于这些职能和过程的控制类型和程度。

注：与外部供应商的协调可帮助组织处理外包对其职业健康安全绩效的影响。

➢ 条款解析

外包是指安排外部组织承担组织的部分职能或过程，如产品制造过程外包、软件和产品开发设计过程外包、仓储运输过程外包、物业及保安职能外包、后勤职能外包等。

本条款对外包过程提出了三项要求：

1）组织的外包过程、职能需要确保它得到控制，不控制就很容易出安全问题。

2）不管外包职能还是外包过程，都必须合规守法，而且要符合本组织的职业健康安全管理体系的要求。在不同的行业，涉及外包部分有很多不同的行业要求、法律法规要求。这些要求应该在进行外包管控的过程中或者在收集组织的适用性法律法规时就进行识别和收集，并将这些要求纳入管理流程之中。比如，食堂外包，组织就应该了解对食堂资质、人员健康证、餐食留样的要求等，以符合法律法规标准。承接这些外包活动、职能的组织可能不在职业健康安全管控体系范围内，但是外包活动本身的安全统一管理职责一定是由组织来承担的，这与我们国家有关生产经营单位主体责任的要求是一致的。

3）对这些外包活动或职能如何控制、以哪种方式控制、控制紧密还是宽松，这些需要组织有具体的考虑。通常来说，对于外包过程、外包职能的控制程度受以下因素的影响。①外部组织满足职业健康安全管理体系的程度。有些外包活动的承接方自身就有很好的职业健康安全管控，在作业过程中能对安全风险有效管控，那么这样的外部组织就可以采用相对宽松的方式。②组织规定适当控制和控制技术充分性的能力。有些特殊的作业活动，外包方比组织自身还有经验和专业化的技术能力，在这样的情况下，可能更多的是要配合外部组织共同实现安全目的。如果外包承接方在工作中不懂专业技术、完全靠个人行为和经验，这个时候组织就应该实施严密的管控。③外包的过程、职能对实现其职业健康安全管理体系预期结果的能力。如果外包的过程根本不会影响到组织的安全管理预期结果，这样的外包过程也可以采取相对宽松的管控。比如，软件设计外包，只是由外包承接方的人员在办公室进行，这些作业活动不会对组织的安全绩效和预期结果产生任何的影响。④外包过程和职能的共治程度。比如，一个企业将消防中控室管理外包，该企业也了解有关中控室管控的基本要求，如人员至少两人值岗，那么该企业也可以与外包活动的承接方一起管理，将中控室管理活动纳入该企业的监控检查事项之一，实现共治。⑤组织通过应用其采购过程实现其所必须的控制的能力。应用采购过程如果能已经能很好的控制，那么后续的控制程度相对就会减轻。

➢ 应用要点

首先组织要明确自己有哪些外包过程或职能，还要了解相关的法律法规对这些外包过程有什么样的具体要求。根据这些获得的信息，再结合组织实际情况去制定有针对性的管控要求。

对职业健康安全绩效影响程度不同的外包过程，可以采用不同的控制程度和控制的方式，一定要符合组织的实际状况。

➢ 本条款存在的管理价值

外包活动是组织的特殊活动，虽然外包的承接方不是组织内部职能部门，却是组织实现职业健康安全绩效的执行者，外包方控制得当对于内部而言能够促进组织的整体安全管理水平，对于外部而言是提升企业口碑和形象的有利途径，能够给组织带来更多的发展机会。

➢ OHSAS 18001：2007 对应条款

4.4.6 运行控制

c）与工作场所上的合同方和其他访问者相关的控制。

4.4.3.2 参与和协商

b）存在影响分包方人员职业健康安全的变化时，与其协商。

➢ 新旧版本差异分析

OHSAS 18001：2007 虽然在上述条款中提及有关分包方管理的一些内容，但并没有独立成为一个条款。而 ISO 45001：2018 条款 8.1.4.3 明确了对外包管控的具体要求，更具有系统化的思维。它要求组织建立合法合理的外包管控过程。从管理的角度说，本条款是对外包过程的一个完整系统的表述，不仅要求组织做到某些点，而是要作为一个过程来管控。

➢ 转版注意事项

组织应注意是否已经对组织的外包活动进行了识别，相关的法律法规及其他要求是否收集，外包活动中的危险源是否得到充分的识别、评价，管控措施是否已经制定，外包活动的管控主责部门或岗位是否明确，是否按照国家的要求与外包商签订安全管理协议、明确双方的安全管理责任，对外包进行管控的主责部门或岗位人员是否按照既定的要求对外包活动进行管控，如危险作业的审批及监督、安全的检查巡查及整改措施的督促等。当然，无论是按照国家的法律法规的要求还是职业健康安全管理体系的要求，那些能够证明组织对外包过程实施有效的控制的证据性文件、信息、记录等都需要保存留证。

➢ 制造业运用案例

【正面案例】

某钢管厂制造钢管弯头过程中的需要使用辐射光谱仪对产品进行检验。该公司将检验活动外包，并制定了详细的外包管控制度。在制度中明确要求提供外包服务的第三方组织必须选派有操作资质的人员进行操作，并要求第三方按《职业病防治法》的相关要求，对从事该项检验工作的人员进行定期的职业病体检，并将结果报钢管厂备案。在实际执行检验的过程中，钢管厂的外包管理人员对检验人员个人防护用品的佩戴情况进行监督检查。由于执行了严格的外包管理要求，该钢管厂的外包活动没有发生过职业病的事故。

【负面案例】

A 集团公司是一家生产大型机械设备的企业。2013 年 5 月，A 集团公司经过合法的招投标程序将建设工程发包给 B 建筑公司，并与 B 建筑公司签订了专门的安全生产管理协议。B 建筑公司进场施工后，A 集团公司认为既然已按规定将建筑工程发包给 B 建筑公司并与之签订了专门的安全生产管理协议，就未对 B 建筑公司的安全生产管理工作进行统一协调、管理，也未定期对其进行安全检查。

2013 年 10 月，B 建筑公司在施工过程中发生一起 2 人死亡的机械伤害事故。事故调查组认为 B 建筑公司存在对施工现场安全监管不严格、安全防护措施不完善，对员工教育不到位等行为，违反了原《安全生产法》第四条和第三十六条的规定，负事故的主要责任。同时，A 集团公司未对 B 建筑公司的安全生产工作进行统一协调、管理，存在“以包代管”“包而不管”的问题，违反了原《安全生产法》第四十一条的规定，对事故的发生也负有一定责任。

➢ 服务业运用案例

【正面案例】

某港口煤炭企业有皮带机多条，在堆场装船作业时，要用取料机取料通过皮带机输送到货轮上，在皮带机输送过程中会有部分煤沿着皮带散落到地面。企业对皮带机清煤作业进行了外包。企业对外包单位的资质进行了备案，并对外包企业工作人员进行了入厂教育，签订安全生产责任书，每次作业前召开班前会，对隐患排查情况进行安全告知，明确了什么事可行、什么事不可行。每名作业人员对安全告知内容在班前会记录中进行签字确认，有效防控了清理作业过程中煤块滑落造成的人员击伤事故的发生。

【负面案例】

某建筑公司为保证工程任务购买了 3 台 150t 吊车、5 台叉车。由于工程量较大，在施工过程中一台吊车损坏，建筑公司随便找了一家汽车维修公司进行维修，维修后继续作业，次日作业过程中该吊车发生了火灾。事故调查发现，引起火灾的原因是车辆维修过程中电气线路短路。该建筑公司没有对维修单位的资质进行审验。吊车和叉车属于特种设备，需要有特种设备维修资质的单位才能维修。该事故建筑公司负主要责任，属于外包控制失效。

➢ 生活中运用案例

【正面案例】

很多小学生每天 3 点放学，由于一些家长无法下班接孩子，就把“接送孩子并辅导功课”外包给“课外辅导班”“小饭桌”这样的机构。在选定“课外辅导班”这项业务外包时，家长一般首先考虑其资质、企业的规模、是否具备相关的营业资质，还会考虑其老师是否有能力辅导孩子写作业，就读环境、设施是否安全可靠等。在将孩子送课外辅导班后，家长们还会在接孩子的时候对这些机构的师资、管控等情况进行观察，以确保这些机构的各项管理符合家长们的要求，从而有效保障孩子的安全。

【负面案例】

小两口准备婚房装修，在网上发现了某装修公司的广告，认为该装修公司既便宜又好，于是与该装修公司签订了装修协议。该装修公司为了图便宜，使用了大量含苯类物质的板材进行装修。由于小两口对装修材质及其危害并不了解，结果入住新房一年后，女主人由于长时间处在苯类物质挥发的环境下，诱发了重大疾病。这就是对于装修外包过程控制失效的结果。

➢ 组织运行时常见失效点及可能的应对措施

常见失效点	可能的应对措施
对组织的外包过程识别不全，可能存在某些遗漏	要对组织的全部经营过程、活动进行梳理，从而找出所有属于外包的活动
外包过程没有建立控制程序、外包管理职责不明确、过程失控	组织应制定外包控制程序，并明确各职能部门、岗位的外包管理职责
外包相关的法律法规及其他要求收集不齐全，导致实际管控失效	在安全相关法律法规及其他要求的收集过程中就应该考虑外包过程涉及的相关标准和要求，纳入法律法规及其他要求清单中

➢ 最佳实践

组织应首先梳理自己的运营流程存在哪些外包的过程，按照外包的不同性质和行业类别（如后勤服务类、车辆运输类、维修作业类、设备设施维修类、特种设备维修保养类等）收集相关法律法规、国家标准、行业标准等相关要求。不同行业对外包资质要求不同，例如车辆运输单位按照《安全生产法》《道路交通安全法》的相关规定备案外包单位的营业执照、道路经营许可证，涉及危化品的还要备案危化品运输许可证、企业法人和安管人员培训合格证、车辆行驶证、驾驶人员资质等，并签订备案承诺书，在合同或协议期间发生变更时告知组织并更换备案材料。

有些企业采用了如下的外包管控：

1）建立备案审批流程，组织与外包组织签订合同并同时签订安全生产协议；

2）安全管理部门对安全生产协议进行审核，并参与合同评审；

3）对外包组织作业人进行入厂安全培训，培训内容包括进入组织范围内应注意的安全事项、组织内的风险点及管控措施、应急防护用品的位置、紧急疏散点、发生事故时的联络报警方式等内容；

4）危险作业审批需由发包单位写作业申请，安全管理部门审批，双方备案作业工艺；

5）对影响职业健康绩效的关键节点进行检查，并留存检查记录、追踪整改情况，根据合同或安全管理协议的规定对外包企业进行考核奖惩；

6）组织安全生产会议时应邀请相关外包企业参加，定期对外包企业进行培训，增强提高职业健康安全绩效，有效实现的管理措施和方法；

7）年度末安全管理部门形成外包单位安全管理评价报告，在组织内部公布，作为下一年度外包方选取的判定输入。

➢ 通过认证所需的最低资料要求

1）外包过程涉及的法律法规及其他要求应纳入法律法规及其他要求中。

2）证明组织的外包过程符合法律法规及其他要求的证据性信息，如某些行业特殊的生产许可证、特殊工种人员资质证等。

32

应急准备和响应

➢ ISO 45001：2018 条款原文

8.2 应急准备和响应

组织应建立、实施并保持所需的过程，以便对 6.1.2.1 中所识别的潜在紧急情况进行应急准备并做出响应，包括：

a）建立对紧急情况所策划的响应，包括提供急救援助；

b）为所策划的响应提供培训；

c）定期测试和演练所策划的响应的能力；

d）评价绩效，必要时修正所策划的响应，包括测试后，尤其是紧急情况发生后；

e）向所有员工传达和提供有关其义务和职责的相关信息；

f）向承包方、访问者、应急响应服务机构、政府当局、适当时包括当地社区传达相关信息；

g）考虑所有相关方的需求和能力，并确保其参与，适当时参与开发所策划的响应。

组织应保持和保留关于过程和潜在紧急情况响应计划的文件化信息。

➢ 条款解析

2018 年 3 月国家成立了应急管理部，把原国家安监总局的职能划归到应急管理部。可见，应急管理在安全管理中的地位进一步提高了。ISO 45001：2018 要求组织应建立、实施并保持对条款 6.1.2.1 中识别的潜在紧急情况进行应对或响应。应急准备和响应的过程管理包括 a)~g）七个要求，具体内容如下：

1）建立对紧急情况所策划的响应，包括提供急救援助。也就是说对条款 6.1.2.1 中识别的危险源一旦失控、发生事件或组织非意愿事态的时候，应当有应急响应的准备。通常情况下企业是以建立应急预案的方式应对紧急情况。预案通常分为综合预案、专项预案和现场处置办法。标准后半句要求提供急救，一般来讲预案中一般都包括企业的一个自救小分队，以及与外界有资质的组织签订协议，比如当企业出现危险化学品泄漏的时候就要请有资质的危化品处理公司来处置和急救。通常还会签订一个最近的急救医院进行紧急救援。根据《突发事件应对法》，“企业应当建立应急救援，明确应急事故处理的组织机构及各自分工和职责，应急队伍的建立与训练、应急装备和应急保障设施等”。本条款仅要求建立策划，即仅要求建立相应的计划或其他形式的系统准备，这取决于组织的宗旨和组织环境的状况。例如，微小企业或组织仅需要制定几条应急措施，而大型或复杂型企业可能会按照 ISO 22301 的要求建立庞大的应急管理体系。另外，因为本标准关注焦点是人员的安全，所以本条款的后半段明确要求对紧急情况的应对需要考虑人员急救。当然人员急救的规模和级别也还是要按照组织宗旨和组织环境来决定。

2）为策划的应急响应提供培训。这是新增的项目，培训在应急响应中就更关键。对于整个应急预案实施人员应进行培训，如指挥人员、协调人员、后勤人员、危机公关人员等，如果涉及外部机构人员也应对其进行相应的培训。在应急情况下，有些人员，尤其是外部机构人员是临时加入应急行为，在事件发生的现场应进行临时简单培训。应急措施在现场发现需要临时变更时，也需要现场临时培训。

通过培训，负有应急救援职责的人员可以熟练掌握相关的知识和技能，能够按照正确操作程序使用相应的设施设备以及装备器材等，并且能够知道在保护自己的前提下如何对伤员进行救援或急救。例如，在煤气中毒事故的应急抢险人员应当了解煤气的特性及一氧化碳中毒的机理，熟悉煤气中毒事故应急处置的基本原则和措施，能够熟练地使用呼吸器和其他的防毒面具、一氧化碳报警器这些防护器材和自动求生器等，同时还要掌握心肺复苏术来进行现场施救。如果没有相关的培训，施救人员错误地佩带了防毒面具，进入应急现场后不但不能救人，反而搭上自己的性命，造成事故伤亡扩大。应急培训不仅包括面授讲解、桌面推演和实训，还包括所有的应急人员参与的应急演练。

3）定期试验和演练策划的响应能力。这里的定期是指试验和演练的间隔不仅是按时间周期，而且应该根据组织环境和宗旨的变化进行界定。例如员工发生变化、工作场所或工作地点发生变化就需要重新试验或演练。

关于演练的频次，《生产安全事故应急预案管理办法》要求综合预案和专项预案每年至少进行一次演练，现场处置方案每半年进行一次演练。定期的试验和演练能够验证应急预案的适宜性、有效性和充分性，对存在的问题及时修正和完善，并且使应急队伍能够明确应急工作目标及熟练掌握流程、方法，以便在真正的应急实施过程中快速各就其位、各负其责并且顺畅、有机配合。建议企业在有能力有时间有资源的情况下进行实际演练，而不仅仅是桌面推演，有的时候桌面推演不能够发现或解决现实中的问题。

4）评价绩效，必要时修正所策划的响应，包括测试后，尤其是紧急情况发生后。这一条是对组织应急预案或通过试验演练进行评价和修订的要求。组织应急预案评价的目的是使应急预案能够切合企业的经济实力、技术水平、应急能力、危险性和危险物品的使用、法律及地方的法规以及人员，要确保应急预案与组织的危险状况相适应，有必要就以上几个方面对应急预案进行评估。条款 d）后半部分是说应急预案在必要的情况下进行修订，包括演练和发生紧急情况以后。必要的情况可包括（但不限于）：组织宗旨和组织环境发生变化时；管理体系及引用或参考的标准及其他依据发生变化时；应急响应流程所涉及的 5M1E1I 的内容发生变化时；应急演练后；紧急情况发生后；其他会影响应急响应适宜性、有效性、充分性和时效性的因素发生变化时。例如，企业内部的资源和组织发生了变化，企业外部的救援机构发生了变化，再有应急预案到达了规定需要修订的时间，这些情况都是组织要对应急预案进行修订的时间点。同样演练后和紧急情况发生后会发现应急预案有许多流程、活动及所涉及的要素使在实际中无法达成或无法顺利达成，就要对预案及时调整，使它适合于应急情况的实际。

5）e）和 f）两个条款要结合起来看。e）讲的是对内部的沟通，f）讲的是对外部的沟通。e）要求对所有员工就其岗位及要求进行沟通，当紧急情况发生的时候，每个人都应该知道自己的职责，这是需要组织向员工沟通的。f）是组织与相关方的沟通，规定了外部相关方的范围，包括承包商、访问者、应急响应服务的机构和政府机构以及社区，从合法依规来看，有几个相关方是必须要沟通的。比如，应急预案需要到当地主管部门进行备案，需要与外部应急机构进行沟通和备案，同时除了应急救援单位以外的相关应急协作单位也应进行预案报备。

6）考虑所有相关方的需求和能力，并确保其参与，适当时参与开发所策划的响应。g）条款说的就是将组织的应急预案通报给这些协作单位后，能够参与应急情况；当组织进行应急演练的时候，应当邀请这些相关方来参与或观摩。

整个条款 8.2 的 a）~d）是应急事务的 PDCA 环，e）和 f）是条款 7.4 对于应急事务的简单描述，g）考虑的是执行 a）~f）条款的所有人员或机构在整个应急管理流程环节中的影响。

标准最后一句是说要做文件记录的痕迹化管理。这些文件和记录应包括组织的各项应急预案，演练的计划、脚本，培训记录，绩效评估表，试验或演练的记录，紧急情况实际发生时候的情况记录，组织对于预案的定期和非定期评价，预案的修订和备案情况等。

➢ 应用要点

1）本条款自成一个 PDCA 环，并且可扩大为一个完整的管理体系，因此在实际应用中一定要依据组织的规模和复杂程度来合理设定。

2）本标准的关注焦点在于人员的安全健康，因此所有应急工作均应以参与人为关注焦点。

3）本条款在应用中的重点在于让员工和相关方熟练掌握应急预案及预案的逻辑。应用中的关键点在于应急行为的绩效，即出于组织的实际环境条件最大化实现组织的宗旨；

4）本条款在实际应用中，为了控制事态的扩大，无论采取何种措施，应以人员安全健康的关注焦点，即通常所说的“不惜一切代价”。

➢ 本条款存在的管理价值

通常人员的安全健康以预防为主，只有发生非意愿事态时才会启动应急预案。在事故尚未发生的时候，提前对可能发生的紧急情况进行科学合理的策划和管理，才能在事故发生的时候通过应急预案的启动有效控制事故的后果。因此本条款讲明了应急救援程序的策划，响应的必要性、及时性、有效性、适宜性、充分性及绩效验证，以求达到最佳响应状态。

➢ OHSAS 18001：2007 对应条款

4.4.7 应急准备和响应

组织应建立、实施并保持程序，用于：

——识别潜在的紧急情况；

——对此紧急情况作出响应。

组织应对实际的紧急情况作出响应，防止和减少相关的职业健康安全不良后果。

组织在策划应急响应时，应考虑有关相关方的需求，如应急服务机构、相邻组织或居民。

可行时，组织也应定期测试其响应紧急情况的程序，并让有关的相关方适当参与其中。

组织应定期评审其应急准备和响应程序，必要时对其进行修订，特别是在定期测试和紧急情况发生后（参见 4.5.3）。

➢ 新旧版本差异分析

ISO 45001：2018 增补了 b）关于培训的要求，这在原标准中并未直接明确列出，e）条款也是新增条款，明确了基于岗位职责的要求，向员工沟通和提供相关信息。也就是说，对那些负有救援职责的人员或其他特殊职责的人员，与其相关的那些信息必须提供到位，做到沟通充分。f）条款强调了对承包商的沟通。

➢ 转版注意事项

注意新增的内容，结合企业自身实际情况进行转版。

➢ 制造业运用案例

【正面案例】

某日，深圳某制造企业的办公楼突然消防警铃大作，办公人员抬头一看，发现靠近机房的办公区域浓烟密布。按照平时火灾应急预案的要求和日常多次演练的经验，所有员工都立即放下手里的工作，按照预案的职责分工进行应急响应。大部分员工都有序快速撤离办公区域并到指定的紧急集合地点集合。消防应急灭火小组的成员立即赶赴现场查看情况，发现浓烟来自机房，对机房查看后并没有明火出现。当确认紧急情况排除后，应急指挥宣布紧急情况解除，大家有序回到工作岗位。在这次应急情况响应过程中，没有发生人员推搡、拥挤等伤害，这是平时对大家培训宣传、演练非常充分的效果。

【负面案例】

安监部门对某钢厂进行安全执法检查。检查过程中发现，该企业并未对应急预案进行定期演练，违反了国家标准中有关综合预案至少每年演练一次的要求。安监部门对该企业开出 2 万元的罚单，并要求该企业立即整改。

➢ 服务业运用案例

【正面案例】

某加油站作为重点防火单位，日常进行了大量消防应急演练。某日，一人在给摩托车加油的过程中故意使用打火机将油箱引燃。站在一旁的加油站女员工，因为平常训练有素，扭过身立刻拿起灭火器，迅速打开保险销，开始灭火。周围的员工也都快速拿来灭火器灭火，火势被有效的控制。最后时刻，一名男员工将仍在燃烧的摩托车拖离了加油站的管线，隔离了着火的摩托。在火灾发生的紧急情况下，各位员工反应冷静迅速，能正确使用各种灭火设施进行救援，有效应对这种紧急情况，这和他们平常积极参与应急演练并掌握火灾救援的技能密不可分。

【负面案例】

受限空间作业管理失控很容易出现人员窒息中毒的事故，而很多企业在发生人员受限空间中毒窒息事故后，因为没有建立相关的管理制度和应急专项预案，更没有对相关的人员进行培训教育，导致施救人员不了解盲目施救的危害，造成群死群伤的恶性后果。某物业服务企业需要对污水井进行清理，工人未按安全操作要求进行通风和气体监测，导致下井后中毒窒息。恰好该企业的法人、董事长、总经理正在附近查看工作，得知有人员中毒窒息后，他们三人奋不顾身先后下井施救，最终导致这三人同样中毒窒息死亡。这就是典型的未建立有效的应急预案带来的不良后果。目前对于受限空间作业国家也有明确的要求，必须建立相应的应急预案。

➢ 生活中运用案例

【正面案例】

家中有重病老人或者患哮喘的孩子，往往会根据病情和医生的建议对可能导致人员死亡的紧急情况做很多准备工作，这个工作就是家庭中的应急预案管理。比如，提前在家中准备好家庭用的氧气和呼吸面罩，或者准备止喘药物。而且，家人还要学会如何使用这些救援器具及药物，以确保在紧急情况下能够快速施救。

【负面案例】

2011 年 6 月 21 日下午 15 时许，某尚未投入使用的住宅小区内电梯发生故障，造成 3 人被困轿厢。因该栋楼暂无住户入住，平时也很少有人进出。3 名人员被困电梯后按动轿厢内的警铃和紧急对讲，对讲一直未能连通。直到 6 月 25 日下午 15 时许，一建筑施工队的作业人员路过时听到轿厢内乘客的呼救，方才报警施救。此时 3 名人员被困时间已长达 97 小时 27 分钟。

电梯内的警铃和紧急对讲系统作为重要的应急响应措施并没有发挥正常的作用。该电梯管理部门未验证各设施和联动的有效性，属于应急管理失效。

➢ 组织运行时常见失效点及可能的应对措施

常见失效点	可能的应对措施
对可能发生的紧急情况识别不全，或者识别了也没有建立应急响应预案	依据风险评估结果，对高风险应急事件逐一制订应急响应预案
应急响应的可操作性（适用性）不足，或具体的响应措施考虑的不够全面	制订应急响应的时候应评估是否具有实施性，必要时开展培训、试验或演练 对已有响应方案定期评估，特别是在响应（含演练）后应评估，并依据评估结果及时修订更新
仅对事件本身制订了应急响应，对事件可直接引发的后续事件缺少响应准备	对应急事件常规（发生可能性较高的）的后续事件，如医疗救治、信息沟通、政府上报、媒体关注等应通盘考虑，纳入应急响应预案中
应急预案制订（或修订）后未及时传达给相关方，或相关人员对自己的职责不明晰	及时发布、更新，并传达给相关方，必要时通过培训演练等形式加强沟通效果
有预案，但不培训、不演练，或培训和演练走过场，并未能实现通过演练增强人员应急响应能力的目的	领导要带头组织应急演练，向组织成员传递应急演练也是一项重要的工作。在实际中也应提供多种训练机会，增强人员的应急能力

➢ 最佳实践

消防队承接了除火灾以外的很多紧急救援工作。他们在应急管理上已经建立了很充分的预案。并且他们日常训练中就会按照预案反复训练各种应急能力，做到紧急情况下最快时间出击。比如，通常一名消防员在30s内就能完成全套防护服装及面具的穿戴工作。

某写字楼人流量较大，因此物业公司每年定期组织各楼层用户、电梯保养公司等共同开展电梯困人应急演练，并向各租用方发布了应急培训手册。由于大楼各租户参与了应急演练，当真有紧急情况发生的时候，大家能保持冷静，采用有效方式报警并及时获救。

➢ 通过认证所需的最低资料要求

综合应急预案、专项应急预案、现场处置方案。

33

监视、测量、分析和绩效评价

➢ ISO 45001：2018 条款原文

9.1.1 总则

组织应建立、实施和保持监视、测量、分析和绩效评价的过程。

组织应确定：

a）需要监视和测量的内容，包括：

1）法律法规和其他要求满足的程度；

2）与辨识出的危险源、风险和机遇相关的活动和运行；

3）组织职业健康安全目标实现的进程；

4）运行和其他控制措施的有效性。

b）适用时，以确定有效结果的监视、测量、分析与绩效评价的方法。

c）组织评价其职业健康安全绩效所依据的准则。

d）何时实施监视和测量。

e）何时分析、评价和沟通监视和测量的结果。组织应评价其职业健康安全绩效，确定职业健康安全管理体系的有效性。

组织应确保监视和测量设备在可行时得到校准或验证，并在适当时得到使用和维护。

注：法律法规和其他要求（如国家标准和国际标准）涉及监视和测量设备校准和验证。

组织应保留适当的文件化信息：

——作为监视、测量、分析和绩效评价结果的证据；

——测量设备的维护、校准或验证。

➢ 条款解析

为了确定达到预期结果，组织需要实施监视测量。本条款要求组织确定需要监视和测量的内容，用于评价质量管理体系的绩效和有效性的方法。本条款是条款 9.1 的总要求，要求组织策划监视、测量、分析和评价的对象、方法和时机，确保监视、测量、分析和评价过程的有效性。

监视是确定体系、过程或活动的状态。为了确定状态，可能需要实施检查、监督或认真的观察。比如，汛期降大雨时对河道水面进行认真的观察，确保不会发生溢堤的情况。监视还可以包括对生产现场进行安全检查，确定人、物、环境等相关的各项安全措施是否已经实施到位。通过现场的监督检查发现运行过程中的隐患，并采取后续的管控措施。监视还包括很多形式，如采访、对文件化信息的审查和对正在进行的工作的观察等。

测量是确定数值的过程，通常是要确定对象或事件的量值。这是定量数据的基础，通常与安全方案和健康监督的绩效评估有关。例如，使用校准过的或经过验证的设备来测量噪声的大小、有毒气体的浓度、某些高温物质的温度等。

分析是将监视和测量过程中获取的数据、信息拆分细化，从而揭示某种关系、模式和趋势的过程。分析过程可能会使用统计运算，包括来自其他类似组织的信息，以便从数据中得出结论。比如，通过测量得到某企业环境噪声每天已经达到了100dB，这是测量的结果、是数据信息。那么通过对持续两周的数据进行分析，发现每天早上和晚上的噪声值都是在合格范围内，只有中午的时候会达到100dB以上。通过进一步的调查分析发现，之所以中午噪声超标是因为最近的2周内中午都在进行装修改造工作。

绩效评价是对可度量的结果进行评价的过程。绩效，可以是定性或者定量的结果。在职业健康安全管理体系方面，绩效评价特指对与安全有关的绩效进行评价。

本条款要求建立监视、测量、分析和绩效评价的过程。首先是进行监视和测量，然后才能有分析，通过分析最后才能得出对安全绩效的评价结果。“监视、测量、分析、绩效评价”可能是一个过程，也可能是好几个过程，这与组织运行的复杂程度、工艺特点、管控要求等有关。

为了建立、实施和维持这样的一个或几个过程，组织必须对以下内容进行确定：

（1）需要监视和测量的内容。一个组织到底应该监视什么、测量什么，这些内容可以从以下四个方面考虑：

1）法律法规和其他要求满足的程度，也就是说法律法规要求必须监视和测量的，组织必须要监视和测量，如对从事职业病危害岗位的人员进行定期体检。

2）与辨识的危险源、风险、机遇相关的活动和运行。比如，非典期间已经辨识出直接接触病人很容易造成医护人员感染，对病人进行治疗的过程中要求医护人员必须穿戴防护服装并严格遵守消毒规程，并且由专人监督检查执行情况。

3）组织职业健康安全目标实现的进程。安全目标的实现不是在最后一刻才去关注的。要想有效实现安全目标，必须在实现的过程中就随时关注、监督、测量目标的实现程度。发现进程落后的时候也应及时采取改进措施。

4）运行和其他控制措施的有效性。虽然危险源辨识了、管控措施也制定了，但是究竟落实了没有、落实的效果怎么样，都需要通过监视和测量来获取信息。

（2）适用时，以确定有效结果的监视、测量、分析与绩效评价的方法。如何进行监视、测量、分析和绩效评价，需要组织制定统一的方法，以保证该过程信息获取的一致性和有效性，如使用统一测量工具。不同的方法可能导致获取的信息或数据是完全不同的表现。

（3）组织评价其职业健康安全绩效所依据的准则。评价安全绩效好坏的准则可以选取其他组织的安全绩效水准作为对比基准，也可以和国际、国内、行业标准和规范进行对比，或者和组织自己的规范和目标比较，以及使用职业健康安全统计数据作为比较的准则。比如，比较同类事故或同类事件发生的频率、类型、严重性、数量；或者对指标进行比较，如个人防护用品的正确佩戴率等。

（4）何时实施监视和测量。监视和测量的频率、时间也很关键。时间过长或频率太低就不能及时发现问题，不能有效控制安全隐患，不能实现良好的安全管控。时间过短或过于频繁，可能会耗费更多的资源也并不能对安全绩效有明显的提升。因此，究竟什么时候监测、多久一次，需要组织根据自己的业务特点来综合考虑。通常来说，对重要的危险源的监视和测量相对低风险的危险源应更频繁些。

（5）何时分析、评价和沟通监视和测量的结果。组织应评价其职业健康安全绩效，确定职业健康安全管理体系的有效性。组织应明确对于获取的信息和数据进行分析评价的时机，如每周进行一次数据分析，还是每个月、每个季度一次。对于监视和测量的结果，组织也应该确定什么时候与内部员工和外部相关方沟通。监视、测量、分析和绩效评价的最终目的还是要评价组织的职业健康安全管理体系运行的有效性。

本条款要求对于安全相关的监视和测量活动所使用的相关设备在可行时进行校准或验证，适当时要使用这些经过校准或验证的设备，以确保获取数据和信息的真实可靠。对于监测设备的管理，可以参考 GB/T 19022 idt ISO 10012 这个标准。值得注意的是，本条款所说的设备是与安全监视和测量相关的。比如，仅仅用于测量某产品长度、宽度的游标卡尺，就不属于本条款的管控范围。

本条款明确要求组织应保留适当的文件化信息，作为监视、测量、分析和评价结果的证据，并可作为管理评审和改进的确凿依据。对设备的校准、验证等相关证据也要保留。

➢ 应用要点

组织可通过建立程序，用于监控和分析评价职业健康安全管理绩效和职业健康安全管理体系有效性。在应用本条款时，应注意监视和测量的内容要考虑全面，不要发生重大遗漏。按要求实施监视和测量是体系有效运行的监测手段。

组织在实施监视和测量时，可以考虑但不限于以下内容：

（1）绩效监测重点管理方案执行情况、重大危险源和风险控制运行的标准符合性。

（2）监测法律法规和其他要求的符合性，包括：

1）法律法规和其他要求是否及时收集和更新，以及应用和落实情况；

2）是否定期评价不符合方面采取的措施等；

3）是否评价职业健康安全状况、事件、事故或失败及方案决策的合理性和科学性等。

（3）各类安全培训效果监测。

（4）按监测计划和频率实施作业条件监测：

1）测量人员暴露在化学、物理或生物等因素下的情况，如某处粉尘或噪声超标，要把增加个体防护和设置防尘器等措施结合起来。

2）对特种设备和装置制定监测计划并实施监测和记录。对不合格的及时处理或设置禁用标识。

3）与人员有关指标的监测，包括员工教育人次、与职业健康安全相关的合理化建议数量及采纳数、个人防护用品使用率和人员负伤率等。

（5）监督检查，包括：

1）重要设备点检和维护结果记录；

2）劳动和操作纪律检查；

3）记录检查，含运行记录、各种监测记录和不符合处理记录等。

（6）测量设备检定、校准或验证记录。

（7）其他监测：

1）应急管理规定监测、应急预案演练后的评价；

2）运行控制中规定的监测；

3）目标完成的监测。

（8）调查、分析和记录职业健康管理体系的失败（事故、事件、疾病和财产损失等），如建立的事故台账或事故管理信息系统。

除了监视和测量，组织还要注意对这些获取的信息进行分析和绩效评价，这才是组织实施监视和测量的目的。

关于监视、测量设备的校准和验证管理，组织应注意区分哪些是用于职业健康安全体系的监视、测量设备，并不是所有设备都需要纳入职业健康安全管理体系的控制范畴。

组织应对监视、测量、分析和绩效评价留有充分的文件化信息，以作为管理体系绩效得到关注的证据，以及管理评审和改进的真实依据。

➢ 本条款存在的管理价值

本条款属于整个管理体系 PDCA 中的 C，同时也是绩效管理的 PDC。本条款是“点、线、面”管理中的“点”，用以从各个节点、各个层面去获得真实可靠的数据和信息，是隐含着 DIKW（数据、信息、知识、智慧）体系的最直接表现形式，是一个组织从组织基层获得数据并最终演化成组织智慧的一个过程，也是按照管理体系的管理原则之一（循证决策）在应用时的基本依据。

➢ OHSAS 18001：2007 对应条款

4. 5. 1 绩效监视和测量

组织应建立、实施并保持一个或多个程序，以定期测量和监视职业健康安全绩效。该程序应能提供：

a）适合组织需要的定性或定量的测量方法；

b）监视组织职业健康安全目标的实现程度；

c）监视控制的有效性（在职业健康和安全方面）；

d）主动性的绩效测量以监视是否符合职业健康安全管理方案、控制和运行标准；

e）被动性的绩效测量以监视职业病、事件（包括事故、虚惊事件等）及其他不良职业健康安全绩效的历史证据；

f）记录充分的监视和测量的数据和结果，以便于后续纠正或预防措施的分析。

➢ 新旧版本差异分析

1）OHSAS 18001：2007 强调的是监视和测量。ISO 45001：2018 不仅强调了监视和测量，同时也强调了分析和绩效评价。从管理的角度上说这样更为科学合理，因为监视和测量的目的就是分析和绩效评价，从逻辑上也更顺畅。

2）ISO 45001：2018细化了监视和测量的具体内容、时机、方法、评价的准则、分析和评价的时机以及沟通上的要求。这些要求能更好地指导组织如何具体开展监视、测量、分析和绩效评价工作。

3）取消了主动和被动的说法，这是因为管理原则中的“全员参与”从之前的involvement改为了engagement，即明示了其积极性、自觉性、自发性和主动性。

4）把OHSAS 18001：2007在后续条款的分析和评价，转移到了ISO 45001：2018本条款中，即监视、测量、分析、评价成为一体。

➢ 转版注意事项

1）为便于标准要求落地，组织仍应建立程序（不一定是文件化的程序）以实施监视、测量、分析和绩效评价活动，并规定监视和测量内容、实施监视测量、分析和评价监测结果的方法、准则和时机。

2）监视测量和分析评价除标准要求的监视和测量内容外，还应评价安全绩效，确定职业健康和安全管理体系有效性。

➢ 制造业运用案例

【正面案例】

某制造企业在运行中定期监测的内容为现场安全、重大运行操作、重大和复杂的检修施工项目安全措施审核和跟踪监测和监察，以及对习惯性违章的监察和考核；各部门对自己业务范围内的安全和文明作业的月度考核；政府部门的安全项目检查。例如，设备部门实施的监测仪器设备的选择、使用和检定校准，生产设备安全性监测，包括设备是否符合使用条件，检查设备的安全有关部件配置是否齐全，现场安全防护设施是否齐全完好、安全操作规程是否被严格执行、个人防护用品发放和使用等。

各项安全检查是该企业监视工作的一种方式，帮助企业获取可信的运行信息，也为后续的分析和改进提供了有力的数据和信息的支持。

【负面案例】

某建筑施工企业并未对现场施工人员个人防护用品的佩戴进行足够频次的监控，只是在上级领导来检查之前要求员工佩戴好安全帽、穿好安全鞋。因为缺少严格监控，人员的安全意识也很懈怠，因此在施工过程中人员被磕碰头、脚被砸伤刺穿的情况时有发生。

➢ 服务业运用案例

【正面案例】

某物业公司的监测内容涉及：①员工对本岗位安全的日常检查，部门定期对管理范围的安全检查，公司级的安全状况全面检查；②目标、指标和管理方案监控；③法规和其他要求遵守情况监控等。并对监测发现的情况记录、统计分析，对不符合和事故隐患处理。

其绩效监测方式，采用报表对发生的事故、事件和职业病及其事故相关的财产损失进行统计。确定的监测内容符合标准要求。

【负面案例】

餐饮业的后厨是火灾高发的区域。某餐饮公司在对厨房的作业活动进行安全管控的过程中，由于管理人员缺乏相应的安全管理知识和经验，对于厨房油烟火灾的认识不足，并未将厨房烟道中的油污程度作为监控检查的重点内容。某日，在厨师炒菜的过程中，意外飞出的火星引燃了易燃物，又很快波及排烟管道。由于大量油污存在，火势迅猛无法控制，导致整个厨房被烧毁的后果。

➢ 生活中运用案例

【正面案例】

病人在重症监护室，医生会给病人加设很多监控仪器，目的就是一旦生命指征出现不平稳，医生能够很快根据监控数据采取有效的治疗措施，从而保证病人的生命安全。对于不同的病人，其监控的内容、监控的方法、使用的仪器、监控的频次是不一样的。同时医院还规定了每天下午 4 点允许探视，这也是对家属进行沟通的一种方式。

【负面案例】

汽车轮胎是有使用安全寿命的，需按使用公里数或使用年限更新。对轮胎完好状况、使用公里数或使用年限监测是必要的。有些驾驶员忽视了对车辆状况的检查和监测，即便发现轮胎磨损也不及时更换，最终导致很多恶性交通事故的发生。

➢ 组织运行时常见失效点及可能的应对措施

常见失效点	可能的应对措施
监视和测量的活动范围不足以涵盖标准要求的范围，或者不足以真实体现组织的关键活动或高风险活动，比如，遗漏对法律法规的监测或对分包商的活动监测	除了可以应用标准的要求，可根据组织的风险清单或关键活动清单来设计所要监测的活动内容和范围
监测的具体数据或信息不符合 SMART 原则，导致各项措施无法落地，造成管控失效	需要将活动按照 SMART 原则进行设计，对监控和测量的具体方法、频次、时间、负责人或岗位要明确具体。关键岗位、关键活动最好建立对应的作业指导书或安全操作规程
专注于活动的量化，而忽略了定性方式	不能排斥定性化监测，尤其是服务业
有监测的具体要求，但是没有很好执行，表现为：减少监测的频次、对超标的数据视而不见、编造数据应付了事等	应教育岗位人员及其直接管理人员监视和测量的数据及信息的重要性。严格监管具体的监视和测量活动的落实情况，对违反作业要求的行为进行惩处，提高组织的执行力
监视、测量设备未按照有关标准进行校准或检定	应选定监测设备适用的标准，并形成相关管理程序
监测的内容只关注过程的结果，而未关注过程中间的指标，从而使得过程失控而未获得预期的结果	可对一些关键过程或高风险过程的中间指标进行监测，确保过程整体得到监测

➢ 最佳实践

利用物联网、互联网、大数据和 AI 智能系统实施自动监测和绩效管理，既能避免了监测的人为错误和缺失，还能提供真实有效的信息证据。如利用 GPS 和实时轨迹系统监视车辆行驶情况，包括超速和未按路途计划行驶；利用 AIS 系统监视船舶轨迹，以及利用定时气象预报系统监视船舶航行安全和航线计划；利用电子考勤系统记录人员暴露工时情况。有很多企业设计开发了基于其自身业务特点，并符合安全、健康、环境和质量管理要求的信息系统，并由系统根据录入的数据和信息进行自动监测和绩效管理，具有实时的监测功能和随时分析有关活动趋势的功能。

➢ 通过认证所需的最低资料要求

监视、测量、分析、绩效评价结果相关的证据性资料，如重大和重要危险源控制措施的监测要求和监测记录、内部审核和管理评审记录等；用于安全管理相关的测量设备的维护、校准、检定的记录。

34

合规性评价

➢ ISO 45001：2018 条款原文

9.1.2 合规性评价

组织应建立、实施和保持评价对法律法规和其他要求符合性的过程。

组织应：

a）确定实施合规性评价的频率；

b）评价合规性，必要时采取措施；

c）保持对其合规状态的认识和理解；

d）保留合规性评价结果的文件化信息。

➢ 条款解析

合规性评价就是对条款 6.1.3 中识别的法律法规及其他要求的符合程度的检查，是对组织守法守规情况进行自检的过程。因此组织必须建立、实施并保持一个或多个评价合规的状况所需的过程。

如何做合规性评价呢？本条款给出了具体的四项指导要求。

1. 要求组织“确定合规性评价的频率”

合规性评价的频率一般按照体系审核周期或者管理评审周期至少每年一次，这是最低要求。实际上，任何组织现在的内外部经营环境都会比以前变化得更快更多，每年一次的合规性评价远远不能满足确保企业守法合规的要求，就安全方面的法律法规、部门规章这一项最近几年就发生了很多次调整，组织需要及时识别、跟进。因此，组织全面合规性评价的频率可按照组织内外部环境变化适当增加。有些活动本来就是要求组织半年做一次的，如果到一年再去查，可能违规违法的情况就已经发生了。有些组织的活动是在不同时段、不同地域或国家进行，甚至有较大的流动性，合规性评价应按照当地的要求适当增加评价的频率。除此以外，还可以在发生或发现重大隐患、风险、事态、事件、变更和改进时随时注意合规性评价的及时性。对于组织重要的一些要求、运行条件发生变更的情况下，也应该适当增加评价的频率。还有一项要注意的是，对于组织过去在安全方面总是做得不好的那些法律法规及其他要求，或是一旦违法后果很严重的那些情况也应适当增加评价的频率。评价的方法因组织不同而不同。有些组织利用日常监测和绩效管理的方式进行持续性评价，利用审核和管理评审进行一定频率的阶段总结性评价。

2. 评价合规性，必要时采取措施

当进行合规性评价的时候，可能发现组织的运行是不合规的，就要采取措施使其合

规。比如，发现焊工证马上要过期了，虽然目前还没有出现不合规，那也应采取措施，赶紧进行焊工证的复审工作，同时还要看看从管理制度上怎么防止焊工证过期的事件发生。

3. 保持对其合规状态的认识和理解

什么是合规状态？对于那么多的法律法规条文和要求，每个人可能有不同的理解。因此，在收集法律法规及其他要求的时候，要尽可能地了解相关的信息，如权威机构的司法解读、释义，或者已经审判的案例等具有权威认可的认识和解读，有助于组织更好理解其要求，从而做到准确地进行合规评价。另外，法律法规在收集的时候就应该进行适用条款的分析，而不仅仅是收集一个法律法规的名称。这样在合规性评价的时候，才能高效和有的放矢。

此外，根据第 7 章有关能力的要求，从事合规性评价的人员应具备进行合规性评价的知识和理解能力，如对从事合规性评价的人员进行相关的变更的法律法规及其他要求的培训等，确保他们准确知道合规的具体要求，了解实际的运行状况。这样才能确保合规性评价的有效性。

4. 保留合规性评价结果的文件化信息

组织按照自己策划的和法律要求的频率和方法进行合规性评价。组织应保留文件化信息作为合规性评价结果的证据。合规性评价的记录应反映出评价的时间、人员、输入信息、方式方法、评价结果等。

➢ 应用要点

组织合规性评价要注意以下几点：

（1）在收集组织适用的法律法规及其他要求时，一定要形成文件化信息，并且具体到法律法规、准则、标准的具体适用条款内容和要求。只有细化到条款才能高效地执行合规要求和进行合规性评价。

（2）合规性评价并不是简单地说 Yes 或 No，而需要大量的企业实际运行的数据和信息等资料作为充分的合规证据，且这些合规证据必须作为文件化信息保存下来。

（3）除了定期评价，组织还应当在以下情况出现时及时进行合规性评价：

1）组织机构、管理体系、产品、管理方针和目标、生产设备等发生重大变化；

2）出现重大质量、环境、职业健康安全事故，或顾客、相关方对某一环节发生严重投诉或连续投诉；

3）法律、法规及其他外部要求变更；

4）在管理体系认证证书到期换证前；

5）在组织认为有必要时或需要时。

（4）合规性评价不一定都是符合，要认真对待评价中发现的不符合，发现不符合按照 ISO 45001：2018 中条款 10.2 进行纠正改进。

➢ 本条款存在的管理价值

1）合规性评价给出的具体要求能够指导组织如何有效地进行合规性评价，避免组织合规性评价仅仅是打个对勾的走过场方式，从而真正帮助企业把合规评价落地。

2）通过合规性评价能够及时了解自身的遵章守法情况，对发现的不合规情况能够及时补救，从而保证组织运行平稳且符合本标准和法律法规的要求。

3）合规性评价有利于增强企业防范法律风险的能力，更好地维护组织和员工的权益。

➢ OHSAS 18001：2007 对应条款

4.5.2 合规性评价

4.5.2.1 为了履行遵守法律法规要求的承诺（参见 4.2c），组织应建立、实施并保持程序，以定期评价对适用法律法规的遵守情况（参见 4.3.9）

组织应保存定期评价结果的记录。

注：对不同法律法规要求的定期评价的频次可以有所不同。

4.5.2.2 组织应评价对遵守的其他要求的遵守情况（参见 4.3.2）。这可以和 4.5.2.1 中所要求的评价一起进行，也可另外制定程序，分别进行评价。

组织应保存定期评价结果的记录。

注：对于不同的、组织应遵守的其他要求，定期评价的频率可以有所不同。

➢ 新旧版本差异分析

1）ISO 45001：2018 强调了“确定评价合规性的频率和方法”，不只是关注组织合规性评价结果，更注重组织合规性评价过程的动态管理，要求组织策划确定合规性评价的方法。

2）ISO 45001：2018 增加了“评价合规性，需要时采取措施”。合规性评价不一定都是符合，组织更应该关注评价中发现的不符合，并及时按照 ISO 45001：2018 中条款 10.2 进行纠正改进。

3）ISO 45001：2018 增加了“保持其对法律法规要求和其他要求的合规性状况的知识和对其合规性状况的理解”要求，不仅要求组织实施合规性评价，而且从具体的标准落地措施上提出要求，即不仅知道合规性相关的法律法规等知识，还得懂得和了解组织运营的实际状况。只有这样才能将合规性评价做到科学和客观。

➢ 转版注意事项

1）合规性评价的频率应合理且符合法律法规自身的要求。

2）对于合规性评价中发现的问题或不合规的情况，一定要有后续改进措施。

3）注意保留充分的合规性评价的输入或证据性的文件化信息，以支持评价的结论。

➢ 制造业运用案例

【正面案例】

某企业理化实验室采用滴定检测法对锰元素含量检测。此检测方法需要使用剧毒化学品三氧化二砷。组织在合规性评价件中发现最新的猛元素含量检测方法的有关标准已经发生了变更，可以不再使用三氧化二砷。据此，该实验室及时更改了试验方法和检测标准，减少了剧毒化学品的使用，降低了安全风险。该实验室按国家法律法规的规定及时将剩余剧毒品处置，相关处置的单据被保留作为遵守国家有关剧毒品管理的相关规定的证据，以支持合规性评价的结果。

【负面案例】

某生物科技有限公司 1 名员工在发酵罐内取菌作业时在罐内昏迷。随后公司 3 名员工在未采取任何防护措施的情况下相继进入罐内施救，造成 4 人因缺氧窒息。虽经全力抢救，4 人仍然相继死亡。这 4 人中包括该公司的一名厂长、总经理和公司法定代表人。

通过调查发现，该企业虽然辨识了受限空间作业相关的法律法规，但在实际执行过程中人员安全意识不足，没有认真执行相关的安全措施规定。该企业在进行合规性评价的时候，评价清单仅仅列出了法律法规的名称，看不到具体的条款要求。合规性评价仅仅由一名员工在评价清单中划个对勾。如果该企业能够认真执行合规性评价的要求，对发现的问题及时采取措施，加强安全管控，也许就能避免这样的恶果出现。

➢ 服务业运用案例

【正面案例】

某旅馆按照当地安监部门的管理要求建立隐患排查系统。其中，隐患排查的事项包含了很多的合规事项，如消防器材的设置及管理、消防疏散通道的要求等。该旅馆严格按照隐患排查清单的要求执行合规性检查，检查结果上报到隐患排查信息系统。对于隐患排查过程中发现的问题及时改正，使得安全管理水平提升，受到当地安监部门的表彰。

【负面案例】

2019 年 1 月 30 日 16 时许，张家口市桥东区某洗浴中心锅炉发生爆炸，造成 2 人死亡、2 人受伤。造成锅炉爆炸事故的原因为该洗浴中心私自非法使用已淘汰的燃煤锅炉，锅炉上炉门圈与炉胆连接处开裂，造成汽水急速喷出。

这是一起典型的违法违规使用特种设备造成的事故。该企业无视国家规定，私自使用淘汰设备，对合规性评价置若罔闻，造成特种设备爆炸事故。

➢ 生活中运用案例

【正面案例】

为控制汽车增长量、减少因汽车尾气排放带来的环境污染，北京施行小汽车号牌摇号的政策。其中，持有北京工作居住证的人员也享有在北京摇号的权利，不同的一点是，持有北京工作居住证的人员在摇号系统中的有效期为 6 个月。也就是说，每隔 6 个月，这部分人员必须在网上更新一次个人证件的信息。小张是一位持有北京工作居住证的号牌申请者，他先是登录政府网站了解政策，做好更新日期标记，并设定了手机提醒，定期更新申请信息，终于在 8 个月后摇号成功。而小李因为没有了解政策，不知道要定期更新信息，错过了很多次摇号的机会。

【负面案例】

一家人去美国自由行。成功拿到签证后，按照行程到达机场，却无法过关，显示签证无效。几经周折得知，2017 年入境签证人员到美国前需在美国指定网站上注册方可视为有效签证。这一改变，早在签证成功后签证官写了通知发到他的手中，他根本没仔细阅读通知。因没有网上注册，一家人只能退了机票改变行程。这一家人只是根据以往的经验而没有看签证官发到他们手里的通知。这件事就是因为没有及时的合规性评价引起的失误。

➢ 组织运行时常见失效点及可能的应对措施

常见失效点	可能的应对措施
法律法规及其他要求识别有遗漏、相关适用的法律法规信息没有及时更新，导致有些合规要求没有评价，或者评价并未基于最新的法律法规及其他要求，导致评价结果不能反映企业的实际守法守规的真实情况	应从多种渠道考虑法律法规更新信息的收集，如网络、新闻媒体、安监部门的沟通信息等。对于有变化的应及时更新。在合规性评价之前也可以先审核一遍法律法规是不是最新版本
合规性评价一年一次，没考虑变更情况下的评价及时性	结合变更管理，可以考虑将变更情况下的合规性评价的频率、方法具体的要求写入合规性评价程序，便于全员的执行
合规性评价只有“符合”二字，并没有任何支持性证据	将法律法规及其他要求的适用性条款列出，针对每个条款的要求收集相关证据之后再做出评价
合规性评价发现的不符合没有采取任何改进措施	对不符合应按第 10 章的改进要求及时采取措施

➢ 最佳实践

某集团公司新增的职业健康安全法律法规清单及合规性评价表，将适用性条款逐条列出，并在每一条后面列出需要哪些证据资料、证据资料的提供责任部门或岗位、提供的频次，最后才列出评价的结果。评价结果后面还有专门列出不符合的改进具体措施及措施的证据资料，形成持续改进的闭环管理。

➢ 管理工具包

PDCA。

➢ 通过认证所需的最低资料要求

职业健康安全法律法规及其他要求清单，合规性评价表，合规性评价的支持证据。

35

内部审核

➢ ISO 45001：2018 条款原文

9.2 内部审核

9.2.1 总则

组织应按计划的时间间隔实施内部审核，以提供下列职业健康安全管理体系的信息：

a）是否符合：

1）组织自身职业健康安全管理体系的要求，包括职业健康安全方针、目标；

2）本标准的要求。

b）是否得到了有效的实施和保持。

➢ 条款解析

审核是为获得审核证据并对其进行客观评价，以确定满足审核准则的程度所进行的系统的、独立的并形成文件的过程。内部审核也称为第一方审核，是组织自我检视、溯源、纠正或改进的过程，由组织自己或以组织的名义进行，通过看、查、问、听等方式验证组织的管理体系是否持续满足规定的要求并且持续运行。

本条款要求组织按策划的时间间隔进行内部审核。对于这个时间间隔并没有明确规定，由组织自行策划。一般在体系建立以后试运行期间，第一次内部审核应在体系试运行2~3个月后进行。体系正式运行后一般要求到全年全覆盖，即每年至少进行一次内审，覆盖所有条款。

如遇到以下几种情况可以增加内审的次数。

1）组织运行情况发生变更时，如组织机构、管理方针和目标、产品、工艺、设备设施、生产设备、法律法规等发生重大变化；

2）出现重大职业健康安全事故或有安全隐患举报发生；

3）法律、法规及其他外部要求的变更；

4）管理体系认证证书到期换证前；

5）组织认为有必要时或需要时。

本条款是有关内审活动的总则部分，除了提出按计划进行内审，要看组织的运行是否符合职业健康安全管理体系的要求和组织自己的安全管理要求，包括安全方针、目标的达成情况等。除了对这些结果的验证，还要关注过程绩效，也就是本管理体系是否得到了有效的实施。

➢ 应用要点

1）应根据实际需求确定计划的时间间隔，一年一次、一年两次或一年多次。

2）内审不仅审核是否符合本标准的要求，还应考虑是否符合本组织自己的一些管理标准或要求。

3）不仅要关注结果，还要对过程的实施和保持进行审核。

组织对自身建立的职业健康安全管理体系进行审核，可以通过以下几个方面（但不仅限于）来确定体系是否得到有效的实施和保持：

1）组织是否进行危险源辨识和职业健康安全风险评价，是否建立与职业健康安全方针和职业健康安全目标，是否有实现目标的策划。

2）组织是否确定并提供建立、实施、保持和持续改进职业健康安全管理体系所需的资源。资源包括人力资源、自然资源、财务资源、技术资源、基础设施及其他资源。

3）组织是否保证以下过程得到控制：消除危险源和降低职业健康安全风险、变更管理、采购管理及应急准备和响应。

4）职业健康安全的法律法规的识别和合规性评价。

5）数据的收集、分析与利用、持续改进措施的有效性。

6）内审、管理评审、纠正/预防措施等自我完善机制的有效性。

7）以往审核的不符合的改进措施是否仍然有效。

8）与组织职业健康安全管理方针和目标的兼容性和一致性。

9）相关方、员工的抱怨投诉是否得到解决，是否达到他们的期望值。

10）组织职业健康安全资金是否优先保障。

➢ 本条款存在的管理价值

为确保内审的及时性，内审的频率应被策划考虑。本条款明确给出了主要的内审目的和方向，这是总则条款存在的意义。同时内审活动作为 PDCA 中的 C 环节，也是管理活动的重要组成部分。

内部审核可作为组织自查管理系统运行状态，以及管理者实施职业健康安全管理的一项重要工具来使用。内部审核不仅是对安全管理体系的评价，更重要的是促进组织发现问题和改进，并能及时跟踪纠正措施的落实情况。

➢ OHSAS 18001：2007 对应条款

4.5.5 内部审核

组织应确保按照计划的时间间隔对职业健康安全管理体系进行内部审核，目的是：

确定职业健康安全管理体系是否：

——符合组织对职业健康安全管理的策划安排，包括本标准的要求；

- 得到了正确的实施和保持
- 有效满足组织的方针和目标

——向管理者报告审核结果的信息。

组织应基于组织活动的风险评价结果和以前的审核结果，策划、制定、实施和保持审核方案。

应建立、实施和保持审核程序，以明确：

——关于策划和实施审核、报告审核结果和保存相关记录的职责、能力和要求；

——审核准则、范围、频率和方法的确定。

审核员的选择和审核的实施均应确保审核过程的客观性和公正性。

➢ 新旧版本差异分析

相比 OHSAS 18001：2007 的内审条款，ISO 45001：2018 将内审细化为两个条款，即条款 9. 2. 1 和 9. 2. 2。条款 9. 2. 1 的内容对应 OHSAS 18001：2007 条款 4. 5. 5 的前两项主要陈述，其实质内容并没有特别大的变化。但在 ISO 45001：2018 中特别明确列出：“是否得到有效的实施和保持”，可以看出 ISO 45001：2018 不仅关注结果，在安全管理上更关注过程管理，因为一旦过程失控可能就会造成人员的伤害或是发生事故。

➢ 转版注意事项

实际执行内审的过程中，注意审核的内容应涵盖 ISO 45001：2008 条款中那些新增的要求和内容，以确保转版后的系统运行符合新版的要求。

➢ 制造业运用案例

【正面案例】

某电力设备制造企业，除了建立了 OHSAS 18001：2007 体系以外，还通过了安全生产标准化的审核。该企业对内审部分的要求进行综合考虑，将内审的内容、频率统一策划，使得内审活动覆盖了两个安全管理体系的要求，从而提高该公司的内审效果。通过将内审确定为上下半年各一次，加强了内审的管控。

【负面案例】

某物流企业职业健康安全目标设定为“零伤亡、零隐患”。在内审中，审核员没有针对目标进行审核，审核时发现企业 1 年内出现 5 起工伤事故和 1 起死亡事故，并且没有完善的事故分析和整改措施实施。内审员见怪不怪，认为这是企业内部安全文化导向，是可以忽略的，导致外审时就该问题开出不符合项目。

➢ 服务业运用案例

【正面案例】

燃气公司因其安全风险高、运行复杂、服务要求烦琐等特点，其组织职业健康管理体系内部审核就要综合考虑安全、运行、相关方服务表现等多种因素。在内审的频率上，分为日常的检查和审核、节假日前的检查和审核、一些关键场所的专项安全检查和审核。内审策划不仅关注燃气公司自己运行的管理，同时关注居民这一重要相关方的安全用气隐患排查。通过内审发现问题及时排除隐患。

【负面案例】

某物业公司为了达到竞标要求建立了职业健康安全管理体系，但只是套用其他企业的管理手册和管理制度，每年的内审就是走形式，编一编审核报告，甚至仅仅把前一年的审核报告改一下日期来应付外审。体系运行混乱，问题长期得不到解决。最终在外审中，出现合规性评价的严重不符合项，被取消了证书资质。

➢ 生活中运用案例

【正面案例】

很多学校都建立了家长委员会（简称“家委会”）。家委会就相当于学校的内审员，对学校的管理活动进行监督和建议。特别是对于学校的食堂食品安全、学生活动中的设备设施安全、上下学的安全、雾霾天气的孩子健康管理进行监督审核。通常家委会都会制定自己的管理制度，比如定期开家委会议、收集各种反馈信息，向学校的管理层反馈，并监督学校采取必要的改进措施。通过这种方式有效地实现了“家”“校”共建，促进了学校的安全管理。

【负面案例】

孕妇小青怀了第三胎，她觉得自己已经生了两个孩子，都很健康，她也很有经验，就不用到医院去做 B 超了，辐射多了对孩子也不好。孩子一直有胎动，和前两个孩子怀孕时的反应差不多。怀孕 4 个月时，登记的社区卫生院打电话让她去做畸形筛查，她也没有去。等孩子生下来才发现是唇腭裂。这就是生活中不重视定期检查和重要事项筛查的后果。

➢ 组织运行时常见失效点及可能的应对措施

常见失效点	可能的应对措施
组织的过程复杂、架构庞大，涉及的安全法律法规较多，但是内审频率只是一年一次，导致一些管理失效没有及时发现。比如，法律法规变更后没有及时评审，导致企业违规违法，甚至造成安全事故	根据组织的情境适当增加审核的频率
审核只考虑了本标准要求的符合性，没有对组织自身的要求进行审核，或者是审核不够全面	进行审核策划的时候，应考虑组织自身的安全管理要求。比如，可以将组织的一些安全要求纳入审核检查表中
审核只关注结果指标，没有关注过程，没有关注是否有效的实施和保持	审核策划时应注意增加策划从哪些维度验证标准的实施过程和保持的有效性；同时也应注意提升审核员的审核能力，以确保其懂得如何审核一个过程、如何进行体系有效性的审核

➢ 最佳实践

水务集团某公司内审员团队的培养。

1）运用标准化方式完成内审团队组建：从资格素质要求、工作职责、日常管理增补、激励机制等方面构建了公司体系管理员团队的管理制度。

2）每个职能部门挑选内部优秀员工组成 27 人的内审员团队。

3）团队成立后，首先对内审员进行摸底调查，同时根据内审员成熟度进行区别培训。通过这一系列培训和活动交流，使内审员们对体系有了基本认识，让大家学会用体系的语言和思维来交流内审工作。同时，从中筛选出一批表现优秀的内审员，作为后期重点培养对象。

4）聘请有资质的专家一对一完成实际内部审核。利用乌龟图管理工具完成过程的控制、文件的适意性、规程的可操作性及审核表的记录，不符合条款的认定，采用“以审带训”“以老带新”的方式让内审团队能力得到提高。

➢ 管理工具包

PDCA。

➢ 通过认证所需的最低资料要求

内审计划、内审方案、内审记录、内审报告、内审不符合项报告、不符合项整改报告。

36

内部审核方案

➢ ISO 45001：2018 条款原文

9.2.2 内部审核方案

组织应：

a）建立、实施和保持包括实施审核的频率、方法、职责、协商、策划要求和报告的审核方案，并且应考虑所涉及的过程的重要性和以前的审核结果；

b）规定每次审核的准则和范围；

c）选择审核员并实施审核，确保审核过程的客观性与公正性；

d）确保向相关管理者报告审核结果，确保相关审核结果报告给员工、员工代表（如果存在），以及其他相关方；

e）采取措施处理不符合和持续改进职业健康安全绩效；

f）保留文件化信息，作为审核方案实施和审核结果的证据。

注：更多关于审核信息，参考 ISO 19011 审核管理体系指南。

➢ 条款解析

审核方案在策划、制定时，可建立审核计划，考虑组织过程的重要性、管理的优先级、影响组织的变更、以往审核结果等因素，确定审核频率和审核时间，确定审核方法（包括但不限于文件审核、面谈、观察、抽样等），基于过程实施审核。重要过程和过去经常出问题的地方应重点审核，并适当增加审核频率。

➢ 应用要点

审核的准则应明确。组织的审核准则一般是 ISO 45001：2018、组织的自身管理要求，如程序文件、法律法规和其他要求等。

审核范围应在审核方案中明确，可以包括所有、单个或多个部门、过程、业务领域、项目、过程、活动及其所涉及的各项要素。审核可以分阶段进行，每阶段只是对某些特定的范围领域进行审核。

为确保审核的公平公正客观，应对审核员进行选择。一般情况下审核员不得审核自己的工作，在小企业审核员人手不足的情况下，可安排其他岗位的内审员共同见证审核过程。与质量管理体系不同的是，选择职业健康安全管理体系审核员时应考虑其是否了解受审核部门及其业务职责领域内相应的法律法规和其他要求。

对于职业健康安全管理体系的内审员不能只了解生产流程和具有一般的审核能力，更重要的是要具有安全技术专业能力。企业可安排具有国家注册安全工程师证书的人员或具有类似能力的人员负责内审。他们对安全生产管理知识和安全生产技术、事故现场勘验技术和应急处理措施、重大危险源管理与应急救援预案编制等进行过系统学习，并定期参加再教育。这些能力运用在组织职业健康安全管理上有非常重要的作用。

内审结束后应将审核结果报告组织相关管理者，审核发现涉及的普通员工、员工代表、有关的相关方，针对审核中产生的不符合分析原因、制定应对措施（考虑系统联动影响）、明确责任人和整改期限。保留内审计划、内审检查表、内审报告、不符合项报告等文件化信息作为内审实施及审核结果的证据。

➢ 本条款存在的管理价值

内审员通常被称为组织的保健医生，内审是对组织管理体系的运行状态进行体检。标准中使用了“组织应”，意味着组织的管理体系体检是强制的、必须的、被标准明确要求的，而不是想检就检、不想检就不检。

内审前需策划审核方案，确保审核资源最大化应用。本条款对内审的具体实施提供了更详尽的指导。

➢ OHSAS 18001：2007 对应条款

4.5.5 内部审核

a）向管理者报告审核结果的信息。

组织应基于组织活动的风险评价结果和以前的审核结果，策划、制定、实施和保持审核方案。应建立、实施和保持审核程序，以明确：

b）关于策划和实施审核、报告审核结果和保存相关记录的职责、能力和要求；

c）审核准则、范围、频次和方法的确定。

审核员的选择和审核的实施均应确保审核过程的客观性和公正性。

➢ 新旧版本差异分析

1）ISO 45001：2018 中，除“确保向相关管理者报告审核结果”外，增加了“确保相关审核结果报告给员工、员工代表（如有），以及其他相关方”。确保条款 5.4 中非管理类员工协商策划、建立、实施并保持一个或多个审核方案可执行。即原来的标准只强调内审结果报告到管理层，今后会确保非管理类相关员工、员工代表、其他相关方对相关的审核发现有知情权。这既体现了管理体系的“全员积极参与”的原则，又考虑到员工的职业健康安全是受到法律法规和其他要求保护的。如果说某些企业的职业健康安全管理体系的内审结果以前是“养在深闺人未识”，今后将“飞入寻常百姓家”。

2）ISO 45001：2018 对内审方案增加了“采取措施处理不符合和持续改进职业健康安全绩效”的要求，保证在内审策划阶段就要树立风险控制和持续改进的意识。因为有“不符合”就会有“应对措施”，就容易产生变更，而变更容易引发风险、容易产生管理体系的联动。为保证持续改进绩效，每个点的改善都要从全局的角度考虑。

➢ 转版注意事项

转版时从体系文件、记录上不需要做太多改变，需要在审核中加入组织环境、相关方、领导作用和员工参与、风险管理、文件化信息、外包的审核点。应注意监控审核员的实际审核能力是否符合 ISO 45001：2018 的要求。

➢ 制造业运用案例

【正面案例】

制造业的审核通常是一年内对所有部门、所有流程全方位无死角审核。通常，通过职业健康安全管理体系认证的企业，也会同时通过质量管理体系和环境管理体系的认证，所以在确定审核方案时要清晰地识别结合审核所需的活动，合理安排审核时间和审核人员。以往审核结果中有问题的部门是审核重点。策划方案时审核时间要向审核重点部门倾斜。不同行业涉及的法律法规、行业标准众多，职业健康安全管理体系的审核员和参与合规性义务评价的人员一样，需要在掌握法律法规、标准和其他强制性要求或必要要求（如上级公司要求、当地工会组织要求、客户要求等）的基础上开展工作。

【负面案例】

某制造企业进行年度内审，内审员对所审核部门的情况不了解，也没有提前做功课，未编制有针对性的检查表。由于检查表可操作性差，审核时没有目的性，检查样本缺乏代表性；同时内审员对程序文件的内容及现场情况了解不够，对审核部门所涉及的条款和文件未吃透，查出的问题多浮于表面，未能就追究其根本原因。例如，审核员开具的不符合项目为"未填写安全培训记录。"审核员没有深入询问培训做没做、有没有培训效果、员工是否达到了培训要求、安全意识或安全技能是否提升，而仅仅查记录填写与否。培训是否按照策划有序进行、是否达到培训效果、什么原因导致的没有培训记录，这些才是审核员应当跟踪的内容。

➢ 服务业运用案例

【正面案例】

受审核部门以往发现的问题和同行业的案例事件，均可作为策划审核方案时的参考。例如，2018 年 5 月 14 日四川航空公司 3U8633 航班执行重庆飞往拉萨的任务，在 9800m 高空驾驶舱右座前挡风玻璃突然破裂脱落，驾驶舱内温度骤降至-40℃，内部失压，仪表盘破损，控制台遭到破坏。机长凭借过硬的飞行技术，使一场空难免于发生。

事故发生后，业内人士分析原因可能有三种：①玻璃老化；②风挡玻璃上的除冰电阻丝短路，造成局部过热，导致玻璃破裂；③飞机制造或修理时的人为因素（玻璃材质、固定用螺丝钉规格等）。

航空公司内审时，可重点关注飞机检修维修流程（是否按计划按步骤检修、玻璃材质、螺丝钉规格、电阻丝检测等），和飞行员能力的确定。

【负面案例】

某大型餐饮集团在做职业健康安全体系内审时，由于审核员都是兼职服务员，只能安排审核自己的部门及工作。结果内审 3 天下来，自己部门的大问题都在审核中被内部消化或整改了。审核员也不好意思给自己部门的经理开具不符合项，怕被领导"找茬"。所以每次内审都皆大欢喜，没有不符合项目。可是后厨地面湿滑、烟道长期不清理容易造成火灾等隐患迟迟没有暴露，也没有整改。最终导致政府部门检查时被停业整顿。

➢ 生活中运用案例

【正面案例】

孩子在成长过程中，无论在家、幼儿园、学校、游乐场，都会存在各种各样的安全风险，所以家长对孩子安全意识的培养是十分重要的。那如何确认孩子熟悉和掌握安全知识，具备防范能力和应急处理能力呢？就需要家长定期来进行检查（内审）。对于男孩和女孩、调皮的孩子和安静的孩子，检查方案（内容、方法、频率等）显然是不一样的。即使是同一个孩子，在不同的成长阶段、不同的活动场所，检查方案也会有所区别。检查方案越有针对性，检查结果就越有效，对孩子的成长安全就越能起到保证和指导作用。

【负面案例】

小蔓找对象的标准很高，要求男方有房有车，年薪 30 万元，身高 1 米 8 以上，研究生学历，谈吐大方，有幽默感，会体贴人。历经 60 余次相亲，小蔓都觉得男方不是这不好就是那有缺点，始终没有找到完全符合她标准的。她的同学都劝她，是时候修正一下择偶的审核准则了。这就是审核准则定得不好，导致审核失效的生活案例。

➢ 组织运行时常见失效点及可能的应对措施

常见失效点	可能的应对措施
审核要素覆盖不全面	针对每个过程逐一分析审核要素
未对重要过程、重要部门、以往审核结果加以关注，平均分配审核时间	策划审核时间时关注重要过程、重要部门、以往审核发现的问题
选择审核员时未考虑其是否了解受审核部门相应的法律法规和其他要求	选择具有专业知识的审核员或进行培训
内审结果只报告到管理层及中层领导，未告知与事件相关的普通员工、员工代表、有关的相关方	将审核发现告知与事件相关的普通员工、员工代表、有关的相关方
针对不符合项制定应对措施时未考虑系统联动效应，未考虑变更对全局的影响	站在管理体系全局的角度制定应对措施
审核员虽然获得内审员证书，但是实际的审核技能还远远不够	反复加强内审员的专项内审技能训练，可考虑请有资质、有能力的外部审核员进行一对一辅导，使审核员技能快速提升

➢ 最佳实践

当前，越来越多的组织使用电子媒介管理其体系的运行，这意味着必须设计新的审核方案，以确保审核是有效的。

策划审核一个适当依赖于电子版文件、数据和软件的管理体系，要确定管理体系的范围（它可能是一个集中的电子版管理体系的多现场组织，或者是一个虚拟组织）。要对审核员进行有关通用信息技术的培训，以保证其具备有效的审核能力。审核时可能还要考虑：

1）组织需要提供哪些信息技术资源，以确保电子版管理体系有效地运行；

2）如何确定操作软件和硬件人员所需的能力；

3）信息技术平台是否有维护程序、备份系统，是否定期评审；

4）如何控制软件适当的更新；

5）绩效数据可能完全是电子版记录，组织如何保护电子版信息；

6）当组织依赖于使用电子交流的信息技术与客户（如电子贸易）、供应商（如电子采购)、外部场所和其他的利益相关方进行沟通交流时，这些沟通交流和相关的交易方法是否被规定。

➢ 管理工具包

乌龟图。

➢ 通过认证所需的最低资料要求

内审方案，内审计划，内审检查表（不是必须要求，但可有效指导内审活动），不符合项报告，内审报告。

37

管理评审

➢ ISO 45001：2018 条款原文

9.3 管理评审

最高管理者应按计划的时间间隔对组织的职业健康安全管理体系进行评审，以确保其持续的适宜性、充分性和有效性。

管理评审应包括对下列事项的考虑：

a）以往管理评审所采取措施的状况。

b）与职业健康安全管理体系相关的内部和外部议题的变化，包括：

1）相关方的需求和期望；

2）法律法规和其他要求；

3）组织的风险和机遇。

c）职业健康安全方针、目标的实现程度。

d）组织职业健康安全绩效方面的信息，包括以下方面的趋势：

1）事件、不符合、纠正措施和持续改进；

2）监视和测量的结果；

3）法律法规和其他要求符合性评价结果；

4）审核结果；

5）员工的协商和参与；

6）风险和机遇。

e）用于保持职业健康安全管理体系有效性的资源充分性。

f）与相关方的相关沟通。

g）持续改进的机遇。

管理评审的输出应包括相关决策：

——在取得预期结果方面职业健康安全管理体系的持续适宜性、充分性和有效性；

——持续改进机遇；

——与职业健康安全管理体系变更的任何需求；

——所需的资源；

——必要的措施；

——改进职业健康安全管理体系与其他业务过程融合的机遇；

——任何与组织战略方向相关的结论。

最高管理者应将管理评审的输出结果沟通给员工及其代表（如果存在）。组织应保留文件化信息，作为管理评审结果的证据。

➢ 条款解析

管理评审是组织为评价管理体系的适宜性、充分性和有效性所进行的活动。在国家标准里用的是“评审”这个词，而英文原文中用的是“review”，其含义是“回顾”。管理“回顾”，就是让大家“回头看”。只有掌握以往的（不仅指上次，而其实可以是以前好几次的，甚至可能是历年的）评审历史脉络、所采取措施的状况，再来说将来该如何。

组织的最高管理者，是指在最高层指挥和控制组织的一个人（指公司的一把手）或一组人（副总以上）。最高管理者有权在组织内部授权并提供资源，对职业健康安全管理体系承担最终责任。在本条款中，明确界定了管理评审是组织的最高管理者的责任。

管理评审的主要内容是组织就管理体系过去的、现在的、趋势的信息，对体系的适宜性、充分性和有效性以及方针和目标的贯彻落实及实现情况进行的综合评价活动，其目的就是通过这种评价活动来总结管理体系的业绩，并从当前和历史的业绩上考虑找出与预期目标的差距，通过分析看到趋势，同时考虑任何可能改进的机会，在研究分析的基础上，提高组织职业健康安全管理绩效，消除危险源和尽可能降低职业健康安全风险（包括体系缺陷），利用职业健康安全机遇，对职业健康安全管理业绩予以评价，从而找出自身的改进方向。

条款9.3中提出了评价职业健康安全管理体系“适宜性、充分性和有效性”的要求，这是管理评审应重点关注的三个方面。不少组织开展管理评审时，未能针对这三个方面进行全面深入的评价，而是流于形式或走过场，起不到职业健康安全管理体系应有的自我改进和自我完善作用。

适宜性（能不能用），指职业健康安全管理体系与组织所处的客观情况的适宜过程。这种适宜过程应是动态的，即职业健康安全管理体系应具备随内外部环境的改变而做相应的调整或改进的能力，做到“你变我也变”，以实现规定的职业健康安全方针和职业健康安全目标。

充分性（够不够用），指职业健康安全管理体系对组织全部职业健康安全活动过程覆盖和控制的过程，即职业健康安全管理体系的要求、过程展开和受控是否全面，也可以理解为体系的完善程度。

有效性（有没有用），指组织对完成所策划的活动并达到策划结果的程度所进行的度量，即通过职业健康安全管理体系的运行，完成体系所需的过程或者活动而达到所设定的职业健康安全方针和职业健康安全目标的程度，包括与法律法规的符合程度等。

总之，由于组织内部环境的变化，可能导致职业健康安全管理体系的不适宜；由于过程未识别或已识别的过程未充分展开，可能造成职业健康安全管理体系的不充分；由于职业健康安全方针和职业健康安全目标未能实现，会影响职业健康安全管理体系的有效性。

适宜性、充分性和有效性是相互关联、不可分割的整体。有效性是组织建立职业健康安全管理体系的根本目的，适宜性、充分性是达到有效性的重要保证。职业健康安全管理体系对环境的变化应具有持续的适宜性，在满足要求方面具有持续的充分性，从而确保实现职业健康安全管理方针和职业健康安全目标，不断提升绩效的持续有效性。

管理评审的输入与其他条款直接相关。管理评审的输入应用于确定趋势，以便做出有关职业健康安全管理体系的决策和决策措施。管理评审输入的实质内容或逻辑关系，其实就是体系内各章节的内容和关系。即管理评审就是利用第 5 章领导作用和员工参与，基于第 4 章组织环境的情况，来检视经过第 6 章策划和第 8 章运行之后，对第 7 章支持运用并表现在第 9 章绩效的情况，并最终为第 10 章改进做好输入的准备。包括：以往的管理评审的措施状态、内外部环境的变化（条款 4.1）、合规性评价（条款 9.1.2）、职业健康安全目标（条款6.2）、运行（条款4.4 和8.1）、不符合和纠正措施（条款10.2）、监视和测量结果（条款 9.1.1）、内部审核结果（条款 9.2）、外部供方的绩效（条款 8.4）、资源充分性（条款 7.1）、针对风险和机遇采取措施的有效性（条款 6.1）、改进机遇（条款 10.1）等。

管理评审输入七个方面的内容如下表所示。

管理评审输入包括七个方面的内容	评审目的	评审内容
以往管理评审所采取措施的状况	通过了解以往管理评审输出的情况，确定体系的有效性	以往管理评审的输出，其决策措施的实施情况
管理评审需要考虑与职业健康安全管理体系相关的内外部因素，可能管理体系的变更方面	通过了解由于任何原因导致可能需要变更的体系要素，确定体系的适宜性，以及变更可能会产生的影响	1）相关方的需求和期望；2）法律法规要求和其他要求；3）风险和机遇；结合条款 4.1、4.2、6.1.1、6.1.2、6.1.3、8.1.3 的输出
职业健康安全方针和职业健康安全目标的实现程度	通过了解目标状况和职业健康安全管理体系运行的状况及两者差距，用以确定职业健康安全体系的符合性、适宜性和有效性	结合条款 9.1.1、9.1.2 的输出对条款 6.2 职业健康安全目标及其实现的策划的输出进行评审：①具有可能影响职业健康安全的运行和活动的关键特性和绩效目标的制定和实现情况；②实现目标所采取的相关措施和过程执行情况；③如没有达成或超越目标，则可分析原因和应采取的可能机遇，制定可采取措施的建议
为全面了解职业健康安全绩效，职业健康安全绩效方面的信息包括以下方面的趋势： 1）事件、不符合、纠正措施和持续改进 2）监视和测量的结果 3）法律法规要求和其他要求的合规性评价的结果 4）审核结果 5）员工参与和协商 6）风险和机遇	最高管理层应重视数据分析、评价和发展趋势。充分记录监视和测量的数据结果，因为过程的有效性和效率直接影响管理体系整体绩效。通过过程能力和过程的绩效之间关键指标进行监视，找到差距（管理评审的输出应关注改进机会）。突出数据分析，关注体系的有效性	典型的需要进行测量和监视的关键特性包括：①重大危害因素风险控制结果；②适用的法律法规及其他要求的符合情况；③与所辨识的危险源和职业健康安全风险和职业健康机遇相关的活动和运行；④职业健康安全目标指标的符合情况，管理方案的实施效果；不符合纠正情况，运行和控制的有效性；⑤培训效果；⑥事故、事件、职业病等不良绩效等；⑦事件、不符合以及纠正措施及其执行情况；⑧对外部供方控制有效性；⑨适用时，对监视和测量方法、设备的要求的满足等
为保持有效的职业健康安全管理体系所需的资源的充分性；持续改进的机遇	从体系实施的状况判断资源对职业健康安全体系支持的适宜性、充分性和有效性，帮助体系实现持续改进	参考条款7.1，与条款5.1、5.3结合，与条款6.1.4 和6.2.2 的输出相结合，最高管理者在资源配置方面进行集体讨论和决策，判断需要的资源

续表

管理评审输入包括七个方面的内容	评审目的	评审内容
与相关方的有关沟通	组织应考虑合规义务，组织需要考虑到相关方（不同层级、承包商、来访者、其他相关方），组织不能仅仅将其风险通过外包等方式“嫁接”出去：①确保所有沟通获得有效实施；②确保法律法规和其他要求的沟通有成文信息；③反省沟通结果或效果（无论是正面还是负面）	内外部沟通程序和实施情况及效果反馈的统计分析。尤其是关键相关方在沟通过程中重要的要求、期望、意见、建议、投诉、申诉、纠纷、汇报、评价等对管理体系运行过程中的各对应要素的影响或对管理体系过程的反映 组织的信息的流动应是双向的、真实可靠、有响应的
持续改进的机会	通过管理评审，最高管理层可寻找组织改善的机会和控制风险的可能	①已识别的可改进的方向；②改进的目标及方法

管理评审的输出应包括以下三方面的决策。

管理评审的输出	输出决策内容
结论	①职业健康安全管理体系的持续适宜性、充分性和有效性的结论；②任何与组织战略方向相关的结论
新目标	①持续改进机遇；②职业健康安全管理体系变更的任何需求
措施计划	①为了目标实现可靠而实施的各种措施；②改进职业健康安全体系与其他业务过程融合中可能增加的活动；③所需的资源

管理评审输出结果，不仅是管理层需要知道，而且本条款也要求向员工或员工代表沟通，实现全员参与其中，以利于组织安全文化的建设和人员安全意识的提升。

➢ 应用要点

（1）管理评审的频率。最高管理者应“按照计划的时间间隔”定期主持管理评审，在计划的周期内至少一次，也可以多次或者分几次。通常计划周期可为一年。在以下特殊情况下，可决定增加管理评审频率：

1）公司的组织机构、重大岗位职责、资源、公司经营战略、市场环境发生重大变化或调整时；

2）公司发生重大职业健康安全事故，或相关方连续投诉，出现或可能会出现不可接受风险的事件或事态时；

3）重要相关方有重大新的法律法规或其他要求，法律、法规、标准及其他要求影响引起管理体系的重大变更时；

4）总经理认为必要的其他时机（如第三方审核前）。

（2）管理评审一般采用会议的方式进行。组织可以决定一年评审几次，也可以用一年的时间分几次把管理评审需要讨论的议题全部覆盖。组织的管理评审的频率、范围、规模、层级可根据组织的宗旨、产品或服务的复杂程度、规模及管理需求适当安排。

（3）ISO 45001：2018 的管理评审是为实现持续改进的承诺而作出的，是职业健康安全方针、目标、指标以及其他管理体系要素的修改有关的决策和行动的输出，应关注战略管理思维以及改进职业健康安全体系与其他业务过程融合的思维。

（4）管理评审本身是一个独立过程，应包括以下几个环节：编制计划—输入资料—召开管理评审会议—输出资料实施验证。在前述的几个环节后，可由历届管理评审效果对比，并为下次管理评审过程的改进做好计划安排。

（5）输出应包括对职业健康安全管理体系运行的适用性、充分性、有效性进行评价的结论。

（6）管理评审需要保留成文信息，可以是会议日程、会议资料、会议纪要、管理评审报告、会议决议、或管理评审措施跟踪验证记录等，以便于跟踪、验证和作为符合性的证据。

➢ 本条款存在的管理价值

本条款位于职业健康安全管理体系“三级监控机制”的最高层级——决策层监控措施。通过对内外部环境状况进行总体判断，将一些管理层解决不了的问题、关系组织战略和方针的问题集中在一起，在回顾“以往”内审的结果、目标和指标的实现程度等的监测、研究分析的基础上，总结管理体系的业绩，找出与预期目标的差距，考虑受益者（管理者、员工、供方、顾客、社会）的期望，考虑“未来”任何可能改进的机会，由决策层加以解决。对组织在提高职业健康安全，消除危险源和尽可能降低职业健康安全风险（包括体系缺陷），利用职业健康安全机遇予以评价，从而找出自身的改进方向，做出调整。

条款 9.3 与条款 9.2、9.1 构成体系三级监控框架，从不同层面和角度相互关联和呼应，以保证管理体系持续适用、充分和有效。

➢ OHSAS 18001：2007 对应条款

最高管理者应按计划的时间间隔，对组织的职业健康安全管理体系进行评审，以确保其持续的适宜性、充分性和有效性。评审应包括评价改进的机会和对职业健康安全管理体系进行修改的需求，包括职业健康安全方针和职业健康安全目标的修改需求。应保存管理评审记录。

管理评审的输入应包括：

a）内部审核的结果和组织应遵守的适用法律法规和其他要求的合规性评价的结果；

b）参与和协商的结果（见 4.4.3）；

c）来自外部相关方的相关交流信息，包括抱怨；

d）组织的职业健康安全绩效；

e）目标的实现程度；

f）事件调查、纠正措施和预防措施的状况；

g）以前管理评审的后续措施；

h）客观环境的变化，包括与组织职业健康安全有关的法律法规和其他要求有关的发展变化；

i）改进建议。

管理评审的输出应依照组织持续改进的承诺，包括与以下方面可能的变化有关的任何决策和行动：

a）职业健康安全绩效；

b）职业健康安全方针和目标；

c）资源；

d）其他职业健康安全管理体系要素。

管理评审的相关输出应能为交流和协商所获取（见4.4.3）。

➢ 新旧版本差异分析

ISO 45001：2018 条款 9.3 有如下变化：

1）强调了基于风险的思维，更加关注“组织环境”，基于内外部问题的风险思维及可能产生的变更，以及变更可能会产生的影响确定体系的适宜性。

2）更关注相关方的需求和期望；会考虑更大的社会期许。组织需要考虑他们的分包商和供应商，及他们的工作会对周围的邻居造成怎样的影响，比仅仅关注于内部员工的条件更加广泛。

3）更重视充分记录职业健康安全绩效方面监视和测量的数据结果的信息，关注发展趋势。

4）管理评审输出更关注任何与组织战略方向相关的结论。

5）更关注改进职业健康安全体系与其他业务融合的机会。

➢ 转版注意事项

对管理评审运行的方法不必改变，可以借助转版对方法进行完善和改进，如融于业务会议、例会，与年终会议整合等。分阶段完成全面的评审议题等。

按照 ISO 45001：2018 的要求，输入增加了组织情景分析，更加关注“组织环境”，更加强调最高管理者的职责和领导作用及基于风险的思维，更加关注于绩效的监视与测量，关注供方的管理绩效及更大的社会期许；输出更关注改进职业健康安全体系与其他业务过程融合的机会，任何与组织战略方向相关的结论等。所以，在转版前，按照新版标准的输入输出更新内部描述的内容。如果组织原来有“管理评审程序”，需要重新补充文件中管理评审输入的具体内容。对于输出关注与战略有关的“未来”的改进和融于业务过程的措施的制定。如果组织不想为此写一个管理文件，只需保留管理评审记录，确保输入、输出完整有效即可。但鉴于管理评审是最高管理者组织的，因此建议管理评审程序的内容要能尽量体现管理体系的原则。

➢ 制造业运用案例

【正面案例】

某危险化学品储存企业每年年底召开职业健康安全管理评审会议。管理评审会议上，安全主管经理汇报说，该企业装卸工艺采用上装方式，这种作业方式存在着劳动强度高、安全性差、低效、配套设施复杂且对挥发出的油气难以收集处理等弊端。与上装作业方式比较，下装方式具有环保、安全、高效又不占地的优点。且目前，中国石化和中国石油两大国内成品油销售企业已开始对汽车油罐车进行批量改装，以适应下装作业的要求。新建成品油库均在推行以汽车下装工艺为主，并对现有的汽车上装工艺逐步进行下装式改造。

国家层面、集团公司均对危险化学品储运安全、环保管理提出了更高的要求。与会领导经过讨论，结合企业实际及发展需要，决定对油品储运装卸设施进行升级改造，将改造项目列入预算。安全环保经理、财务经理、技术经理以及采购经理负责在两个星期内做出预算，并在公司内立项。这个管理评审输出体现了其中资源决策的部分。

【负面案例】

某厂管理部经理在一次体系审核中对审核员说，在最近的一年内只组织了一次管理评审，是在6月15日召开的，并形成了一份“管理评审报告”，报告内容仅涉及该厂近期要改造锅炉房燃煤系统的讨论情况。报告上，管理部经理说：“由于近期要对锅炉燃煤系统进行改造，因此这次评审主要讨论了锅炉改造的有关情况。”当审核员查看管理评审会议的讨论记录时，经理说：“记在笔记本上。”审核员查看笔记本，看到在6月15日召开的是总经理办公会。管理部经理说：“我们就把这次办公会当作了管理评审。”

管理评审可以分多次举行，也可以一年一次，具体的频率应由组织的实际情况去决定。但不论是一年一次还是多次，在一个评审周期内（通常是至少一年一次），管理评审会议所应涉及的内容应该都被囊括进去。管理评审会议可以和组织的各种经营会议相结合，分多次进行，但管理评审的输入输出的要求不能缺少。

➢ 服务业运用案例

【正面案例】

某酒店在管理评审会议上，设备部经理报告今年年初因消防水泵设备故障隐患问题被安监部门责令整改，申请购置消防水泵，并对隐患线路进行整改，但财务部门因为预算问题一直没有同意。酒店总经理听取了这个汇报后，认为酒店安全管理工作是酒店经营工作的前提和保障，购置消防水泵和消防线路改造项目应更优先，于是在管理评审会议上与高管充分沟通，最后确定追加预算，购置设备。

【负面案例】

某物流公司召开职业健康安全管理体系评审会。总经理认为职业健康安全的事与业务总监没有什么关系，没有邀请他参加。会议中间讨论，由于同行业集采供应商被安监部门要求停业整改，造成该物流公司下游顾客供应紧张。为了预防类似风险，HSE总监建议审核供应商的职业健康安全绩效，但是业务总监没有参加会议，无法进行有效讨论，导致该管理评审会议无法得到有效的会议输出。

➢ 生活中运用案例

【正面案例】

某家庭一次健康体检后，针对爷爷检查出的糖尿病风险的健康管理问题召开家庭会议，共同商议爷爷的糖尿病风险控制与管理。家庭成员在医生的健康管理方案的指导下，从爷爷的饮食、运动、生活作息、情绪管理等方面进行了讨论，针对方案的具体健康指导指标，责任落实到奶奶、爸爸、孙子和妈妈分工负责。家庭成员希望通过共同的努力和关爱，将爷爷的糖尿病风险（糖耐量损伤）控制在最低范围，甚至保持健康的状态。

【负面案例】

现代社会离婚率居高，其实也体现了现代人对婚姻的安全管理评审的不足。很多人觉得结婚了，认认真真过日子就不会有问题，往往忽略了对自己婚姻的自审自查，更没有适时地由夫妻双方共同参与婚姻管理评审。由于夫妻之间缺少足够的交流和沟通，日常生活中很多小小的问题无法通过有效的评审发现改进的机会，最终形成导致婚姻破裂的引爆器。

➢ 组织运行时常见失效点及可能的应对措施

常见失效点	可能的应对措施
评审前期准备不充分，输入信息未充分收集，未考虑组织内外部问题、相关方要求、风险与机遇等；监视和测量数据不充分，未能进行风险和数据分析，未能提炼出有价值的信息	管理评审会议准备，组织者应当责成责任部门按照管理评审输入要求准备相关会议资料
最高管理者不了解体系，没有把管理评审作为一种管理手段，而仅仅是为了组织的体系认证走过场	转版时对管理者进行体系价值培训，使最高管理者了解管理评审对于组织持续改进的价值
管理评审报告知识由体系负责部门独立制作一份记录，而不是高管层支持并参与的一项关键业务	通过培训和沟通，引起高管层对体系价值的的关注，将管理评审融于高管例会或者年终会议
管理评审措施跟进走过场，资源保证不足	通过体系价值培训，引起措施涉及的部门对改进措施的重视，通过评审会议保证资源

➢ 最佳实践

很多知名企业都会定期组织各种类型、不同层级的经营管理会议。在由总经理参与的经理级会议上，往往会按照各部门的职能，由各部门负责人进行工作汇报。汇报的内容涵盖了管理评审的输入要求。有时候还会由各部门提前准备会议所需的PPT资料，便于在汇报的时候快速分享，并为管理评审的输出提供充分的信息。在汇报的过程中，各部门的职业健康安全管理方面的落实情况是由各部门负责人自己进行汇报，充分体现了“谁主管，谁负责”，落实主体责任的思想。会议中讨论的结论输出都会以文件化的形式写下来，便于分享和下次会议的时候对前次会议决策落实情况进行追溯。在很多外企中，这样的经营管理会议往往是每个月或每个季度一次。在很多国企中，你可能会听到“上会”这个俗称，其实就是他们进行管理评审的一种形式。

➢ 通过认证所需的最低资料要求

管理评审输入、输出报告、措施和验证记录。

38

改　　进

➢ ISO 45001：2018 条款原文

10.1 总则

组织应确定改进机遇（见第 9 章），并实施必要的措施实现其职业健康安全管理体系的预期结果。

➢ 条款解析

本条款是“改进”章节的总论，明确了两点要求：

1）组织应确定改进的机会（通过第 9 章节的评价过程）；

2）实施必要的措施以实现职业健康安全管理体系的预期结果。

组织如何确定机会呢？第 9 章节有三个条款，从点、线、面三方面评估了组织职业健康安全管理体系的绩效，在这一过程中可以发现与准则和期望结果的差异，这个差异体现出来就是提升的机会。除此以外，突破性变革、创新和重组都有可能存在改进机会。

实施必要的措施以实现职业健康安全管理体系的预期结果，“必要”表明了措施的制定是要必备的、必须的、不可或缺的，要能够达到实现预期结果的目的。所采取的措施可根据第 6 章的要求进行策划，改进的措施将在下一个管理评审周期内被监测、评价、审核和评审。

➢ 应用要点

（1）组织需了解改进机会的来源，可以是纠正不符合，也可以是不断提升期望值。第 9 章主要阐述的是监视、测量、统计分析、评价和评审的过程，通过这些过程可发现主要的改进机会。

条款 9.1 通过监视和测量组织体系运行过程和控制结果，可以对照发现运行过程中的不符合或与期望的差异（包括超越预期期望）；条款 9.2 通过对体系线状的梳理发现管理的断链和体系的有效性的差异，以及可能的最佳实践；条款 9.3 从管理层面分析各层次和层面的绩效以及支持的缺失，发现可以提升的机会。

（2）采用必要的措施，组织必须确保措施是有效的。所以建议组织除了按照第 6 章的要求进行策划外，在合适的时机采用合理的方法监视、测量、分析、评价或评审所采取的措施，例如：

1）相关人员和部门的小组评审会，管理评审会议；

2）改善过程中的监视和结果分析。

➢ 本条款存在的管理价值

本条款是体系形成 PDCA 中 A 的环节，具有承上启下的作用，上一轮的输出变为下一轮的输入，使体系不是僵化的管理片段，而是动态的管理链，使得管理体系具有活力和敏捷性。本章节的执行，使得前面 P-D-C 三个环节的努力效果成为现实。

➢ OHSAS 18001：2007 对应条款

无对应条款。

➢ 新旧版本差异分析

本条款是 ISO 45001：2018 新条款之一，它沿用了与 ISO 9001：2015 相同的架构，不仅重视纠正与预防不符合，而且更加重视持续改进的机会，是战略管理思维的体现。OHSAS 18001：2007 重点强调了事件调查之后的改进，而本条款作为总则，强调更大范围的改进机会，也就是日常监测中发现的、内审中发现的、管理评审中发现的都可以作为改进的机会，而不是等事故（事件）发生了再去考虑改进机会。这更符合风险防控的要求。

➢ 转版注意事项

本条款在文件和记录上可以不做追加，但是在加强员工培训中应明确新体系的改进不仅是纠正和预防不符合，还有在持续改进上的提升。

➢ 制造业运用案例

【正面案例】

中石化某企业在上海赛科化工有限公司事故后，特地组织了企业内部事故分析讨论会，通过对兄弟企业的事故分析找出自己的不符合，制定措施进行整改。通过整改活动，使得该企业的安全管理水平有了很大的提升。

【负面案例】

某企业在同一设备上连续发生同一性质的事故，进行整改后时隔 4 年又发生了同样的事故。事故调查时发现，一线主管并没有对前面的事故有清晰的认知，在现场监管时不关注员工的不安全行为，依然允许员工屏蔽安全装置，造成事故的再次发生，没能实现安全生产 360 天无事故的预期效果。

➢ 服务业运用案例

【正面案例】

酒店发现泳池边有水后客人容易滑倒，通过对各种改善的方式评价后，在泳池边设立警示区域并放置防滑垫，解决了该类问题。

【负面案例】

某物业公司日常工作时经常有登高作业，之前有员工架设梯子不正确发生过跌落事故，但未造成人员严重受伤，所以物业公司对此事故没有进行调查确认和改进，结果后续发生员工跌落严重受伤的事故。

➢ 生活中运用案例

【正面案例】

一对大龄夫妻，为了生一个健康的宝宝而咨询医生。考虑大龄孕妇可能生出遗传缺陷孩子的概率相比年轻孕妇要高，夫妻俩根据医生的建议，采取改进的措施，在计划怀孕之前的三个月就开始服用叶酸。果然，抓住了这样的改进机会，生出一个健康宝宝，夫妻俩非常高兴。

宝宝出生后，夫妻俩对家里的环境进行了一次评价，发现家里尖锐的地方将来容易磕碰孩子，所以通过安装家具安全防护角的措施进行改善。

【负面案例】

孩子两岁了，妈妈发现孩子已经可以爬上窗台了，窗台外并没有护栏。尽管家人知道窗户没有护栏，但是没有对这个不符合进行纠正和分析。某日，孩子趁奶奶午睡的时候独自一人爬上窗台，结果从窗台跌落楼下死亡。这就是对已经发现的改进机会没有及时采取措施，导致的严重后果。

➢ 组织运行时常见失效点及可能的应对措施

常见失效点	可能的应对措施
对改进机会没有确认全面，没有意识到有很多的地方都可以作为改进点，仅仅事故发生后采取改进措施	从体系的角度，在考虑改进机会的时候，应从日常运行、合规性评价、内部评审、外部评审、管理评审、客户审核、第三方投诉或举报、安全事故、安全案例中多维度的寻找那些有利于组织绩效提升的改进机会
看到了改进的机会，但没有跟进改进措施的落实，不清楚改进是否有效	可以将改进的计划列明起因、来源、措施、责任人和目标日期等信息，这样才能保证改进有据可依、责任到人、可以有效验证
制定的改进措施有效性不足，或者改进措施的引入带来了新的风险并没有被注意到	利用分析工具如“人机料法环测信”等分析出根本原因，在此基础之上制定必要措施，并评估措施是否会带来其他风险，如有要进行控制。措施制定时应考虑措施制定的原则，先选择能消除、替代的方式方法，再选择工程控制、管理控制，最后是个人防护

➢ 最佳实践

某石油行业企业，除了通过监测分析评价、内审、评审、事故调查等循证决策方式发现改进的机遇，还通过观察卡、合理化建议、课题小组注册、揭榜奖励、创新工作室等全员参与革新创新活动挖掘可能的改进机遇。

39

事件、不符合和纠正措施

➢ ISO 45001：2018 条款原文

10.2 事件、不符合和纠正措施

组织应建立、实施和保持包括报告、调查和采取措施的过程，以确定和管理事件和不符合。

当事件和不符合发生时，组织应：

a）以及时的方式对事件和不符合做出反应，可行时：

1）采取措施控制并纠正事件和不符合；

2）处理后果。

b）在有员工参加和其他相关方参与的情况下，通过以下方式评价消除事件或不符合根源的纠正措施需求，以防止事件或不符合再次发生或在其他地方发生：

1）调查事件或评审不符合；

2）确定事件或不符合的原因；

3）确定是否已发生相似事件、是否存在不符合，或是否可能潜在发生。

c）适当时，评审已开展的职业健康安全风险和其他风险评价。

d）依据控制措施层次和变更管理，确定和实施任何所需的措施，包括纠正措施。

e）在采取措施前，评价与新的或变化的危险源相关的职业健康安全风险。

f）评审所采取的任何措施的有效性，包括纠正措施。

g）必要时，对职业健康安全管理体系进行变更。纠正措施应与所发生的事件或不符合的影响或潜在影响相适应。

组织应保留文件化信息作为下列事项的证据：

——事件或不符合的性质和所采取的任何后续措施；

——任何措施和纠正措施的结果，包括其有效性。

组织应将此方面文件化的信息沟通给相关的员工和其代表（如果存在）及其他相关方。

注：及时地报告和调查事件，能够尽快地使危险源消除和相关职业健康安全风险减少。

➢ 条款解析

条款 10.2 说明的是对事件和不符合的改进过程。不同于 ISO 14001 的是，这里增加对事件的管理。事件是指因工作或在工作过程中引发的，可能或已经造成了人身伤害和健康损害的情况，比如，平地跌倒但没有受伤、腿部骨折、石棉沉滞病、听力损伤、可能导致职业健康安全风险的建筑物或车辆的损坏等。通常，人们把已经发生的人身伤害和健康损害的事件称之为“事故”，未发生但有可能造成人身伤害和健康损害的事件通常称为“未遂事件”，在英文中也可称为“Near-miss”“Near-hit”“Close call”。事件可能存在一个或多个不符合的发生。比如，某交通事故中丧生的司机，他在驾驶过程中没有系好安全带，同时也违法酒驾上路，在这起交通事故中就是包含了两个不符合的发生。有的时候，没有不符合也有可能发生事件。比如，驾车遇到红灯时按规则停在停止线等待，结果发生被后车追尾的事件。对于前车的司机来说，他完全合规合法驾驶，并没有任何的不符合。

不符合，是指未满足要求。这个“要求”包含两方面的内容，一个是职业健康安全管理体系的要求，另一个是组织自己建立的那些与职业健康安全管理体系有关的要求。不符合可能形成事故隐患或者直接造成事件的发生。因此无论是事件还是不符合，都需要审慎对待、严格管理。对于确定和管理事件和不符合，本标准提出三个典型动作：第一发生事件或不符合立即报告，第二要调查原因，第三采取措施。这是改进动作的一个逻辑顺序，不能颠倒。本标准要求组织建立这样的过程对事件和不符合进行管控。

1）当事件或不符合发生的时候，首先要求的就是要响应。对于安全管理而言，及时响应尤为重要。因为一旦响应不及时，不符合或事件有可能在瞬间导致严重的事故或者事故后果扩大，对人员造成更大的伤害。因此本条款要求，发生不符合或事件时要及时采取控制措施，纠正不符合。同时，还要对已经发生的后果及时处理，防止不利影响扩大化。

2）发生事件或不符合之后进行纠正，但是否需要纠正措施，条款 b）给出了具体的指导，即①事件调查和评审不符合；②确定事件或不符合的原因；③确定是否存在或可能发生类似的事件或不符合。这里需要说明的是，纠正措施不同于纠正。纠正措施是为了防止事件或不符合再次发生或在其他地方发生。在进行事件调查或不符合评审的时候，应该有涉及的相关方和员工的参与，以更好地收集全面、客观的信息。比如，现场巡查时发现员工屏蔽安全开关，这是单一监视到的不符合，但请员工参与深入评价后会发现这是普遍现象，因为这个开关妨碍了一些操作。这就是在调查时一定要请员工或其他相关人员参与的目的。确定事件或不符合发生的根本原因和是否有重复发生的可能，这对后续采取的措施至关重要。

3）适当的时候，还要对现有的职业健康安全风险评价的情况进行分析评估。在事件或不符合发生后，还要考虑是否是因为现有的职业健康安全风险评估中出现遗漏，或者是评价的方法本身不合理，或是评价过程存在的其他问题，导致风险没有被正确识别。比如，化工企业会选择 HAZOP 的方法，按照 ISO 31010 风险评估技术，每种方法适用于不同情况，所产生的作用也是不同的，所以应该针对不同类别的事务选择不同的风险评估系统。甚至在某一层面或针对某一事务时，需要多个风险评估系统进行相互补充或验证，以防止评估系统失效或失准。

4）通过前面的过程确定了事件或不符合发生的根本原因，此时采取措施必须包括两个符合：

①与控制层级一致的任何所需措施。回顾 8. 1. 2，控制的层级是消除-替代-工程控制-

管理控制-PPE，所以措施的优先层级也必须符合这一要求。

②与变更管理一致的任何所需措施，回顾 8.1.3，在采取控制措施的同时，因为控制措施的实施有可能会引入新的安全风险，发生变更会带来新的需求或要求。比如，用铆钉替代焊接，这是纠正措施，但是还要考虑铆钉的承重力以及其他施工工艺特性的要求是否可能导致其他的人员伤害或健康损害。

在对本条款考虑的时候应注意从多个维度考虑变更的内容，具体参照条款 8.1.3 逐条分析。

5）在采取措施前，针对新的或变更的危险源评估其职业健康安全风险。例如，为了避免员工意外进入机器时加装一块防护罩，那么防护罩可能因为铁制材质形成尖锐的边缘而出现新的风险，这就是针对措施还要评估新的或变更危险源的必要性。

6）评审所采取的任何措施的有效性，包括纠正措施。采取措施的目的就是控制安全风险。但有时候现实并不是像我们预期的那样美好，究竟制定并实施的这些措施到底在多大程度上控制住了风险、是否有效果，都需要进行评审才能了解。如果发现有效性差，那么还有机会在事故发生之前采取一些更有效的措施。

7）必要时，对职业健康安全管理体系进行变更。有些措施，需要建立标准作业流程，将该措施写入作业指导书，是组织的职业健康安全管理体系的变更。发生事件或不符合后，某些原来没有识别的危险源被识别出来了，更新了危险源清单，这也是体系的变更的一种。采取措施后风险降低，更新了危险源的评价等级，这也属于体系变更的一种。涉及职业健康安全管理体系的变更有很多，组织应结合自己的实际考虑，及时进行相应的变更。

对事件、不符合和纠正措施进行的过程应当有文件化信息记录，包括对事件、不符合的性质和所采取的措施，以及措施的结果和有效性。这些证据性资料，应能体现事件或不符合是什么性质，是一个很严重的问题还是一个小小的不符合。根据事件或不符合的性质制定合理的后续措施。正常来说，越是严重的问题，措施应越全面可靠才行。采取措施之后的结果如何、多大程度上解决了问题，这些都需要证据性资料的支持。这些证据资料，一方面可以是纠正或纠正措施，对应本条款中 a）~g）的活动记录，另一方面也可以是对这些活动的分析和评价，还包括经验教训的分析及可能产生的效果或结果，甚至可能还包括在不同时期或不同组织层级主体对事件或不符合的再分析、再评价和补充的纠正或改进。同时文件化信息要和员工、员工代表（如有）、有关的相关方沟通。

➢ 应用要点

当事件或不符合发生时，组织采取纠正措施的过程要求完整，除此以外还应注意：

1）首先是对事件或不符合做出响应，响应过程需要及时、全面。除了日常对事件或不符合的纠正，还应尽量识别当中的应急情况（8.2），规范处理事件或不符合的步骤，因为事件或不符合的发生有时伴随着人体健康甚至生命的危险，需要妥善处理而不要有其他危险。

2）评价消除事件或纠正不符合措施的需求，评价应有员工参与和其他相关方的介入。该体系的所有活动离不开在这个环境中的人员，对事件或不符合的发生是否采取纠正措施要求追根溯源，所以参与评价的人员需要包括员工或其他相关方，人员选择要恰当。

3）这个过程中有两个特殊步骤是区别于其他体系的：

首先是条款c)，对于职业健康安全管理体系危险源是重点，但仅仅是事件和不符合发生的主要根源之一，更重要的是管理上的缺失不足，即风险的识别、评估、控制和再评价的缺失，所以我们强调在职业健康安全管理体系中的追根溯源，必要时需要追踪到评估时所出现的问题，甚至需要评价评估系统本身的问题。有关评估系统的问题，读者们可以参考ISO 31010的描述。

其次是条款e)，当我们在采取一些纠正措施时，会因为这样的变化导致新的危险源或风险的出现，所以在进行纠正措施前必须评估是否有新的危险源或风险。

在进行事件调查和原因分析的时候，应当有专业技术人员的参与，必要时可以邀请外部专业机构的协助。专业技术力量的加入有助于准确找到根本原因，避免闭门造车的臆想。

➢ 本条款存在的管理价值

该条款系统地对体系运行过程中发生的事件和发现的不符合从控制局面、原因调查到如何进行有效的纠正措施，及进行评价验证和更新管理体系或文件进行了明确，让组织在纠偏中不断向预期目标而发展。

➢ OHSAS 18001：2007对应条款

4.5.3 事件调查、不符合、纠正措施和预防措施

4.5.3.1 事件调查

组织应建立、实施并保持程序，记录、调查和分析事件，以便：

a）确定内在的、可能导致或有助于事件发生的职业健康安全缺陷和其他因素；

b）识别采取纠正措施的需求；

c）识别采取预防措施的可能性；

d）识别持续改进的可能性；

e）沟通调查结果。

调查应及时开展。

对任何已识别的纠正措施的需求或预防措施的机会，应依据4.5.3.2相关要求进行处理。

事件调查的结果应形成文件并予以保持。

4.5.3.2 不符合、纠正措施和预防措施

组织应建立、实施并保持程序，以处理实际和潜在的不符合，并采取纠正措施和预防措施。程序应明确下述要求：

a）识别和纠正不符合，采取措施以减轻其职业健康安全后果；

b）调查不符合，确定其原因，并采取措施以避免其再度发生；

c）评价预防不符合的措施需求，并采取适当措施，以避免不符合的发生；

d）记录和沟通所采取的纠正措施和预防措施的结果；

e）评审所采取的纠正措施和预防措施的有效性。

如果在纠正措施或预防措施中识别出新的或变化的危险源，或者对新的或变化的控制措施的需求，则程序应要求对拟定的措施在其实施前先进行风险评价。

为消除实际和潜在不符合的原因而采取的任何纠正或预防措施，应与问题的严重性相适应，并与面临的职业健康安全风险相匹配。

对因纠正措施和预防措施而引起的任何必要变化，组织应确保其体现在职业健康安全管理体系文件中。

➢ 新旧版本差异分析

ISO 45001：2018 将 OHSAS 18001：2007 中的条款 4.5.3.1 事件调查和 4.5.3.2 中的不符合、纠正措施归入同一条款 10.2 中。在条款中 10.2 没有使用“预防措施”这个词，这与 ISO 9001：2015、ISO 14001：2015 高阶结构保持一致。虽然没有采用“预防措施”这个词，但原有的要求实际上在本条款中都有体现。而全面系统性的预防则体现在条款 10.3 中。新版基于风险的思维强调了纠正措施的有效性和纠正措施自身的风险、适时的变更，强调对危险源和风险评估不断完善以及与员工等相关人员的沟通参与。

➢ 转版注意事项

转版时，如果之前有事件调查的程序可以不做更改，但是将强调相关人员参与、纠正措施有效性的评审，管控的层级，风险评估系统的评审以及后期文件化信息沟通上做修改，即在文件化信息上体现：①基于风险的思维；②系统变更的联锁反应。

➢ 制造业运用案例

【正面案例】

某企业针对员工经常屏蔽设备保护性开关的不符合现象进行了一次系统性调查，发现员工为保证精度，需要在设备开机的情况下调机。于是和设备供应商、员工一起对设备进行改善，实现在点动的情况下调机，又不需要屏蔽开关，提高操作安全性。

【负面案例】

某企业在对员工进行职业卫生体检时发现员工得了职业病，但是该企业没有对职业病产生原因进行调查，包括员工历史档案、现场管控措施、现场监测数据，制定的改善措施就是员工未到体检期限进行调岗。这不能对职业病的产生起到纠正改善作用，有可能会重复发生。

➢ 服务业运用案例

【正面案例】

商务办公楼物业分析了近期其他商务楼电瓶车充电火灾事故，又针对很多业主骑电瓶车上下班的情况，在远离办公楼的空旷区域设立停车位，增加充电负荷保护和自动断电装置，有效防止因电动车充电引发的火灾。

【负面案例】

一些小区或广场的喷泉每年有一些触电事故发生，但是仍有一些小区在对喷泉检维修时没有按照规范要求安装线路，将漏电保护装置私自移除，喷泉边没有警示标识，导致触电事故仍有发生。

➢ 生活中运用案例

【正面案例】

交通道路当中一些高架或隧道不允许非机动车通行。当一些非机动车进入后就会有监视系统探测到，并进行广播提示或处罚，避免事故发生。

【负面案例】

孩子在玩耍的过程中将手伸入一些设施缝隙当中，被划伤后奶奶没有及时制止，反而安慰孩子说是设备的错误，也没有向设施管理部门反馈。结果导致孩子在一次玩耍中手被夹入当中造成截肢。

➢ 组织运行时常见失效点及可能的应对措施

常见失效点	可能的应对措施
对事件或不符合没有调查出根本原因，制定措施无效	对原因调查必须请员工、专业技术人员等相关人员参与，并采用适当合理的方法找出根本原因，给出有效措施
对措施的制定与管控层级不一致，有时为了图省事，只选择最易行的方式，忽略了措施效果的好坏	制定措施必须按照消除-替代-工程控制-管理控制的层级制定
对新的或变更的危险源或风险没有评估	在实施措施前必须对变更部分进行评估
措施未经过评价就列入管理体系，而后续执行时发现效果有限或不足，甚至无法长期及广泛应用	措施在实施过程中或结束后，还需要对其有效性、充分性和可复制性进行必要的评价

➢ 最佳实践

有些组织可以实现信息系统管理，对事件和不符合的发生报告、纠正措施制定、实施、完成可以在系统上完成和体现，同时对措施的制定可以进行群组讨论，并根据讨论结果再更新。

➢ 管理工具包

8D、鱼骨图、5WHY 和 ISO 31010 中推荐的方法。

➢ 通过认证所需的最低资料要求

对事件和不符合的相关记录，以及后期的纠正措施及追踪验证等信息资料。

持续改进

➢ ISO 45001：2018 条款原文

10.3 持续改进

组织应通过以下方式持续改进职业健康安全管理体系的适宜性、充分性与有效性：

a）提升职业健康安全绩效；

b）促进支持职业健康安全管理体系的文化；

c）促进员工参与实施持续改进职业健康安全管理体系的措施；

d）将相关持续改进的结果传达给员工和其代表（如果有的话）；

e）保持和保留作为持续改进证据的文件化信息。

➢ 条款解析

本条款作为ISO 45001：2018的最后一部分，按照PDCA循环来理解即形成全文的闭合，同时也对应条款9.3的直接后续要求。职业健康安全管理体系的预期结果是预防员工的伤害和健康损害，提供安全和健康的工作场所。一个组织的职业健康安全管理体系预期结果包括：

1）持续改进职业健康安全绩效；

2）满足法律法规和其他要求；

3）实现职业健康安全目标。

组织为了达到预期结果，职业健康安全管理体系需要持续改进职业健康安全绩效。职业健康安全绩效指与预防员工人身伤害和健康损害以及提供健康安全的工作场所有效性相关的绩效。这里的绩效需要在领导的支持与承诺下（5.1），组织对环境因素、相关方提及的要求和职业健康安全管理体系范围进行分析评估（6.1），并提供职业健康安全管理体系所需的资源（7.1）后，运行满足职业健康安全管理体系要求的过程中得到（8.1）。而提升职业安全绩效不仅需要上述的条件，还需要在通过对法律法规的满足程度、是否达到组织的职业健康安全目标等进行测量和绩效评价（9.1），最高管理者按计划的时间间隔对体系进行评审并输出持续改进机会（9.3）并付诸行动来不断提升，从而实现符合职业健康安全方针和职业健康安全目标的总体职业健康安全绩效的改进。

条款b）是本条款特别提出的。文化就是理念、意识以及在其指导下的各项行为的总称。如何提升职业健康安全管理体系的文化，这里就需要组织营造一个良好的环境（4.1），并理解确定员工及其他相关方的要求和期望（4.2），在领导的支持和同员工的协商参与（5.4）通过信息交流（7.4）获得信息，最后由最高管理则进行管理评审（9.3）来不断促进文化的提升。

条款c）强调员工在实施措施中的参与，这就与第5章相对应，这里需要最高管理者确保组织为员工的协商和参与建立一个或多个过程（5.1），并且使所有员工在适宜层级上，能够在发展、策划、实施、绩效评价和提升职业健康安全管理体系活动方面充分协商和参与（5.4）。

条款d）的重点就是沟通，这里就需要组织建立、实施并保持与职业健康安全体系有关的交流（7.4）。为避免沟通出现问题导致很多想法未传达到管理层从而造成工作失效，就需要组织通过多种形式和途径来回顾和更新体系，防止关键信息因传递沟通不畅造成管理缺失。

条款e）提到需要保持和保留文件化信息，这与条款7.5.3相呼应。作为持续改进的证据，这一点是ISO 45001：2018中新增的内容。由于员工的健康安全是受到法律保护的，所以职业健康安全管理体系与其他体系的不同点是此体系的底线要符合相关的法律法规要求。组织在针对提升以上四点目标做出计划并付诸行动的同时需要保留相关的记录作为证据，证明组织是在法律法规的要求下完成改进措施。

➢ 应用要点

组织应确定并提供建立、实施、保持和改进职业健康安全管理体系所需的资源（资源包括人力资源和专项技能、组织基础设施、技术和财力资源）并关注这些资源投入的效益。

提升文化所需的支持，这里的支持不仅是来自内部（管理者和员工），也有外部的支持（客户的和供应商的支持及社会上所提供的支持），并且在适当时可修正组织的宗旨。

领导作用和全员参与在提升管理的有效性，适宜性和充分性方面极其关键，需要积极促进。

组织应保持和保留文件化信息，作为持续改进的证据。

➢ 本条款存在的管理价值

本条款PDCA循环中A的部分（采取措施），以持续改进过程绩效，通过前文的行为不断持续地改进，使得整个管理体系具有活力。

➢ OHSAS 18001：2007对应条款

无对应条款。

➢ 新旧版本差异分析

OHSAS 18001：2007中并没有单独的持续改进条款。虽然没有单独的条款，但在标准中的很多细节都体现出持续改进的要求。

ISO 45001：2018将持续改进单独列出，体现出本管理体系追求的不是一蹴而就的“安全”，而是一个动态、长期、持续改进的过程。本条款强调安全文化的建设，这就需要组织将支持文化的观念落实到企业全员的具体工作中，通过培育员工共同认可的价值观和行为规范，在企业内部营造自我约束、自主管理和团队管理的安全文化氛围，最终实现促进支持职业健康安全管理的体系文化，甚至影响组织的宗旨。

ISO 45001：2018中条款10.3更强调员工在安全管理中的积极参与，强调与员工（或员工代表）的沟通，这些都是不同于原有标准的地方。

本条款中明确了持续改进职业健康安全管理体系的目的，并提出保持和保留文件化信息，作为持续改进的证据。文件化信息的保持和保留不仅作为证据证明组织是在法律法规的要求下完成改进措施，也给后续改进提供可查询的记录。

➢ 转版注意事项

本条款虽然字数不多，但对学习体系运用的人来说，是最有难度的条款之一。因为，只有不断运用本体系去管理、在实践中积累经验、了解组织的运作过程，才有可能知道究竟什么样的管理体系才是适合的、充分的和有效的。当你能对自己的组织的职业健康安全管理体系的适宜性、充分性、有效性有了充分了解和足够的信心的时候，那就已经了解到整个职业健康安全管理体系的精髓。

在运用本条款的时候，组织应注意思考如何建立本组织的安全文化，采用何种形式更易于被员工所接受。比如，是通过课堂培训还是实际演练，是搞安全竞赛还是绘制安全漫画，是征集安全标语还是给予突出贡献者安全奖励。通过安全文化的建设鼓励全员参与到安全管理中来。

组织应该促进所有员工在体系实施过程中的参与并与员工及员工代表（如有）沟通持续改进的相关结果。在后期的策划改进管理体系中，要考虑沟通中关键节点的沟通方式以及沟通内容的标准化，防止关键信息因传递沟通不畅造成管理缺陷。

组织应保持和保留改进的文件化信息，作为持续改进的证据。这些文件化的信息可以包括外来文件（如法律法规、标准规范）、单位的规章制度、手册、程序、规范、指导书、应急预案、产品档案、说明书、图纸、工艺流程图及相关的照片、影像、录音、样品、信息系统中的记录及广告、合同、协议等。

➢ 制造业运用案例

【正面案例】

某家具企业在加工制造过程中原材料装卸由人力搬运。通过职工体检发现很多工人腰部受损。职工随后反映给管理层，最高管理层与基层职工代表召开了会议商讨此事，决定建立一条传送带并利用液压工具代替了人力搬运，对该装卸工作程序文件也进行了更新，并保留了相关的文件记录。这些举措有效提升了企业安全生产绩效。

【负面案例】

某企业为了提升自己的生产效率，引进了新型的自动化生产线以减轻企业职工的工作负担，但是仅对员工进行简单培训就直接开始生产。在上级公司检查时被发现员工不了解新生产线的危险点，也未对原来的工作程序进行变更，受到处罚。

➢ 服务业运用案例

【正面案例】

某饭店管理层通过职工对职业健康管理体系的评审意见发现部分员工反映烹饪中产生的油烟过大，由于油烟中含有很多对人体有害的物质，如果人长期在充满油烟的房间内工作，可导致很多疾病的发生。饭店把所有的排风扇换成了新式的抽油烟机，将原来的老式煤炭烧烤炉换成电烧烤炉，不仅对自己的员工起到了保护，也顺利通过了城市管理部门对烧烤的整治排查，没有因为油烟烧烤烟的排放不达标停业整改。

【负面案例】

某公司在迎接甲方审计时，甲方提出让公司出示自己职业健康安全管理体系持续改进的证据，但是由于公司平时对文件管理的混乱，审计时无法找到相关信息，导致甲方提出异议，损失了公司的声誉。

➢ 生活中运用案例

【正面案例】

某一家庭中的男主人长期从事办公室工作、缺乏锻炼，体质弱并伴有肥胖症状。女主人与男主人和孩子讨论协商后，要求男主人采取饭后散步的方法改善体质和体能。两个月后，女主人再次召开家庭会议，对男主人近期情况进行回顾，最终决定投入资金，让男主人加入附近健身房的会员，以便有针对性地改善男主人的身体状况。

【负面案例】

某业主将自己的电动车放在楼道中，阻碍了消防通道的畅通，小区物业发现后并未告知业主就将电动车拖走。虽然消除了安全隐患，但是由于没有进行有效沟通，导致业主与物业产生了矛盾纠纷。

➢ 组织运行时常见失效点及可能的应对措施

常见失效点	可能的应对措施
沟通出现问题，很多想法、信息并没有在管理层和员工之间沟通，从而导致工作失效	通过多种形式和途径来回顾和更新体系，防止关键信息因传递沟通不畅造成管理缺陷
员工并未参与到持续改进职业健康安全管理体系中来	需要组织的领导建立员工参与的意识，通过多种形式鼓励员工参与，比如，对员工进行必要的培训，让员工理解职业健康安全管理体系不断更新的重要性。考虑组织员工的价值观的多元化，建立开放、包容的组织文化
未保持和保留文件化信息，作为持续改进的证据	建立标准化的文档管理程序，保存好相应的证据
未对改进措施的绩效进行监测和评价	应根据条款 9.1.1 的要求对改进措施进行监测和绩效评价
未对持续改进前后的效果、效益、效用、效力、效能进行对比和评价，从而不能认识到适宜性、充分性和有效性	需要对持续改进前后进行过程和结果的绩效对比

➢ 最佳实践

勘探船舶工作时，分批次组织在船人员参与每日的日常巡视中，鼓励所有人员上报隐患并给予一定的奖励。船舶管理层将人员上报的隐患一一存档建立隐患追踪报道，并在每周的班组长会议中回顾未关闭的隐患，不断改进船舶安全环境。

有些组织运用“合理化建议”或“绿色通道”的方式收集全员对于组织管理问题的改善建议，必要时给予一定的资金奖励。定期或不定期召开员工的头脑风暴，倾听一线员工或者关键团队的声音。开设总经理保密邮箱，给所有员工一个反馈的渠道。

➢ 管理工具包

标准化作业、沟通技巧、打造执行力、团队建设、PDCA 循环。

后　记

为了让职业健康安全管理体系发挥它应有的作用，这些安全人一直在坚持！让我们通过他们的话来感受他们的心声，也请阅读过此书的您加入我们的团队（EHS 经理人俱乐部 QQ 群 301901692，或者关注“道尔”公众号找到我们），让我们携手一起走在变得更好的路上。

安全无小事。每一份安全的承诺都承载着家庭、企业和国家的关切与信任。希望大家对于安全不要“说起来重要，干起来次要，忙起来不要”，而要“常做安全之事，常履安全之责，常保安全之态”。

——天津津港汇安科技有限公司　孙　妍

将安全意识融入思维，将安全行为炼成习惯，让安全状态伴随我们一生。

——道尔（中国）有限公司　全晶丽

读懂还要做对，不然就会在“两层皮”的道路上狂奔。

——天津港　杨　捷

让标准成为习惯，让习惯符合标准。

——国网陕西省电力公司　毕鹏翔

清楚体系是什么，明白贯标为什么，关键把标准要求植入业务，落实在日常。

——河钢集团唐钢公司　林少田

安全不是写在文件里的条款，不是挂在围墙上的口号，而是心底里时刻的念想，行动中不断改进的目标。安全不是领导的业绩，不是同僚间的故事，而是家人的期盼和每一位劳动者的誓言！“黄宝书”是 ISO 45001 的注解、公司安全工作者的指南、管理人员行动的通则。确保所有员工都能安全回家是我们每一位参与者的责任和愿望！

——Otis Elevator Company（Singapore）Pte Ltd　任　畅

好的安全管理能使每个生命受益。在安全管理的道路上，离不开大量安全实践和经验总结。如何分享这些宝贵的经验，使更多的企业和个人受益？本书就是一个非常好的载体。在本书编写过程中，各位编者有讨论、有交流，大家反复推敲，精心挑选最适合的案例，使用最简洁的语言。希望通过本书对标准条款的精准理解，帮助各类组织更好地将职业健康安全管理体系在企业中落地开花！

——道尔（中国）有限公司　房　悦

体系工作的意义就在于我们把标准从“天书”翻译成了“小人书”，让“旧时王谢堂前燕，飞入寻常百姓家”。

——国电联合动力技术（保定）有限公司　李　静

体系是骨架、管理是肌肉、安全意识是血脉，骨肉相连、血脉相通、缺一不可。

——河北港口集团秦皇岛港股份有限公司　郑　楠

集众多专家之所长与感悟，与君分享。

——天津博纳艾杰尔科技有限公司　王　强

没有任何一项工作比员工的生命更宝贵！应用 ISO 45001 构建体系、消除管理系统的缺陷、避免事故的再次发生，并以此来推广现代安全管理理念和提升安全文化、保护员工的生命和健康，这就是本书的目的。

——浙江吉利控股集团有限公司　闫东明

组织要建立科学、系统、有效的职业健康安全管理体系，有利于贯彻职业健康安全法律法规，有利于不断提高全员安全意识，变“要我安全”为“我要安全”。

——天津冶金轧一钢铁集团有限公司　康莉萍

安全工作需要“中庸”。不偏以为“中”，要中立客观，公平公正；不易谓之“庸”，要保持初心，严守底线。

——通力电梯有限公司昆明分公司　杨　迪

一切事故都是可以避免的，All accidents are preventable.

——上汽通用东岳汽车有限公司　王　强

新版职业健康安全管理体系是组织管理体系的一个重要组成部分，可帮助企业树立良好的社会形象，避免企业在生产过程中出现意外事故，为员工安全撑起一把防护健康的伞。企业应识别出内外部环境中与职业健康安全管理相关并影响公司战略达成的关键议题，坚持依法依规、风险优先、员工参与和持续改进，确定应对这些议题的措施，并通过管理体系将这些应对措施落地，融入组织经营活动帮助企业达成战略目标。本书详细介绍与分析组织的职业健康安全管理体系，以此为企业的发展奠定坚固基础。

——杭州巨星科技股份有限公司　郭念进

ISO 45001 是职业健康安全的防护网，是家庭幸福的守护神。

——阳光时代律师事务所　王　璐

无危则安、无缺则全。安全工作要学会通过安全技术让安全行为变成习惯，通过安全管理手段让安全意识达成统一，形成文化。想必这将会是我一直追求的目标吧。

——通标标准技术服务（天津）有限公司　王志强

法是安全的底线，是血与泪写成的警示录，其警示的核心是风险预控。“黄宝书”将培养你的风险思维。

——唐山港集团股份有限公司　赵志强

阿基米德说“给我一个支点，我就能撬动整个地球!”希望这本书能成为大家学习工作的支点!

——中石油东方公司海洋物探处　王　强

我们为什么做安全?因为我们期望一个文明的生产时代!愿我们贡献的这份心意是推动持续健康发展的一点力量!

——当纳利电子制品（苏州）有限公司　周　玲

知者行之始，行者知之成。

——天津武田药品有限公司　裴一威

希望这本凝结了智慧、经验与心血的宝典，能为正在翻阅的您提供对职业健康安全管理体系的全面认知。道路千万条，安全第一条。睿智如您，一定做出到正确的选择!

——四川航空股份有限公司　王烨婷

国际标准不是用来吹捧的，取得证书不是走形式，而是要真正践行标准的真谛。“黄宝书”集各行业安全管理先进实践成果来解读标准要求，目的是给读者打开一扇明亮的窗户。这只是一个起步，需要你我他在实践中且行且珍惜，共同领悟标准真谛，把安全工作镶嵌到主业务中，使每个人都要安全，都会安全。

——天津直升机有限责任公司　王　龙

树立积极的企业安全生产精神，将之打造为一把员工自我激励的标尺。建立使命感，创造驱动力。安全面前没有“看客”。

——Tumblar Products Ltd.　华　莹

职业健康任重而道远!

——湖南省特种设备检验检测研究院永州分院　李玉兰

系统之美在于内在的生命力，而非外在的形秀!

——CNPC　丁　虹

安全不是口号、不是标语，它是我们生活和工作的基本保障，也是家庭幸福稳定的基石!

——道尔（中国）有限公司　沈思华

注重职业健康安全管理体系建设，提高企业安全管理的水平，通过建立科学的管理机制，采用合理的原则与方法，实现企业安全管理由被动向主动、由随意向程序、由人治向法治转变，有效控制事故发生，切实保护员工的安全与健康，也必然会大大促进生产效率，为企业带来经济效益的增长。

——唐山港口实业集团有限公司　李慧哲

“安全”是一个不容妥协的结果。为了履行安全的最高职责，不但需要严格地落实“标准”，更需要做好整体和个体的“风险”评估，并在风险管控过程中“绝对”地控制每一个步骤的“质量”。高质量的管理好过程，才可能产生出安全的结果。

——四川航空股份有限公司 A320 教员机长　高　飞

企业的使命和任务必须转化为目标。——德鲁克

——北京新机场建设指挥部 张 超

建设安全无隐患的工作环境就是开心工作、平安回家的保障。

——八大处科技集团 李 艳

在编写的过程中，为了把更好更清晰的内容呈现给读者，对标准结合实际进行反复的研读，以一个输出者的心态重新审视自己对标准的理解，是一个教学相长的经历。

——天津港 郑 灏

横向到边安全生产事事抓，纵向到底违章行为层层管。

—— 闫 霞

欢迎扫码道尔（中国）有限公司官方客服微信，与我们保持持续互动。